Réalisation Solaire

SORIA

*Maître d'information
pour les Créateurs de notre Univers*

TOME VI

Texte reçu par **Régine Françoise Fauze**

Réalisation solaire
SORIA
tome VI

© 2005 Ariane Éditions Inc.
1209, av. Bernard O., bureau 110, Outremont, Qc
Canada H2V 1V7
Tél. : (514) 276-2949, Fax. : (514) 276-4121
Courrier électronique : info@ariane.qc.ca
www.ariane.qc.ca

Révision linguistique : Monique Riendeau, Michelle Bachand
Mise en page : Kessé Soumahoro
Graphisme : Carl Lemyre

Première impression : septembre 2005

ISBN : 2-920987-95-X
Dépôt légal : 3ᵉ trimestre 2005
Bibliothèque nationale du Québec
Bibliothèque nationale du Canada
Bibliothèque nationale de Paris

Diffusion

Canada : ADA Diffusion — (450) 929-0296
www.ada-inc.com
France, Belgique : D.G. Diffusion — 05.61.000.999
www.dgdiffusion.com
Suisse : Transat — 23.42.77.40

Je remercie ici toutes les personnes qui me soutiennent
dans l'élaboration des livres.

En cet instant, je salue mon ami Jean Chauveau,
reparti pour les champs célestes

— Régine Françoise Fauze

Table des matières

Note de Soria et du collectif

Salut à vous, chers enfants de la Terre. Le temps vous renvoie l'image de vos troubles intérieurs.

Pas facile d'*être,* en ce moment. Vous voici sollicités sur tous les fronts. Chaque sphère sociale bouge, ne laissant aucun répit entre les évacuations internes. Le Feu, l'Eau, l'Air, la Terre font des leurs, et vous voilà détournés de votre centre. Quelle période ! On ne peut même plus se vouer à un saint, car celui-ci ne répond plus avec l'empressement d'antan !

Chers enfants bien-aimés, nous, ici, sommes fatigués d'avoir à endiguer les raz-de-marée, les tempêtes de l'égoïsme humain. Trop, c'est trop !

Tout doucement, nous remettons ces énergies mal qualifiées entre vos mains, que nous retenions afin de vous accorder encore un temps de réflexion. Les Sages de cette planète sont en alerte et s'apprêtent à parcourir les chemins d'Urantia Gaïa afin de rappeler la parole des Cieux. Quel rapport avec ce nouveau livre de mon enseignement ? Oh, une parfaite similitude. Désormais, je fais voyager ma parole autour de cette planète, encourageant chacun à reprendre le gouvernail de son bateau.

Nous arrivons à la fin d'un monde d'écailles, d'un voyage entre deux idées. L'ère des Poissons se meurt. Il n'est plus possible de l'animer ni de la soutenir encore un peu. Nous sommes devant son agonie. Comme toute agonie, les derniers instants ne sont pas aisés à vivre. L'affectif laisse remonter des effluves nauséabonds. La mémoire vous signale des situations déjà vécues. Bref, l'alerte est donnée. Cette phase amènera des événements propres à votre évolution. Vivez pleinement tous les instants offerts et essayez d'en déchiffrer les leçons contenues en filigrane.

Dans ces eaux troubles, le marécage pseudo-affectif dans sa forme duelle matérialiste/spirituelle manifestera ses velléités. Nous espérons enfin vous voir tous vous asseoir afin de parler ensemble des besoins réels de l'humanité. Derrière les mots usités actuellement, nous retrouvons en majorité des arguments liés à la soif de pouvoir sur les autres. Ce jeu fut autorisé par les Cieux. Aujourd'hui, avec tout notre amour, nous vous signalons le transfert des énergies de réalisation sur une autre route d'exploration de l'identité céleste.

En l'occurrence, nous vous disons ceci : «Nous avons reçu l'autorisation d'intervenir dans cet ancien processus et de détourner ces intentions. Chacun d'entre vous sera averti, individuellement puis en groupe. Plus que jamais, vos émanations psychiques ouvriront ou fermeront les portes de votre centre intérieur.»

En ce qui me concerne, je prends la direction des changements de cette sphère de Vie de façon à l'amener à son alignement de 2012. Oui, à cette date permutera l'influence des planètes sœurs, des étoiles et des univers voisins. Rien ne sera plus pareil à la sortie de cette année-là. Il vous reste donc un peu plus de sept ans pour vous ajuster à ce transfert d'autorité. Ainsi, le zodiaque évolue aussi.

Malgré ces mots, votre esprit terre à terre ne suit pas la courbe du changement. Nous enregistrons bien les remontées égotiques et essayons encore de vous avertir. Vous êtes nombreux à confondre envie, vision personnelle, avec la vue des Univers. Il est encore temps de transformer ceci. Les blessures du passé entretiennent sournoisement vos tendances présentes. Sous des prétextes faisant appel à la *raison*, vous vous vengez en fait du mal enregistré dans ce passé pas toujours lointain.

Les quelques âmes sincères cherchant l'alignement se voient submergées par l'approche égotique de ceux et celles qui sont en phase d'apprentissage. Justement, le bruit ne cache-t-il pas l'incapacité de s'unir à ce qui s'en vient? Plutôt que de le reconnaître, ces êtres cherchent à détruire tout ce qui manifeste une vision plus vraie en relation avec les énergies des Cieux.

Je me rapproche de vous et cela a pour effet d'amplifier ce phénomène. L'agitation du moment est donc *normale* ; à vous de glisser avec aisance sur le fleuve nouveau de l'Esprit.

Nous allons schématiser le voyage des énergies jusqu'à vous, celles qui portent la transformation de la pensée humaine.

Depuis le cœur de la Création vogue un fleuve immense de lumière, d'amour, de couleurs et de vibrations. Tout va bien tant que celui-ci reste à proximité de votre zone d'influence. Toutefois, en touchant cette sphère d'énergie, la vôtre, les premières circonvolutions égotiques de cette humanité forment des vagues cherchant à infiltrer ce fleuve en provenance du Sans-Nom. À ce moment-là, les remous égotiques entrent en action, cherchant à affaiblir le nouveau potentiel. La puissance dégagée par le fleuve de lumière renvoie instantanément ces attaques. Et voilà qu'un autre mouvement s'engage sur le chemin choisi par le Sans-Nom.

En pénétrant votre zone d'influence, le fleuve de lumière entraîne avec lui vos énergies perturbées et teintées d'intentions nébuleuses. Et avant de recevoir un nouvel apport, vous êtes d'abord mis en vis-à-vis avec vos tendances égotiques agitées par la présence de ce support de transformation.

Chers enfants de la Terre, les grimaces à venir seront dues à toutes ces pensées émises, non alignées sur la volonté de la Vie.

Nous vous parlons d'un état d'être plus épanouissant, et voici que vous rencontrez toute une vague de perturbations que vous auriez souhaité ne pas vivre. Jamais, au grand jamais, nous ne pourrons transmuter vos propres émanations psychiques et égotiques. Par conséquent, vous connaissez en ce moment des états d'âme et d'être déstabilisants, perturbants, difficiles à gérer et d'une approche douteuse.

Chers enfants de la Terre, en cet instant bien précis, vous grandissez.

Oui, je conçois aisément la peine ressentie au sortir de la petite enfance. Apprendre à marcher droit et seul représente une aventure incommensurable pour tous ces enfants que vous êtes, habitués à avancer avec une multitude de béquilles. Pourtant, vous entrez dans une transformation inéluctable, incontournable où la fuite n'a pas sa place. Certes, cela vous est autorisé. Ainsi, quand ce jeu ne vous amusera plus, vous reviendrez nous voir et nous nous retrouverons une nouvelle fois. De toute manière, le visage de la planète ne sera plus alors celui de ce temps.

Le fleuve de Vie glisse doucement et certainement vers vous. Le voici pénétrant votre horizon. Tout s'agite, et plus rien ne va. Les sphères hautement privées et impénétrables pour le commun des mortels deviennent perméables à cette nouvelle influence céleste. Oui, enfants de la Terre, avant le changement définitif, voici venir vers vous les perturbations.

«Soria, toi qui as maintenant la charge de cette planète, viens nous éclairer. Que devons-nous faire? Que dire?»

Je ne répondrai pas ici à chacun de vous en particulier. Ma réponse prendra le visage le plus approprié pour tous. Je tiens compte de l'état de fatigue de cette humanité amenée volontairement au bord de l'épuisement tant physique que psychique. Oui, je suis présente, détenant un programme d'alignement, et quoi qu'il se passe dans les milieux troubles, je serai imperturbable quant à son déroulement.

Ici, je vous mets en garde. Après une période de tests préliminaires à mon influence directe, j'ai pris la décision de ne pas étendre les contacts. Aussi, si certains se présentent à vous en affirmant : « Soria s'exprime également par moi en vue de faire un travail parallèle, en réalité il n'en est rien. » Cet avertissement vaut aussi pour les contacts dits avec le collectif SORIA. Déjà, nous enregistrons des manipulations de nos énergies visant à vous détourner de la Source. Si cela s'avérait nécessaire, nous préférerions même nous taire un temps plutôt que de voir des déviations supplémentaires prendre jour.

(Ces mots me dérangent, car ils impliquent forcément des réactions. Depuis le début, j'ai émis le souhait de partager cette aventure avec vous. Je suis désolée d'apprendre, comme vous, ces tentatives de projeter les énergies du collectif SORIA en dehors de leur but. Certes, l'année 2003 m'a bien amenée à regarder des attitudes limitatives appartenant aux anciennes manières d'être. Pourtant, j'attendais, sereine, un repositionnement correct de notre part. — *Régine Françoise Fauze*)

Notre travail ne nécessite pas une communication permanente. Les mots transmis favorisent la compréhension de l'instant présent, vous avertissant afin d'entreprendre un réveil plus grand.

Le fleuve de lumière effectue une percée dans l'imagerie mentale humaine.

Les rêves redeviendront une source d'enseignement, comme cela fut le cas dans le passé lointain de cette planète. Bientôt, un éclair partira de ce fleuve vers le cœur de chacun. Nous avons interrogé les probabilités quant au résultat possible. Il en ressort un épanouissement de votre organe de compréhension, de votre reliance au divin et, enfin, la possibilité pour la nature de l'amour de se rapprocher de l'archétype du concept élevé de l'Amour conçu par le Sans-Nom. Au vu de ce possible, nous nous réjouissons de notre stationnement près d'Urantia Gaïa et du service que nous allons entreprendre.

Ensemble, nous pouvons œuvrer pour cet épanouissement de l'identité divine sur cette terre. À un moment précis de l'ouverture du cœur humain, nous pourrons étendre nos contacts. Nous seuls déciderons du juste temps pour cela.

Enfants d'Urantia Gaïa, prenons chacun notre place, respectons la Charte de Vie universelle et ses lois. Ainsi, nous nous donnerons la main de façon à amener la paix céleste ici.

En attendant, je m'y engage. Et vous ?

Introduction

L e collectif SORIA se positionne autour de cette planète et sur une trajectoire prédéterminée en vue de canaliser les énergies qui descendent. Dans un premier temps, notre travail consiste surtout à prendre ces énergies nouvelles véhiculées par l'Éther, depuis le cœur du Sans-Nom, puis à les diriger afin d'induire un changement dans la structure cristalline de tout être. À la veille de l'hiver 2012, notre travail sur cette grille humaine interne sera effectué.

Dans un deuxième temps, nous activerons cette grille de manière à la mettre en résonance avec la grille cristalline des Univers et celle du centre de votre planète. Un troisième temps verra un apport de lumière circulant dans cette résonance.

Quand cette circulation deviendra fluide, le cœur de la Terre renverra ce courant vers les Cieux. Ainsi, la planète Urantia Gaïa illuminera la voûte étoilée d'une radiance digne de ses sœurs. Toutes les dépenses d'énergies émises pour ce but deviendront justifiées à ce moment-là.

Ainsi commencera un nouveau travail engageant cette planète dans un programme d'ouverture vers les mondes en création.

Afin de voir Urantia Gaïa prendre place dans ce programme, nous vous envoyons des stimuli de toutes parts, autour et dans votre aura, ainsi que mes mots. Pourtant, le plus grand apport se fait la nuit dans votre sommeil. Pour cela, nous avons dû détourner des émissions d'énergies troubles ; le jour, nous nous en abstenons. Ainsi, nous sommes actifs en permanence, nous déplaçant selon les rythmes du jour et de la nuit encore en vigueur sur cette terre.

Non, nous ne possédons pas de temples où vous recevoir. Vous savez nous trouver, même si vous n'avez pas lu nos ouvrages. La radiance du collectif suffit et attire les êtres désireux de s'éveiller aux énergies nouvelles. Malgré les émissions d'égrégores en vue de vous en empêcher, vous êtes de plus en plus nombreux à vous asseoir auprès d'un membre du collectif. Beaucoup me recherchent la nuit, croyant peut-être que j'apporte plus personnellement à ce moment. Il n'en est rien. La majeure partie de la nuit revient aux membres du collectif. Ne l'oubliez pas, comme je coordonne le processus dans sa totalité, je me dois d'être toujours en mouvement.

En ce début d'année 2004, j'accueille le fleuve de lumière du cœur de l'Île Centrale. J'ai à ma charge de fractionner précisément cet apport et de le diriger là où il se doit. Indépendamment de vos souhaits et de vos espoirs, ce fleuve de lumière a sa vie propre. Tous les Êtres réalisés en poste pour la consécration de cette planète s'activent encore plus, espérant voir la totalité des habitants de cette terre entrer dans la quatrième dimension et, surtout, pénétrer leur centre divin.

Naturellement, il sera fait selon chacun d'entre vous quant à la pénétration de son propre centre.

En ce qui concerne l'installation d'Urantia Gaïa dans sa fonction de planète relais, elle demeure indépendante de votre progression. Aussi, au vu de votre avancement au sein de ce cheminement intérieur, vous serez ou non de ce voyage, de cette aventure.

Oui, ces années à venir seront, de toute évidence, riches en événements. Certains vous plairont, d'autres pas. Prenez la peine de traverser ces marécages en ayant le plus d'humour possible. Essayez de reconnaître votre position au fur et à mesure de l'évolution. Allez, il vous faudra bien un peu d'humour lorsque des images vous renverront un miroir pas toujours satisfaisant dans votre recherche d'une position sociale (même si cette position a trait au retour de l'identité divine)! En réalité, le plus grand piège réside là : Qui suis-je par rapport à mon voisin? Il n'est plus l'heure de ce type de questions.

L'heure est à se centrer sur son identité divine avec confiance quant à sa finalité.

En raison de cette priorité, nous continuerons autant que nous le pourrons à vous transmettre des mots visant vos faiblesses intérieures. Parfois, je serai tendre là où vous attendrez de la fermeté, et ferme où vous aimeriez de la douceur. Car, voyez vous, je regarderai avant tout l'état de votre corps communautaire et vos besoins réels pour votre élévation.

Voici pourquoi les lignes qui suivent vous instruiront encore sur votre état intérieur, ses faiblesses, ses forces, ses masques et ses grimaces. Sans cesse, je vous instruirai sur des sujets dérangeants ou des données étonnantes. On me reproche déjà de minimiser les enseignements du passé; aussi, enfants de cette terre, relisez les miens. Je vous parle de ces enseignements du passé comme étant la pierre d'assise de mon propre enseignement. Je bouscule volontairement vos systèmes de croyances.

Certains pensent même que le Créateur a tout dit et n'a rien à ajouter aux écrits anciens! Ce sont là des idées soulignant votre désir de mainmise sur la Vie.

Je reprends volontairement des sujets déjà étudiés afin de les approfondir. Ainsi, les premières bases établies dans votre compréhension seront agrandies, parfois reconstruites. Les énergies développées dans ce livre cherchent à élaborer un chemin de lumière au travers des nébuleuses humaines créées dans le but de vous éloigner définitivement de votre centre intérieur de lumière.

Nous travaillerons ensemble à démonter un à un ces montages aliénant votre liberté, votre personnalité, votre progression.

Préparez-vous, mes enfants, à bien des bouleversements dans cette vie terrestre qui ne vous apporte pas actuellement d'épanouissement intérieur ni extérieur. La joie ne vous habite pas ; aussi, tout au long des lignes qui suivent, je pointerai du doigt (céleste, bien sûr !) ces mécanismes construits pour vous éloigner de la pensée. À force justement de ne plus utiliser votre organe de la pensée, celui-ci s'atrophie, ce qui représente un grand danger d'abêtissement. Comme toujours, il me faut reprendre des thèmes de manière à favoriser leur compréhension et à ouvrir de nouveaux sujets de réflexion.

Le corps communautaire de l'humanité frémit de toutes parts, se voyant assiégé par des éclairs de lumière en provenance de sources multiples. Afin que l'humanité puisse à nouveau se brancher sur la Lumière de Vie et non sur une fausse lumière imitant la Vie, nous avons choisi une pluralité d'émissions de rayons de lumière. Ainsi, si le groupuscule souhaitant maintenir l'humanité dans un état de dépendance et de non-être cherche à éteindre le rayonnement céleste, cela devient tout bonnement impossible. À la limite, un rayon devrait émettre d'une manière différente, sans plus.

L'instant le plus crucial dans l'histoire de cette humanité reste le réveil des frères et sœurs programmé au siècle dernier. Cette période, très délicate, nous tenait en alerte. Nous attendions le cri du cœur de nos enfants réclamant la venue de la juridiction universelle. Tant que ce cri ne fut pas enregistré, une possibilité demeurait de perdre l'enjeu sous-jacent. Désormais, cette volonté est enregistrée et nous avons pu mettre en place la transformation de la planète. La Lumière de Vie incarnée a appelé la Lumière de Vie universelle. C'est une loi cosmique : Tant que les enfants en incarnation n'émettent pas une volonté précise de voir descendre la juridiction divine, ceci ne peut se faire.

Ce siècle sera celui de la passation radicale d'autorité. Nous savons parfaitement que ce qui se trame à votre insu fera des remous. Par conséquent, vos jours ne seront pas tous roses. Émettez des non nets, ne revenez pas sur ces décisions, appelez la fraternité universelle ancrée dans la Lumière de Vie (je fais ici référence à la lumière porteuse de l'énergie non duelle du Sans-Nom), et soyez sûrs de voir ainsi vos appels honorés.

Les heures à venir ne seront pas toutes aisées ; aussi, assurez-vous d'être accompagnés pendant leur traversée. Chaque fin de cycle est un moment propice au règlement des énergies non favorables à l'épanouissement intérieur. La planète, ou le vaisseau urantien, termine sa révolution annuelle et cela coïncide précisément avec la fin d'un cycle annuel de ce système solaire et de l'univers où ce dernier se déplace. Alors, non seulement les énergies de cette planète, de ce système solaire sont dans l'obligation de faire le point sur les réalisations obtenues et celles encore en instance, mais votre univers d'appartenance est appelé au même bilan.

Cette situation reste délicate et, pourtant, riche de promesses futures. Tout cet ensemble de matrices de Vie est invité à endiguer la pensée duelle et à l'abroger. Une formidable pulsion initiatique vise ces secteurs afin de les élever dans le cœur du Sans-Nom et qu'ils deviennent la route de l'Éther vers les univers en formation.

Votre rôle est bien plus vaste que ce que vous pensez ou osez envisager. Les énergies positionnées près de l'Île Centrale s'installent dans ce système solaire puis, dans un deuxième temps, sur Urantia Gaïa. Croyez-vous que cela ne signifie rien ?

Votre organe de pensée recommence à s'animer. Alors, essayez d'amener ces données jusqu'à lui. Oui, j'ose aborder ce sujet délicat. Toutes les informations n'arrivent pas jusqu'à ce centre, car elles sont détournées par votre organe mental bien ancré dans sa forme inférieure. Voici pourquoi nous insistons sur la nécessité de réinvestir tous vos corps de lumière.

Vous manquez de l'éducation conscientisant la réalité des lois mettant vos corps subtils en résonance. Afin de pallier doucement ce manque, nous reprenons vos données dites spirituelles et vous emmenons à un stade plus avancé de la pensée. À cette fin, le collectif SORIA a retenu l'énergie regard-sentiment-pensée. Rassurez-vous, il n'y a point d'erreur dans le choix de l'emplacement de chaque mot. Notre volonté étant ferme, nous vous guidons progressivement en dehors des moules de construction dans lesquels vous étouffez, voire mourez.

Encore une fois, nos mots se veulent dérangeants. As-tu pensé, ami lecteur, que tes réactions parlent d'elles-mêmes de tout ce qui t'empêche d'être ?

En ces heures si particulières, je te prie de profiter de cette ouverture de conscience pour te libérer de ces encombrements. J'évoquais l'humour, et j'ajoute ceci : Retiens la joie dans ton cœur et dans ton esprit, car les temps à venir t'écarteront avec aisance du mouvement interne si tu ne t'y installes pas dès à présent.

Ami lecteur, plus tu t'accrocheras à des repères extérieurs, plus tu connaîtras des troubles. Ces heures portent le regard à pénétrer ton centre intérieur. Aussi, les enseignements servent-ils de repères temporaires visant à faciliter ton retour au sein de ton identité divine. Chacune des pages de ce livre est une invitation à réinvestir la personnalité déposée au cœur de l'étincelle de Vie par le Père/Mère.

Ce nouveau livre exprime cette invitation. Voici donc un moment privilégié entre toi et moi. Je respecte la vision du collectif SORIA en employant de préférence des mots déployant des réactions soutenues dans ton corps communautaire. Régulièrement, tous les enseignants autour d'Urantia Gaïa se retrouvent et ajustent leurs actions. En ce moment, les transmissions par les canaux reliés à d'autres voix que la nôtre emploient des mots aussi forts qui vous placent tous devant vos responsabilités. Étrange, non ? La douceur s'efface pas à pas pour parler sans ambages de vos erreurs comportementales.

Nous, de notre côté du voile, unissons nos efforts de manière à vous conduire là où vous êtes attendus. Alors oui, encore et encore, nous abordons dans cet ouvrage vos comportements, vos pensées avec plus de profondeur. Ce pas vise avant tout à éclairer vos zones d'ombre avec plus de force. À vous cette fois d'accepter ce jeu sans reprendre vos vieux travers de personnalité, ceux qui vous ont conduits à une impasse majeure.

Nous sommes un des flambeaux de la Lumière de Vie vous visitant dans ces instants décisifs. Passerez-vous dans ce faisceau ou déciderez-vous de rester accrochés à l'impasse ? Voilà la réelle question.

Bonne lecture.

SORIA.

Première
partie

1

Petite histoire d'Urantia

Il fut un moment difficile dans l'histoire de cette planète. À l'instant où le voile de l'oubli descendit, vous êtes devenus inconscients de votre identité, et cet état a pu œuvrer. L'homme et la femme connurent dès lors la séparation.

Les Sages, ayant enregistré ce mouvement, appelèrent l'intervention universelle de manière à rétablir l'ordre de l'élévation de la conscience.

La chaîne solaire répondit efficacement en offrant un groupe d'êtres qui s'inséreraient dans l'humanité et s'inscriraient ainsi comme résidents sur cette terre en vue de préserver le savoir et le flambeau de lumière. À intervalles réguliers, depuis la descente de l'ombre sur Urantia Gaïa, Sirius envoie des messagers et Orion supervise les interventions ponctuelles ou permanentes. Permanentes grâce à la présence de sept groupes d'êtres de souche pléiadienne accompagnant l'étude de cette humanité. Au sein de ces groupes, vous retrouvez, entre autres, les peuples amérindien, aborigène, tibétain, inca et maya. Les autres groupes ayant fait vœu de silence, leur identité restera voilée.

Il demeure intéressant de signaler le fait suivant : le peuple africain est issu d'une souche en provenance de Sirius, et c'est la raison majeure de sa réalité de mère de toutes les humanités d'Urantia Gaïa.

Vos prophètes, vos bouddhas, vos maîtres et intervenants sont, quant à eux, venus d'Orion. En peu de mots, je vous dresse la cartographie des interventions extérieures, de manière à favoriser et à ensemencer la conscience humaine.

Certes, dans ce jeu d'influences, quelques enseignants ont décidé de rattacher leurs énergies à une planète majeure de votre système solaire. Je pense au Maître Jésus, qui a participé à l'ouverture et à l'éclosion d'un degré supérieur de l'amour vénusien. Pourtant, il ne vient pas de Vénus, encore moins d'Urantia, et pas davantage des Pléiades ou d'Orion ! En effet, sa haute naissance fut enregistrée dans un secteur universel bien plus élevé.

C'est votre intervenant majeur, sublimant tout le travail des esprits nés lumière en service. Oui, cette dénomination « esprits nés lumière en service » souligne le don de la vie pour la Vie en expérience. Sous cette appellation, nous trouvons plusieurs paliers d'intensité et de puissance solaire, atomique et christique.

Alors, je vous le dis, au-delà de l'appropriation du rayonnement de Maître Jésus par vous, préhumains, nous, Énergies primordiales, Mères de toutes les mères, honorons cet esprit d'amour pur. Nous lui rendons son honneur au service diminué dans son rayonnement, diminution voulue par un petit groupe en vue d'asservir la population urantienne.

Les nouveaux écrits transmis par le biais des canaux visent avant tout à vous restituer votre histoire réelle, passée, présente et future.

Commençons doucement par le passé, celui-ci induisant des réactions dans le présent afin d'engendrer un futur plus épanouissant. Comment se fait-il d'ailleurs que les souches peuplades de lumière de la chaîne solaire soient crucifiées ? Ce mot vous choque-t-il ? Je l'espère profondément ! Si j'ose le dire avec force, c'est dans le but de rétablir le respect et la grandeur de leur travail.

Oui, ces peuplades urantiennes, gardiennes de la lumière unifiée et de ses lois de manifestation, ont bien été crucifiées aussi atrocement que le Maître Jésus. Celui-ci, par sa royauté universelle, décréta la crucifixion obsolète, montrant un chemin de couronnement moins violent. Ce décret prend vie maintenant, en ce moment même. Le Maître cueille actuellement les fruits de son sacrifice. Ajoutons cette explication : son sacrifice a trait à l'éloignement du secteur d'évolution attribué à sa royauté, et non à la crucifixion terrestre.

N'en doutez plus un seul instant, car je vous affirme la puissance d'éclosion de l'esprit ensemencé il y a deux mille ans.

Chaque ensemencement nécessite un temps de germination, puis d'éclosion, et, enfin, de maturation. Vous entrez dans la phase d'éclosion de l'esprit déposé au temps du prêche de Maître Jésus. Ainsi, son travail embellit et fortifie les efforts des travailleurs de lumière ayant passé sur Urantia Gaïa.

Les prophètes, les bouddhas, les maîtres sont des travailleurs de lumière. Or, voici que pointe leur couronnement. J'insiste sur l'importance du Maître Jésus, puisque c'est bien son passage qui permit la sublimation de ses enfants.

Ah oui ! Je vais encore vous bousculer en vous révélant cette lignée. Le Maître Jésus est connu sous ce nom sur votre planète, pas dans le Maître Univers. Ce grand Fils universel, Père/Mère, engendra une lignée de fils et de filles ayant pour but de transporter la lumière dans l'ombre. Quoi que puisse faire l'ombre, ces enfants sont toujours rayonnants et laissent leur nom dans l'histoire d'une planète.

Ainsi, en toute simplicité, je vous révèle que ces enfants ont préparé la venue de leur Père/Mère afin de le glorifier, de participer au couronnement de la planète, puis de l'offrir au Sans-Nom.

Infiniment et éternellement, ces enfants honorent la lumière en eux pour la lumière.

Après le passage des travailleurs de la lumière et la venue de leur Père/Mère, voici le temps des guerriers de la lumière, autre lignée bien née, mais gardons scellée leur naissance pour un temps encore. Jamais une humanité déposée sur une planète ne reste seule en évolution. Il n'y aurait aucune sagesse, si tel était le cas.

En réalité, sur une sphère de Vie évolutive se trouvent une humanité en évolution, des groupes souches issus des soleils contenus dans la chaîne d'appartenance de la planète, des travailleurs de lumière et des guerriers de la lumière.

Et sur Urantia Gaïa en particulier s'ajoute la présence exceptionnelle du Père/Mère des travailleurs de la lumière.

L'intérieur d'une planète se peuple à partir de cette réalité. Il est important de signaler ce qui suit, à cette étape de notre enseignement : Tout intervenant sur la trajectoire de l'esprit évolutif de l'humanité résidentielle reste à l'intérieur de la planète après son intervention, engendrant ainsi une nouvelle souche d'êtres qui verront à maintenir le dépôt de lumière dans l'identité de la planète afin de préserver le schéma d'ouverture proposé. Quand cette énergie a fini de délivrer son potentiel, ce dépôt disparaît.

De façon à mieux comprendre, glissons notre conscience sur la mémoire, qu'elle soit planétaire, universelle, humaine, ou autre. La mémoire est une matrice de Vie ; lorsqu'elle est pleine, il faut la vider afin qu'elle puisse continuer son travail. Ou, si vous préférez une autre image, quand un sac est rempli, il est nécessaire de le vider pour y mettre un nouveau contenu. Et cela ne signifie nullement que l'ancien contenu ne vaut plus rien alors ; il a simplement effectué son œuvre, voilà tout.

Aujourd'hui, à la surface d'Urantia Gaïa, l'identité des

peuplades du passé en cours d'être absorbées par le peuple blanc se révolte intérieurement; ces peuplades souhaitent retrouver leur dignité. Cette souffrance active en ce moment la matrice de Vie, et la Vie appelle déjà le peuple blanc à reconnaître ses torts et ses exactions envers elle.

La matrice mémorielle, secouée de tremblements, oblige les protagonistes à reprendre leur place et à en faire une pour chacun. Il n'y a pas plus de valeur à s'asseoir à une place plutôt qu'à une autre. Chaque participant doit se repositionner correctement dans le but de reconstruire l'identité planétaire. Cette élaboration devra restituer l'honneur et l'honorabilité de tous les participants. Comprenez que depuis mes premiers écrits, je vous invite à revisiter la conscience planétaire et celle de la vie extra-terrestre et de la vie intraterrestre.

Vous êtes au centre de toutes les influences. Le mariage et la pacification de ces dernières se profilent. Vous n'y échapperez pas, même si vous prolongez le jeu égotique loin de cette terre. Tôt ou tard, vous vous présenterez à nouveau à cette initiation majeure de l'esprit en évolution. Ainsi, dans votre manifestation présente, croyant vivre seuls dans l'étendue intergalactique et universelle, voici que revient la connaissance de toute la fratrie cosmique.

Pas facile de déloger les fausses croyances! Cette action s'avère pourtant riche de potentialités. Alors, je vous le confirme : l'histoire d'Urantia sera graduellement repositionnée dans l'histoire cosmique. Les fausses valeurs balayées laisseront place à de nouvelles semences d'esprit.

Étrange, nous vous restituons peu à peu nos interventions. Pourquoi cela se passe-t-il ainsi ? Pour favoriser justement le labour à venir d'Urantia Gaïa et recevoir l'ensemencement de l'esprit du Sans-Nom, qui arrive jusqu'ici dans un rayon direct afin de vous offrir un espace d'intégration de sa force atomique. Ce rayon direct s'écoule grâce à une chaîne constituée par lui-même.

Ces points relais permettent d'atténuer sa radiance dans un premier temps, jusqu'au moment où l'implantation de sa lumière sera assez forte pour cesser d'utiliser ces condensateurs d'énergie qui, chargés de cette radiance, seront alors déplacés en un autre point stratégique de l'univers. Cette chaîne s'ancre dans l'espace sidéral par des planètes ; les Pléiades et Orion ont offert de jouer ce rôle dans votre transformation par les énergies directes du Sans-Nom.

Comprenez le retour de la connaissance des couleurs au sein de votre quotidien. À quoi je songe par cette révélation ? À l'arc-en-ciel ! De quoi est-il constitué ? De couleurs !

Les couleurs à maîtriser par la population résidente d'Urantia Gaïa ! Oui, vous acceptez aisément la présence des Maîtres des couleurs, cela ne vous dérange pas trop. Pourtant, si je suggère la descente de la réalité des couleurs en vous, là, j'enregistre aussitôt des désordres mentaux ou émotionnels. « Soria, tu n'es pas une énergie facile, je préfère voir ailleurs ! »

« Va mon enfant ; va sur un autre chemin. D'une façon ou d'une autre, tu me retrouveras, ainsi que mon enseignement. Au sein de ton cheminement, je viendrai te titiller dans ta volonté de rester ancré dans les valeurs passées. Car, vois-tu, ta destinée se situant dans le futur, seul le présent sert de matrice idéale à l'intervention. Et comme j'ai de l'humour, disons que je suis le plus grand chirurgien de l'espace cosmique ! Pas renommé, mais efficace. Bref, détourne-toi de moi, et je me représenterai à toi, indirectement soit, et dans un autre temps. »

Il est intéressant d'aborder le sujet qui suit.

À la naissance d'une planète, la chaîne solaire dépose des dons dans sa cellule mère. Lors de la conception d'Urantia, le Soleil de votre système solaire accueillit les dépôts des planètes

Sirius et Orion, tuteurs majeurs d'Urantia. Je dis tuteurs et non parents! Les parents sont bien les Êtres solaires Hélios et Vesta, responsables de votre Soleil. Ajoutez à cela les semences des planètes sœurs (celles de votre système solaire), sans oublier la semence principale : le but de réalisation de la petite dernière offerte au Sans-Nom. La cellule mère opère de la même manière que tout corps ; dans ce but, elle est encodée.

À sa naissance, Urantia reçut des stimuli la conduisant progressivement vers sa pleine réalisation. Les dépôts des tuteurs Sirius et Orion introduisirent des germes de résonance à leurs attractions. Ainsi, dès cette haute naissance, Urantia fut réceptive aux énergies des étoiles Sirius et Orion (planètes couronnées). Cela simplifia l'acceptation du flux lumineux en vue d'induire, si nécessaire, un redressement de trajectoire si le mental s'avérait trop éloigné de sa source.

Les planètes voisines du secteur résidentiel jouent, quant à elles, les grandes sœurs aimantes et protectrices. Attention, ce schéma demeure le même pour toutes les créations de planètes accueillant une humanité en phase expérimentale. La plupart des planètes créées, non assujetties à l'expérience, sont destinées à l'accompagnement des humanités descendues dans la reconnaissance de germes nouveaux ou de celles qui ont pour tâche de fournir une nouvelle semence d'idée.

Les humanités des planètes classées hors expérimentation évoluent sur une tonalité définie qui incarne l'Amour, le Temps ou l'Espace. Ces groupes possèdent, dès leur arrivée, la base non égotique de ces attitudes. Il est intéressant de préciser ici que certains êtres descendus sur une planète expérimentale seront amenés sur une planète sœur, ou accompagnatrice, afin de parachever leur développement lorsqu'ils parviendront au seuil des sentiments dits divins.

Toutefois, il est inutile de vous croire indispensables dans le jeu cosmique d'une planète expérimentale! Tous et toutes, vous vivrez à votre rythme sur les différentes planètes.

Je m'explique. Vous êtes actuellement en phase expérimentale sur Urantia. Après votre franchissement des sentiments divins, donc de votre arrivée dans la conscience des chakras supérieurs, vous serez dirigés vers une planète ne répondant pas aux critères d'Urantia, mais vous terminerez votre évolution, ou réintégration dans l'identité divine, en continuant d'être au service de cette planète. Votre rôle consistera alors à veiller au bon déroulement du plan urantien.

Suivant vos affinités, vos préférences, vos guides et votre Père/Mère vous dirigeront vers une de ces planètes tutrices couronnées ou une planète sœur. Seule votre résonance interne dessinera le visage du prochain pas.

Attardons-nous quelque peu afin de développer ce thème. Au cours de votre ascension intérieure, vos choix personnels émettent un rayon particulier. Au sein de ces choix, vous souhaiterez peut-être vous dissocier du cheminement de votre humanité d'appartenance, et ce souhait ouvrira la porte d'une planète tutrice. Si, au contraire, vous n'envisagez pas une séparation avec la courbe évolutive de l'humanité, vous irez sur une planète sœur, attendant le reste du groupe. Dans les deux cas, vous restez en résonance étroite avec l'ensemble de la fratrie.

Imaginons donc votre venue sur une planète tutrice. Immédiatement, vous serez intégrés à un cercle d'entités œuvrant pour fluidifier les énergies urantiennes. Comme votre progression nécessite une approche spécifique, il est possible que vous receviez continuellement, ou par intermittence, la guidance d'un ou de plusieurs êtres urantiens. Vous devrez apprendre les lois en vigueur de votre planète d'accueil et vous intégrer dans une nouvelle humanité. Doucement, vous vous rendrez compte qu'il n'y a pas de séparativité entre une humanité et une autre. Vous élargirez concrètement le concept élevé du mot humanité. Est-ce à dire que cette vision n'est pas la même sur les planètes sœurs ? Oui et non. Non, mais vous

vous en approcherez ; oui, mais la profondeur de cette vision est vraiment différente. Les planètes sœurs vous rapprochent un peu plus de ce concept, mais les planètes tutrices vous y plongent totalement.

Les planètes sœurs sont naturellement celles de votre système solaire ; elles répondent à la Charte de Vie de cette section universelle. Les planètes tutrices, quant à elles, sont en dehors de votre système solaire et répondent à la Charte de Vie de la section universelle au-dessus, d'où l'élargissement de l'apprentissage universel.

Rien de bien compliqué ; juste un peu de bon sens et vous pouvez appréhender l'étape à venir. Ces quelques lignes soulèveront des prises de position. Prenez un peu de temps et de recul pour vous prononcer sérieusement. Intégrez les énergies de cet enseignement avant de faire votre choix.

Urantia est une planète voyageant dans une petite cellule administrative universelle, la plus petite en réalité. Cette cellule voyage à son tour à l'intérieur d'une autre plus grande qui, elle-même, circule dans une section plus large.

À la création de ce système solaire, les Sages universels choisirent des énergies porteuses et guidantes. Au sein de la constellation de référence, des planètes furent désignées pour recevoir les esprits créateurs chargés de la surveillance de ce nouveau système solaire. Lors de la conception d'une planète dans votre système solaire, d'autres planètes furent retenues et rattachées à son énergie. Retenez donc que Sirius et Orion portent la responsabilité de votre accompagnement durant le retour de l'identité divine et le couronnement d'Urantia.

Je ne vous donne pas ici le nom précis des planètes responsables de votre élévation, mais uniquement les noms phares parmi les constellations.

Comme nous nous trouvons dans un alignement majeur, les planètes voisines, ou sœurs, vous envoient un supplément de lumière d'influence en vue de votre propre pénétration au sein de cet alignement.

Ce système solaire et ceux qui l'entourent, les constellations immédiates, l'univers local où vous évoluez, tous ensemble sont concernés par cet ajustement d'identité appelé également initiation. Malgré votre retard apparent et non négligeable, vous canalisez directement une partie du rayonnement du Sans-Nom.

Dans l'existence d'une planète, nous observons deux phases importantes. La première est la vie duelle, où l'humanité a pour tâche d'explorer et de développer des germes d'idées. La seconde débute par la demande des enfants de lumière réclamant la sphère de Vie afin de la réintégrer dans les énergies du Sans-Nom. Cette période s'avère toujours délicate, sinon difficile. En effet, les enfants de pure lumière descendent en incarnation sur le sol en référence. Leur lumière dérange la sclérose bien établie et soulève des réactions. Ces enfants étant en nombre inférieur, cela reste un handicap pendant un court temps. Une fois incarnés, ceux-ci émettront leur appel, qui sera alors dûment enregistré. Dès cet instant, la planète amorcera une phase l'amenant vers une qualité d'énergie en résonance avec le processus de couronnement.

En principe, ce déroulement est connu et maîtrisé. Pour Urantia Gaïa, cela coïncide avec une initiation cruciale du secteur universel local. Aussi, les paramètres sont-ils forcément plus délicats. Votre humanité quitte l'énergie duelle en même temps qu'elle se doit de réintégrer la Vie universelle et d'en accepter son élargissement. Voilà pourquoi nous vous invitons à ne pas relâcher votre attention, à être toujours alignés sur vos choix intérieurs. Le retour massif des informations souligne l'importance de la transformation proposée. Certes, des moments pas toujours agréables se profilent. Bien sûr, vous regarderez tous les aspects non alignés sur l'amour, le respect, l'intégrité, la fraternité, la tolérance, le partage, entre autres. Assurément, il ne vous sera peut-être pas toujours aisé de constater vos connivences cachées, vos lâchetés (même si ce mot vous dérange, il est d'actualité !), votre indifférence, votre excès d'intérêt dans le monde affectif et vos rejets de la vérité simplement parce que vous souhaitez continuer vos jeux égotiques.

L'influence des énergies tutrices et sœurs vous dérangera. Rien de bien, rien de mal en soi, juste un rééquilibrage d'orientation à effectuer. Évidemment, l'histoire d'Urantia a déjà connu des remaniements afin d'accompagner une élévation ou une descente dans la conscience humaine. Ceux-ci ne s'inscrivaient pas dans l'appel du couronnement. Le changement n'en sera que plus intense.

Mais revenons aux forces tutrices. Leur présence se veut discrète, pour un temps encore, mais ces forces vous parlent néanmoins du rôle que vous aurez à tenir dans un futur. Justement, nous essayons de vous entretenir progressivement de cette responsabilité à venir envers les champs vierges. Actuellement, l'attitude de vos gouvernements n'encourage pas l'épanouissement des Urantiens mais cherche malgré tout le sens de la responsabilité qu'ils se doivent d'incarner. Là aussi, vous avez un miroir à leur renvoyer. Tentez de tenir votre place et de vous épauler durant cette mutation profonde.

Sirius et Orion dirigent des tonalités différentes dans leurs rayons de lumière. Ainsi, des informations de leur provenance glissent maintenant autour de vous. Au sein des Univers, la Loi de Vie demeure égale pour tous. Chaque création reste sous la responsabilité de ses créateurs ou parents, et ce, jusqu'à sa réalisation.

Les Guides, les Anges et les Archanges sont dépêchés, sans compter qu'un groupe de sept Séraphins fut diligenté dans l'aura de votre planète. Vos religions ont conservé la mémoire de ces Anges et Archanges, mais elles ont volontairement omis la présence des Séraphins. Ces derniers détenant la puissance suprême du concept élevé de l'Amour, de la Lumière et du Feu du Sans-Nom, cet oubli laisse davantage place à l'état de victime.

En vous restituant cet accompagnement, j'ouvre la porte de l'échange entre eux et vous. Au cœur de la mutation génétique naturelle qui ne manquera pas, faites appel aux présences et aux forces de la pluralité des énergies de soutien. Si la Création a choisi un tel déploiement de consciences établies dans leur divinité, cela correspond sans doute à une intention précise, ne croyez-vous pas ?

En réalité, le Sans-Nom a émis la volonté de vous apporter un soutien puissant dans votre cheminement. Essayez d'absorber le rayonnement de ces lumières et observez la transformation de votre vision et de vos énergies. Voyez le changement qui ne manquera pas de s'opérer dans votre vie quotidienne.

L'histoire d'Urantia va connaître un bouleversement, et vous pareillement. Préparez-vous en toute simplicité. Dans un temps proche, seules les énergies retenues auront cours sur cette sphère de Vie. Le plus important est certes la matrice de vos pensées au quotidien. Insérez donc le moteur des sentiments supérieurs dans votre organe de pensée. L'action reste aisée : appelez ces sentiments supérieurs à glisser dans cet organe, puis émettez la volonté qu'ils deviennent votre source d'inspiration principale. Cela se fera, non pas à votre rythme mais bien d'une manière certaine, voire rapide.

Le Sans-Nom a déposé tous les apports nécessaires à la pleine maturation de vos esprits, sans oublier les besoins adjacents au corps physique et à l'âme. Tous reposent dans l'Éther et dans l'aura de votre planète. Il est souvent question des réservoirs d'énergie auxquels vous avez accès. Il est temps de prendre conscience des réservoirs en place depuis la création de cette sphère de Vie. À vous d'y puiser la nourriture nécessaire à vos besoins. D'accord, ceux-ci demeuraient dans l'ombre, inopérants, car l'heure n'était pas à cette reconnaissance. Cette fois, je vous l'annonce : le droit vous est accordé de vous y rendre et d'appeler leurs gardiens. Ils sont remplis depuis le commencement, afin de répondre à toutes vos sollicitations.

En ces instants, solennellement, nous vous informons de cette ouverture. Utilisez donc les références que nous vous transmettons de manière à vous présenter correctement à ces sources.

La famille angélique dénombre elle-même plusieurs niveaux d'action. D'une action à l'autre, l'ange revêt une dénomination différente dans le but de faciliter l'approche par les entités en incarnation des spécificités reliées aux vertus attribuées à chaque action.

Dès à présent, vous pouvez donc faire appel aux énergies :
— de Sirius,
— d'Orion,
— des planètes voisines ou sœurs,
— du rayon de l'intérieur de votre Terre,
— du rayon de votre Soleil,
— du rayon du Sans-Nom,
— des Anges,
— des Archanges,
— des Séraphins,
— de vos guides et de vos anges personnels.

En réalité, ces différentes sources s'unissent en un rayon arc-en-ciel.

Oui, chaque origine d'un rayon teinte sa lumière en fonction de l'apport dirigé vers vous. En révélant la transformation de l'identité de l'Arc-en-Ciel sur votre sphère de Vie, je vous parle simplement de cet accès devenu possible maintenant.

Le Sans-Nom s'apprête à élargir aussi son influence sur Urantia Gaïa. Je vous conseille de puiser largement à même sa source. Ainsi, la force, la volonté, l'aisance, la paix vous accompagneront dans la transformation.

Le temps approche où votre planète changera d'orientation. Il s'agit bien ici de positionnement stellaire.

La fonte des glaces de vos pôles entraîne un basculement de l'axe de la Terre. Déjà, les pôles magnétiques se déplacent et le magnétisme de la Terre fluctue. Tout d'abord, les pôles magnétiques se stabiliseront sur le nouveau point d'ancrage indiqué par les Maîtres magnétiques. Cela étant, le poids du mouvement dégagé par la fonte des glaces entraînera ensuite le basculement de l'axe terrestre. De la sorte, la place d'Urantia Gaïa deviendra autre dans le système solaire et votre ciel étoilé dessinera un nouveau paysage. À noter aussi le changement d'influence des astres connus, ce qui exigera une adaptation de votre astrologie. Dans ce mouvement général, un autre mouvement s'amorce. Votre planète va quitter sa trajectoire connue et s'engager sur celle qu'elle a déjà reçue auparavant.

Par cette naissance (le couronnement), vous accueillez de nouveaux parrainages. Nous avons peu abordé la question de l'énergie atomique et de ses Maîtres ; en ces instants, nous allons les évoquer.

La force atomique est dirigée par un groupe d'Êtres divins qui ne se révèlent pas aux humanités en phase expérimentale. Leur vie s'avère donc totalement indépendante des mouvements de la Vie universelle. Leur rôle consiste à canaliser la force atomique émise par le Sans-Nom dans un flux constant et à la diriger de la même façon dans les secteurs concernés.

Les planètes installées dans le moteur de la dualité reçoivent la force atomique en petite quantité. Comme la vôtre s'engage dans une transformation majeure de sa vie, nous venons d'accueillir un groupe de cinq de ces Êtres sur Orion et Sirius. Dès à présent, nous enregistrons une émission plus intense de la qualité atomique dirigée vers vous. Le «bombardement» atomique facilite la mutation génétique.

Certes, au regard de vos données scientifiques actuelles, un désordre apparent sera bien enregistré. Dans un premier temps, vos savants essayeront de rétablir l'ordre connu et quantifié comme ils pourront. Dans un second temps, l'évidence les amènera à prendre en compte les nouvelles orientations induites par la Vie. Comme toujours, les nouvelles données scientifiques parviendront à la conscience humaine par le biais de nos relais et non par le groupe scientifique. Cela aussi demeure un jeu de l'humanité.

Les influx atomiques et stellaires s'élargissant, vos dons naturels, endormis, se réveillent. Il faut savoir que les rayons de sources différentes agissent sur des points précis de votre planète et de votre corps. Et ces points d'impact ne correspondent pas forcément toujours aux chakras. Là aussi, nous enregistrons des variances, en fonction du travail nécessaire au changement. Voilà pourquoi nous recourons tantôt à la douceur, tantôt à la force dans l'énergie accompagnant nos informations.

Nous suivons très précisément le cheminement de vos pensées et des ouvertures de conscience induites par la présence de la nouvelle lumière. Nous serons également attentifs à vos réactions devant les dernières révélations. Le mot *apocalypse* ne signifie-t-il pas justement révélation? En observant votre temps actuel, il est clair que vous êtes en plein dans une série de révélations!

Puisque nous sommes dans cet élargissement des connaissances, permettez-moi d'en soulever une autre.

Vos yeux se tournent avec aisance vers les Cieux et vous en acceptez leurs messages. La présence des guides et des anges semble la notion première dans l'ouverture de pensée. Je vous invite ici à glisser votre regard vers l'intérieur de cette terre. La Vie y règne avec autant de précision que dans les Cieux.

Je vous ai déjà entretenus des dimensions se côtoyant. Maintenant, élargissons cette vue : au centre de cette terre, comme sur les autres d'ailleurs, existent des groupes d'êtres chargés de vous servir de guides dans l'intégration de la vie interne d'une planète. Ainsi, dès votre approche de celle-ci, vous êtes reliés à l'un de ces groupes.

Nous distinguons quatre niveaux d'étude de la vie interne d'une planète. Qu'il soit clair que chacun de ces niveaux est abordé aussitôt les études entreprises. Jusqu'ici, il n'a été question que de la vie extra-terrestre, déjà source de controverse. Actuellement, la vie à l'intérieur d'une planète est encore un secret, tant au sein des religions que dans les milieux scientifique et gouvernemental.

En glissant dans les études exotériques, vos pas vous mènent vers les études ésotériques. Ainsi, la loi du autour-sur-dedans est respectée. L'exotérisme (science non ou peu cachée) ouvre la voie à l'ésotérisme (science cachée) et vous ancre dans la science universelle. La vie interne d'une planète reste accessible, tout d'abord aux initiés. En cet instant, je fais donc de vous des initiés !

Au cœur même de la hiérarchie du centre de votre Terre se trouvent :

— le Prince planétaire,
— le Conseil des Sages qui l'épaule,
— Isis, l'incarnation des énergies féminines,
— les instructeurs ayant déposé une étude de la Loi universelle sur le sol extérieur,
— les visiteurs, porteurs de rayons de lumière supplémentaires pour la planète,
— les responsables (dont Kryeon), qui génèrent un changement dans la structure terrestre.

Les représentants de chaque dimension viennent régulièrement chercher des instructions auprès de cette hiérarchie. Quant aux quatre groupes de guides, ils s'inscrivent dans les quatre premiers paliers, ou dimensions, de l'être intérieur, soit un groupe par palier. Dans leur karma, les habitants de Telos [des intraterrestres], se devaient de vous adjoindre actuellement des guides afin de vous emmener vers la vie interne.

J'aimerais établir ici une association entre les mots intérieur/interne/utérus, une déclinaison de termes suggérant la fécondation de la vie intra-utérine dans le monde obscur, soit ésotérique.

Allez, amusez-vous et cherchez les mots se rapportant à cette réalité !

Qui sont ces êtres au centre de la planète qui vous servent de guides ? Des membres issus de votre humanité ayant décidé de rester là un temps afin d'aider leurs frères et sœurs de la surface. Mais d'autres appartiennent à la réalité Arc-en-ciel ou, encore, aux cités d'émeraude, puis en partie aux humanités internes.

Quelques-unes de vos montagnes servent d'accès à leur monde. Il n'est pas rare de voir l'un des vôtres pénétrer ces lieux ; en général, toujours sur invitation. Ces portes sont hautement surveillées par la Flotte intergalactique pour assurer une protection.

Le temps est venu de vous immerger dans la reconnaissance de tous ces appuis mis à votre disposition.

Pourtant, je dois vous le dire : vous réintégrerez votre identité céleste en accordant une place à chaque réalité ou déclinaison de la Vie universelle. Comme l'initiation majeure en cours vous pousse à élargir les concepts du haut, nous vous conseillons de commencer à faire de même avec les concepts du bas et de l'intérieur. La solidité de votre ancrage en dépend. J'introduis régulièrement un bref enseignement sur le monde interne. En vérité, j'observe vos réactions. Dans l'immédiat, vous êtes favorables à ce développement. Toutefois, la prudence reste de mise, car nous enregistrons malgré tout une résistance.

Présentement, la conscience de votre humanité s'ouvre peu à peu au monde intraterrestre. Les habitants de Telos — un premier groupe de guides — émettent un rayonnement afin d'induire un rapprochement entre vous et leur monde intérieur. Puis un deuxième groupe sortira de l'anonymat et prendra la relève. Imaginez simplement ici des cercles de conscience. En acceptant la présence du premier cercle intérieur, votre conscience s'élargit à la Vie multiple et à votre responsabilité envers les secteurs de Vie humains. Doucement, vous approfondirez cette connaissance et glisserez sur le deuxième cercle de pensée interne. Dès lors, ce deuxième groupe de guides se présentera, participera à votre aventure et vous mènera vers les portes du troisième cercle, et ainsi de suite... D'un franchissement de cercle, ou de conscience, à l'autre, vous recevrez un enseignement et des informations en vue de nourrir ce processus d'intégration de la vie intraterrestre.

La réalité adjacente à ces cercles de pensée, à ces dimensions internes, sera progressivement accompagnée d'une descente de l'Esprit de Vie dans les Cieux. Au final, vous vous rendrez compte qu'il n'y a pas de différence majeure entre le monde interne et le monde externe, sinon de simples déclinaisons des mêmes Lois de Vie, de façon à répondre aux paliers d'expression de la Vie multiple et une.

À chaque exploration des lois inhérentes à un palier, une dimension, vous serez soumis à des tests appropriés visant à déterminer si vous avez bien assimilé les inter-réactions liées aux enseignements présentés. Ce sont principalement les quatre premiers plans de l'identité qui sont naturellement concernés.

La vie d'une sphère demeure un exemple parfait de la Vie multiple de l'Esprit. Le groupe évoluant à la surface se doit d'unir les différentes facettes de cette réalité. En son temps, cette partie de l'humanité résidente reçoit les visites tant du monde extérieur que du monde intérieur ou, si vous préférez, de la vie intraterrestre et de la vie extra-terrestre.

Un jour, vos gouvernements accepteront les visions de la hiérarchie planétaire. En ces temps à venir, la planète vivra selon un seul plan d'évolution, ce qui n'est pas le cas présentement. Les cloisonnements de conscience actuels n'existeront plus, car ils ne serviront plus à rien, tout simplement. Une frontière, un mur ne remplissant plus sa fonction s'effondrera, voilà tout. Votre humanité en a vu un exemple avec le mur de Berlin. L'Europe suivit ce fait en abolissant ses frontières. Cet état ira en s'élargissant et engendrera des remous au plus profond de l'identité planétaire établie. Ne vous arrêtez pas à l'émulation mentale en cours et aux images qui en émanent créant une sensation de perte de repères dans la société actuelle.

Petit à petit, vous traversez les méandres des plans mental et affectif vous ayant entraînés par le passé dans des réactions de dévalorisation, de victimisation, d'autopunition, de rejet et, surtout, d'éloignement de l'identité divine, donnant ainsi tout pouvoir à autrui.

Encore une fois, je le répète, appuyez-vous sur la présence aimante de vos guides et de vos anges ; utilisez les réservoirs d'énergie qui vous sont destinés depuis le commencement des temps.

Les Anges ont rempli ces réservoirs en puisant à même la source du Sans-Nom ; il y en a autant que de qualités divines. Par ailleurs, ces réservoirs étant constamment visités par les Anges, votre maigre prélèvement ne les tarira jamais. Même si vous êtes nombreux à venir vous désaltérer à cette eau nourricière, son niveau ne descendra point. Aussi, allez-y pleinement,

baignez-vous dedans et voyez la transformation qui ne manquera pas de s'ensuivre.

Où ces réservoirs sont-ils localisés? Quelle importance!
Seul l'esprit, ou la pensée, vous indiquera le chemin à parcourir. Avec amour, instantanément, la pensée trouve la porte
d'accès. Vous n'avez pas besoin d'entreprendre des études spéciales pour y parvenir! Ayez simplement confiance en vous!

Le temps de l'état fraternel revient vous visiter en vue de
vous emmener sur une trajectoire différente de votre présent
état de non-être. Durant ce cheminement, vos mains ren-
contreront les nôtres, qui seront partout—dedans, dessus et
à l'extérieur.

Chacun de vous peut encore parcourir seul ce sentier et
reconnaître les embûches tout en poursuivant dans la spirale
de la souffrance, ou établir un acte de foi et recevoir une
lumière aimante. Notre présence ne vous dispensera point de
vos études personnelles, mais peut-être ces dernières seront-
elles plus faciles si nous vous accompagnons à chaque pas.

De notre côté, nous vous instruisons de cette possibilité.
Ainsi, les portes de la fraternité s'entrouvrent, la connaissance
d'une hiérarchie également. Si, en ces instants, vous vous
sentez petits, alors changez vite ce regard mal approprié. La
vie d'une hiérarchie n'a de réalité que par la présence d'une
humanité. Replacez donc chaque situation à la bonne place,
quittez votre rail de dévalorisation bien ancré et sans cesse en
résonance pour un oui ou un non.

Il n'est plus possible de vous positionner dans une demi-
teinte, une demi-expression. Les changements nécessitent une
précision quant à votre engagement. Cette planète effectue
une remontée de conscience; vous aussi. Continuerez-vous
ensemble cette transformation? Si tel est votre choix, sachez
que vous vous engagez à un remaniement total de votre état
d'être.

Notre présence sera également un réconfort lorsque vous serez chahutés intérieurement par les événements extérieurs.

Urantia écrit une nouvelle page d'histoire sur sa vie. Au sein de cette mutation, vous avez tous une place bienvenue.

2

L'état cristallin en devenir

Les enfants solaires connaissent la pleine Lumière de Vie par leur naissance. Cet état inné est un don de leurs parents. L'aventure humaine leur fut proposée et, à cette fin, la connaissance de la pleine Lumière de Vie devait se déposer (se retirer) en eux jusqu'à leur retour. Cette connaissance fut scellée au plus profond de leurs cellules. Par cet acte, ces enfants se fragilisèrent, à défaut de se connecter à la source solaire avec aisance.

L'aventure humaine dessina à chacun un sentier aménagé de rencontres, de découvertes et de pièges. Ces derniers furent créés de façon à induire les appels de l'un ou l'autre des aspects de la Lumière de Vie. Lorsqu'un enfant solaire effectue la reconnexion avec l'un de ses aspects divins, il incarne, c'est-à-dire qu'il ancre, ses racines célestes.

Parlons un peu du chemin emprunté.

Au commencement, il était plat, agréable, coloré et aimant. Graduellement, le voile de l'oubli descendit sur la connaissance intérieure et le sentier devint sinueux, cachant de virage en virage le paysage de l'habitat divin de naissance. Les références parentales s'estompèrent et les enfants solaires parvinrent à un chemin inconnu.

Les parents aimants et protecteurs dépêchèrent en des points précis des esprits amis desquels émanerait un rayonnement rappelant la lumière de leur origine. Ainsi, la conscience de l'enfant solaire reçut des stimuli engendrant des réactions, et les impulsions animèrent la grille magnétique et cristalline, qui résonna alors à la présence lumineuse visiteuse.

Au début de cette aventure, l'enfant solaire se comporte normalement puis, au fur et à mesure, l'éloignement de la source parentale projette des ombres toujours plus grandes.

Et quand, au cours de cet oubli, un groupe d'enfants solaires émirent une peur, celle-ci engendra un besoin vital de reconnaissance. Telle est bien l'origine de la manifestation de la volonté de ces enfants de s'emparer du pouvoir des autres. Une peur de l'éloignement de la source parentale créa la scission entre les vagues de naissance des êtres.

Une fois ce germe émis, reconnu et identifié par les parents solaires, les Sages des Univers descendirent afin de décider des impulsions à donner pour ramener ces enfants sur le chemin de la lumière. Toutefois, ces derniers maintinrent leur vision, rejetant celle des parents et des Sages. Une structure fut alors construite pour les amener graduellement à réemprunter le cheminement conseillé.

Voici la réalité de la rébellion enregistrée d'un petit nombre d'enfants solaires. Depuis cette rébellion contre l'autorité solaire et sa sagesse, les enfants créateurs de cet état se séparèrent de la volonté divine et créèrent leur chemin de l'approche de la Vie divine. Afin de grossir leur nombre, ils tentèrent tous les enfants solaires voyageant dans leur secteur de préjudice. Il se trouve que ce système solaire était le secteur retenu par eux pour vivre leur rébellion !

Toutes ses planètes furent touchées par cette influence ; certaines repoussèrent avec plus d'aisance cette volonté éloignée de la vision parentale. Repoussée de planète en planète, cette influence trouva un dernier refuge sur Urantia Gaïa.

Le groupe rebelle ouvrit des brèches dans la résistance intérieure qui, s'agrandissant, lui permit de s'implanter avec sûreté sur ce sol. Dès lors, l'humanité résidente s'affaiblit progressivement puis accepta les paroles de déstabilisation et de doute émises. Ce faisant, elle perdit ses racines avec les énergies du Ciel.

Comprenez que le pas suivant visa à couper l'humanité de ses racines avec la famille solaire présente à l'intérieur de la planète. Ceci favorisa l'implantation d'autres enfants solaires vivant dans des secteurs lointains et cherchant à survivre.

En dernier lieu, dans le but de perdre cette humanité à la Vie divine, les enfants rebelles poussèrent des enfants de cette humanité à épouser leur vision de la Vie. Telle fut l'origine de la création du gouvernement obscur.

Croyez-vous que les parents solaires et les Sages des Univers n'eurent aucune possibilité d'intervention ? Non, il n'en est rien, et un Conseil s'organisa où toutes les possibilités furent visionnées.

Doucement, l'idée de laisser faire et d'accepter un sacrifice de temps émergea ; oui, un sacrifice de temps. En cela, certains parents émirent une confiance absolue envers leur progéniture, assurés de recevoir de sa part une demande de retour de la lumière parentale. Les Sages écoutèrent tous les avis et proposèrent un test dans le but de vérifier si cela était possible ou non. Ce test avait également pour objectif de susciter une réflexion vivante dans la mémoire universelle.

Enfants de la Lumière de Vie, l'appel est émis.

Aussi, une date butoir fut-elle retenue pour mettre un terme à cet éloignement et à ce test.

Qu'est-il advenu de ces enfants rebelles ? Dès l'enregistrement de cet appel, les Sages universels ont immédiatement convoqué les rebelles, les informant de la réalité et les priant de revenir volontairement au sein de la volonté parentale.

Puis, à la date fixée indiquant la fin du test, ces rebelles furent convoqués une deuxième fois et reçurent les informations relatives au redressement de la conscience humaine.

Ces enfants connaissent donc parfaitement la décision de ramener cette planète et, par conséquent, ce système solaire dans la Lumière de Vie. Les Sages ont retenu l'année 2012, car les trajectoires de plusieurs sections universelles s'alignent et favorisent la descente directe du Cœur atomique originel.

Au sein même du mouvement de descente de cette planète dans l'énergie rebelle, d'autres Êtres installés dans la Lumière de Vie décidèrent d'offrir cette sphère de Vie au Sans-Nom. Cela entraîna une autre réaction dans le chaos régnant déjà sur Urantia. Ces enfants célestes choisirent de descendre en incarnation, acceptant les voiles de l'oubli pour un temps, et, en trois incarnations, envoyèrent eux aussi un appel aux Sages universels signifiant leur volonté d'implanter les Lois universelles sur Urantia.

Ainsi, par deux fois — de la part des enfants de l'humanité résidente puis des enfants célestes — fut enregistré l'appel du retour à la Lumière de Vie. Et cette requête est désormais inscrite dans le Livre de la Vie universelle montrant le chemin des planètes, des systèmes solaires, des constellations.

En 1999, précisément le 12 février, à 20h30 de votre temps, les enfants rebelles furent convoqués pour la troisième fois et reçurent l'ordre de rentrer dans la Lumière de Vie ou, s'ils maintenaient leur volonté de rébellion, de quitter Urantia et ce système solaire. Non pas pour aller où ils le souhaiteraient, mais vers un secteur à vie végétative.

Ne vous étonnez pas si vous enregistrez un regain d'activité de la part du gouvernement obscur et des enfants rebelles. Et sachez que deux dates de départ leur ont été fixées ; toutefois, nous ignorons laquelle ils choisiront. Nous pouvons néanmoins supposer qu'ils resteront jusqu'à la deuxième.

En parallèle, ils connaissent les dates des impulsions majeures des interventions divines. L'implantation du rayon direct du Sans-Nom est la certitude de leur départ.

Les quelques années qui restent encore jusqu'à cet instant verront très certainement des tentatives redoublées de vous perdre de nouveau dans le retour de votre identité divine. L'enjeu actuel réside bien là, dans ces mots : *le retour de votre identité divine*. Plus il y aura de pertes dans la bulle humaine, plus cela renforcera la volonté rebelle. Aussi, nous vous invitons à poursuivre fermement votre but malgré les remous égotiques environnants. Le chemin de lumière se dessinant devant vous afin de vous ramener à votre identité divine comporte des rendez-vous précis. Les informations d'une multitude de sources entrent dans cette optique. Vous rencontrerez les esprits attachés à des lieux, à des êtres, à la Terre, à l'Eau, au Feu et à l'Air. Vous retrouverez des frères et des sœurs vivant dans une autre réalité. Le renforcement des bulles racinales avec le Ciel et la Terre se fera également avant la fin de 2012.

La gestion de l'énergie demeure un autre pas décisif dans ce retour à la conscience universelle. Le temps révélera de plus en plus son élasticité. Comme la bulle humaine est concernée dans sa totalité, ces éléments glissent déjà dans le quotidien de chacun.

Comment se passera le départ de ces enfants rebelles ? Les pourparlers sont en cours entre eux et les Sages universels. Mais il n'est pas question d'agir comme ils le souhaitent afin de maintenir leur état de rébellion. Il s'agit bien d'une invite permanente pour les ramener à l'état de raison de l'identité divine. Laissons les Sages universels s'occuper de cette fin tant attendue.

La croûte terrestre s'anime et les Cristaux se réveillent.

C'est là une vérité qui va pénétrer votre réalité. Expliquons-la sommairement.

Jusqu'ici, les Cristaux étaient à l'état de sommeil; seul leur accompagnement des enfants solaires restait en demi-activité, soit l'amplification des pensées préhumaines sans en trier la qualité.

L'arrivée du rayonnement du Maître Cristal, leur Père/Mère originel, les réveille.

Doucement, leurs pouvoirs contenus vont se révéler, dont celui d'émettre des impulsions électroniques et atomiques induisant le changement de rotation de la planète.

Ils peuvent également décider de mettre un terme à une vie humaine si le Cristal estime que l'enfant en question s'éloigne dangereusement des concepts de la Vie universelle.

Les Cristaux peuvent établir des alignements entre eux et avec d'autres vivant en des lieux parfois très éloignés. Et il se trouve justement que cette planète manque de cet échange d'énergie cristalline entre planètes et systèmes solaires voisins. Cet état sera corrigé par le réveil actuel; aussi la trajectoire de votre sphère de Vie va-t-elle se modifier également.

Les rayons cristallins issus du cœur physique des cristaux denses (dans le sol planétaire) dessineront une fleur de Vie dans ce système solaire. Actuellement, les cristaux implantés sur les autres planètes de ce système solaire ont reçu l'ordre d'affaiblir leur propre rayonnement jusqu'au retour du rayon des cristaux urantiens.

Ainsi, les Cristaux résidant dans ce système solaire vont engendrer ensemble une fleur de Vie cristalline réalisée, et ce système solaire ressemblera alors à un diamant aux multiples facettes.

Par la présence du Maître Cristal, la fleur de Vie cristalline réalisée est garantie de pénétrer dans l'état couronné par le sceau du Maître Cristal maintenant déposé dans l'aura d'Urantia Gaïa. Comme le destin suprême de cette terre est d'être le sas vivant entre le premier et le deuxième Cercle atomique de Vie, le changement devient compréhensible.

L'état couronné de la géométrie d'une fleur cristalline élabore une multitude de chemins d'approche d'un lieu. La multidimensionnalité de la Vie s'explique par la géométrie cristalline. Le cœur cristallin est le point focal de la multidimensionnalité.

Lorsqu'un être se place au cœur cristallin, suivant sa position de regard il se déplace sur un chemin ou l'autre du Cristal par le biais de la résonance. Actuellement, vous êtes tellement verrouillés dans votre personnalité cristalline que vous ne pouvez plus voyager dans votre multidimensionnalité, d'où votre ancrage excessif dans l'état matériel et votre refus des mondes subtils. Bientôt, vous vivrez dans un cristal géant en résonance constante. L'harmonique qui s'en dégagera sera un chant de haute fréquence, une réalité à réintégrer. Quand nous vous parlons de votre note personnelle, nous faisons allusion au chant cristallin de chacun. Cette succession de notes engendrées par l'humanité urantienne entière créera une note unique s'imbriquant dans la note unifiée des planètes de ce système solaire. Et ces notes unifiées seront mêlées en vue d'offrir la note de ce système solaire. Celle-ci deviendra la porte d'entrée de cette cellule de Vie et engendrera une note parallèle qui sera la porte d'accès au deuxième Cercle atomique de Vie.

Ce système solaire est donc appelé à devenir un cristal géant ayant une note grave et une note aiguë, portes d'entrée et de sortie de ce cristal.

Voilà pourquoi le Maître Cristal demeure dans l'aura de cette planète.

Allez, je vais même un peu plus loin : le plan suprême d'Urantia consiste bien à devenir les deux notes grave et aiguë de ce système solaire. Et qu'adviendra-t-il des autres planètes ? Chacune sera alors la référence d'une qualité divine, soit le cristal de cette référence.

« Ouf ! Soria, que dis-tu là ? » Oui, chaque pensée ou qualité épouse la forme parfaite d'un cristal. Pour devenir la référence, il n'y a qu'une possibilité : adopter la forme d'un cristal parfait. Prenons la planète Vénus, par exemple : elle épouse progressivement la forme parfaite d'un cristal, émet le son correspondant à la qualité incarnée et diffusera bientôt le parfum qui s'y rattache.

Pourquoi votre planète — et pas le Soleil — incarnera-t-elle les notes grave et aiguë de ce système solaire ? La réponse est simple : le Soleil ne peut devenir la porte de ce système, car il est déjà le modèle parental de cette cellule de Vie.

Urantia porte ce devenir au cœur de sa cellule mère. Aussi, le chaos vécu dans sa préhistoire s'avérait-il un état d'observation intéressant et inédit. La venue des enfants rebelles sur cette sphère de Vie est un incident dans le déroulement du plan urantien. Toutefois, ce contretemps permit d'émettre une profondeur de la volonté du plan bien plus grande. Je vous informe que les six autres planètes relais ne firent pas face à ce problème.

Comme les parents solaires de cette bulle humaine se trouvent plongés dans ce cas de figure, ils doivent démontrer une maîtrise élargie de la vision de leur volonté primordiale.

J'aimerais maintenant vous amener à envisager que votre présence dans ce chaos de rébellion profite non seulement à vous, qui êtes immergés dedans, mais également à votre Père/Mère, à la chaîne solaire constituée des soleils de chaque planète et du soleil externe de ce système. Ainsi, la concrétisation de la plénitude de ce cristal de la taille d'un système solaire devient la réalisation entière de votre humanité, de celles des autres planètes voisines, des Pères/Mères évoluant dans les secteurs universels voisins (mais bien éloignés pour certains, puisque près du Soleil responsable du secteur majeur universel), des aides aimantes et temporelles de Maîtres couronnés, de Sages universels, de la fraternité angélique, sans oublier l'accompagnement volontaire dans ce chaos des familles animale, végétale et cristalline.

Urantia a donc la fréquence ouvrant ou fermant les portes de ce système solaire. Viendra en second lieu l'émanation du parfum de ce système solaire. Pour cela, le deuxième Soleil devra émettre sa radiance. Oui, la rencontre des rayons solaires des deux sources ainsi établies générera une force solaire unique mettant ce système solaire dans la pleine lumière. Ainsi, l'ombre sortira définitivement de cette cellule de Vie qui sera à même de libérer ce parfum autant en dehors qu'en elle-même.

Les six autres planètes relais sont plus avancées dans la réalisation de leur cristal intérieur. Pourtant, la clé repose sur Urantia Gaïa, défi supplémentaire venant s'ajouter aux autres ! La *clé* est bel et bien la tonalité d'Urantia Gaïa !

« Soria, il me semble qu'on ne peut y arriver ! » Enfant bien-aimé, nos forces primordiales reposent en vous. Nous sommes donc vous, et notre présence aujourd'hui dans l'aura d'Urantia remet en syntonie votre fréquence, la nôtre par conséquent.

Je vais aller plus loin encore : votre planète retrouve la vie pleine et entière de l'activité cristalline. Les six autres planètes relais également, chacune émettant progressivement une note cristalline particulière et circulant par la membrane d'énergie de ce Cercle atomique de Vie. Cette note pénètre la note voisine formant un mouvement qui suit la courbe de la membrane périphérique. Au fur et à mesure, elle entre dans le cœur d'Urantia, stimulant avec efficacité le réveil de la vie sonore d'Urantia Gaïa. Doucement, je vous révèle un pan impor-

tant du prochain pas d'expansion de la Vie atomique. Quand
Urantia Gaïa bouclera ce cercle tonal, la membrane d'énergie
se dilatera et se rétractera en une sorte de mouvement respiratoire visant à imprimer des oscillations de la note émise
par les planètes relais. Dès lors, les Maîtres généticiens, les
Sages ouvriront des sas de pénétration aux germes du monde
végétal, de l'Eau et de l'Air, et la Création entrera dans une
phase active. Par conséquent, les écoles universelles relatives
aux germes d'idées à développer dans la densité fleuriront sur
les sols des planètes relais.

Enfants urantiens, cette réalité pointe dans votre futur
immédiat. Nous ne pouvons plus vous laisser fluctuer dans le
chaos né d'une peur initiale, puis d'une rébellion. Certes, en
vous incarnant sur ce sol, vous recevez le cliché de la vision de
ces enfants devenus rebelles. Ce cliché impressionne vos organes internes, les affaiblissant dès votre naissance physique. Voilà
la raison majeure de notre décision de nettoyer massivement
les mondes subtils. Ces énergies délogées sont, par conséquent,
dirigées dans le monde physique. Même si, au cours de vos
vies passées, vous avez pactisé avec ces énergies à un degré
ou l'autre et en êtes ainsi les créateurs, du moins en partie,
nous vous demandons avec force de diriger vos pensées vers
le but et la vision de votre Père/Mère. De cette manière, vous
glisserez sur ce retour sans vraiment vous déstabiliser, vous
vous serez de nouveau ancrés dans votre réalité divine, votre
personnalité cristalline.

Ne vous faites pas d'illusions, votre retour vous plongera
dans votre cristal intérieur et, par voie de résonance et de
conséquence, dans le cristal planétaire et solaire.

Ce Cercle atomique de Vie reste une matrice expérimentale pour l'émergence de l'identité enfouie dans la cellule
humaine, cellule atomique. Les autres Cercles atomiques de
Vie n'auront pas la même envergure d'esprit à expérimenter.

Par contre, sur les futures planètes relais seront installées des membranes mnémoniques en vue de favoriser la recherche d'un germe de réponse à l'étude du moment.

Urantia Gaïa et ses satellites à venir deviendront une bibliothèque vivante de référence. Ces satellites seront des structures biologiques, donc vivantes, créées par les Maîtres généticiens durant leurs visites sur votre sphère. Comme ces satellites ne seront pas nés du Soleil, ils deviendront des vaisseaux à but déterminé non évolutif. Les résidents y incarneront un seul rayon ; vous en incarnez plusieurs.

La forme géométrique sera plus simple. Ces satellites, n'ayant pas de devenir exceptionnel, répondront au but simple et unique d'accompagnement du vaisseau de rattachement, en l'occurrence Urantia Gaïa. Ils favoriseront la régulation de la venue d'étudiants universels.

Oui, assurément, Urantia Gaïa sera une bibliothèque vivante. Cependant, elle ne pourra recevoir tout le flux d'étudiants. Les vaisseaux satellites diffuseront les premières études, et les étudiants entreront ensuite par petites vagues dans les écoles urantiennes.

Rassurez-vous, vous disposez de quelques années encore avant d'enregistrer ces mouvements.

Au préalable, vous entrerez vous-mêmes dans de nouvelles écoles et participerez à l'installation des structures d'accueil. Les écoles évoquées ne sont pas en relation avec les informations descendant présentement. Ces écoles implantées accueilleront des instructeurs se préparant en ce moment même sur des sphères situées au cœur des cercles de Vie autour de l'Île Centrale.

3

Naissance solaire

Aujourd'hui, je vous emmène vers un secteur de connaissance peu expliqué : la naissance d'un soleil.

L'origine d'un soleil correspond souvent à l'embrasement d'une planète où une humanité a franchi la compréhension du noyau atomique solaire.

Oh ! voici encore un assemblage de mots qui vous propulsent dans une nouvelle zone de conscience !

L'atome solaire est ce que vous dénommez cellule mère. Nous allons aborder ce sujet en commençant par la chaîne solaire.

Le premier soleil reste et demeurera le *Soleil Central*. De son cœur sont expulsées des cellules encodées qui se développent et donnent vie au plan déposé en elles. Elles formeront des planètes ayant des destins bien particuliers et, parfois, bien éloignés les uns des autres. Sur dix planètes, neuf sont définies dans leur développement, la dixième servant toujours de lieu expérimental. Aussi, sur cette dernière, un germe innovant est-il placé. Les autres n'ont pas d'expansion possible, leur but étant d'amener le concept déposé à maturité.

Parmi les neuf planètes, une seule a reçu à sa naissance le noyau solaire nécessaire à l'émergence de la fusion solaire. La naissance de ce soleil sera toujours issue d'une planète non expérimentale. Le temps fera son œuvre.

Attachons-nous donc à cette planète au futur rayonnement solaire. Tout au long de son existence, ses habitants ou
résidents porteront également en eux un germe atomique
à devenir solaire. Au départ, nous les reconnaîtrons en tant
qu'étudiants de la vie solaire. Ils travailleront avec les frères et
sœurs profondément implantés dans la réalité solaire. Cette
humanité ne déploie aucun germe nouveau. Ces entités ont
une structure intérieure alignée sur la géométrie de la particule solaire. Elles ne s'écartent jamais du plan incorporé dans
leur cellule mère. Leur pensée reste centrée en permanence
sur ce devenir.

Votre humanité ne porte pas ce type de cellule mère.
Malgré cela, au cours de votre progression, et selon le choix
de chacun, vous pourrez à un moment précis de votre évolution devenir un résident invité sur un soleil. De manière à
mieux comprendre le processus, prenons votre système solaire
en exemple.

À la création de celui-ci, les Créateurs et les Maîtres généticiens ont envoyé en premier lieu des impulsions dans le
secteur déterminé, chacune étant chargée d'informations
directrices, puis un temps de sommeil est entré en action. Je
parle bien de sommeil, puisqu'il n'y a plus d'interventions de
la part de l'Esprit de Vie (Créateurs et Maîtres généticiens).
Plusieurs millions d'années après (dans votre espace-temps),
des vaisseaux de surveillance voyageront vers ce secteur dans le
but d'effectuer des relevés sur l'évolution en cours. Suivant la
maturation atteinte, les Créateurs reviendront au sein de cette
matrice en formation et enverront de nouveau des impulsions,
qui participeront à la création des planètes.

Précisons que les Créateurs agissent selon un ordre déterminé afin de répondre à la demande du Sans-Nom, selon le
plan transmis par lui.

Généralement, les systèmes solaires sont éclairés par deux
soleils. À la naissance d'un système solaire, ils demeurent en

potentiel. Quand la vie sera devenue possible sur une planète à devenir solaire, le premier acte consistera à envoyer une humanité avec un couple directeur, humanité ayant déjà intégré sa réalité solaire dans d'autres secteurs.

Ces êtres arrivent donc sur ce futur soleil, installés dans leur plan de réalisation. Leur test final réside dans l'extériorisation du pouvoir solaire. Aussi, rapidement, sous l'impulsion du couple directeur, l'humanité l'accompagnant allumera cette sphère de Vie qui deviendra un Soleil.

Votre Soleil fut ainsi le premier à recevoir la vie humaine avant la naissance des planètes résidentes de ce système solaire.

Votre système solaire vivant est unique par la présence d'un seul soleil. Dans d'autres, nous en dénombrons jusqu'à cinq. Les systèmes solaires ayant un seul soleil ne reçoivent pas d'humanité résidentielle sur des planètes en phase normale de la Vie universelle. L'émergence de germes dans votre cellule de Vie reste exceptionnelle.

Nous devons maintenant vous révéler la vérité sur le choix émis par le Sans-Nom, souhaitant ainsi recueillir des données nouvelles à partir de la Vie en mouvement sous l'obédience d'un seul soleil.

La bulle humaine que vous formez porte dans sa cellule mère un devenir inouï. Votre rendez-vous étant toutefois très lointain dans le futur, le Sans-Nom demanda aux Créateurs de vous cacher jusqu'au moment où il enverrait une impulsion de réveil. Le choix se porta alors sur un système solaire à soleil unique.

Ce faisant, le Sans-Nom décida de ne pas respecter sa propre Loi de Vie, garantie de la vie de cette bulle humaine en attente de son heure ! Votre humanité est venue ici avant la maturité officielle de ce secteur. Cette particularité remplit merveilleusement bien son rôle jusqu'au moment où des

Êtres divins s'écartèrent de la volonté du Sans-Nom. Nous avons alors observé la descente de ces enfants vers ce lieu où la vie était préservée.

Ce système solaire, atteignant maintenant sa maturité naturelle, accueillera prochainement l'embrasement du deuxième soleil. Malgré le chaos apparent régnant sur Urantia Gaïa, une humanité à germe atomique solaire s'est installée sur Jupiter. L'écrasement de la comète sur son sol apporta l'impulsion finale. Dans cet acte, pas un seul instant il n'y eut une action due *au hasard*; tout découlait d'une volonté déterminée de la part des Créateurs.

Enfants de ce système solaire, vous êtes des membres de cette bulle humaine à destin unique vivant dans un lieu tout aussi unique où la Loi de Vie universelle fut écartée. Puis, vous avez traversé l'idée rebelle d'un autre groupe d'enfants divins expérimentant un chaos jamais enregistré dans une telle profondeur, appelant ainsi des interventions nouvelles de la part des Pères/Mères, des Créateurs, des Maîtres généticiens, des Sages universels, et recevant des visites d'Enfants primordiaux, telle la venue du grand Instructeur des Univers revêtant l'identité humaine de Jésus!

L'embrasement du deuxième soleil correspond au déroulement naturel d'un système solaire ouvrant ses portes à la présence de la vie humaine. La famille solaire est vaste, constituée de nombreuses ramifications. Néanmoins, cette connaissance ne vous a pas encore été transmise. Dans l'immédiat, il sera donc simplement question d'un groupe d'êtres voyageant de soleil en soleil afin de transporter des messages. Le porte-parole du couple directeur solaire visite uniquement les autres couples directeurs. Nous reviendrons sur ce point.

Laissez-moi encore vous révéler un grand secret tu jusqu'à ces instants. Cette bulle humaine dans laquelle vous évoluez fut construite par des Pères/Mères choisis par le Sans-Nom ; chacun reçut sa volonté sans intermédiaire. Votre réalisation personnelle s'inscrit donc pleinement dans cette volonté. Vos Pères/Mères n'ont pas eu le loisir de déterminer de quel organe vous seriez issus, ayant répondu fidèlement et point par point au Plan divin.

Les Pères/Mères sont heureux de votre réveil à l'heure prévue. C'est même un succès, malgré les handicaps rencontrés et la visite de rebelles.

Vous vous préparez à extérioriser votre identité primordiale par l'embrasement du deuxième soleil.

Alors, regardez le schéma d'évolution universel : un système solaire à croissance normale accueille une humanité après la naissance du deuxième soleil. Votre système solaire, quant à lui, vit déjà avec une humanité où des groupes ont implanté des qualités divines de manière puissante. Je pense à la qualité Amour incarnée par le groupe vénusien. Votre système solaire a donc montré une maturité de l'esprit avant la naissance du deuxième soleil !

Entendez bien nos propos : membres du peuple urantien, malgré votre immersion dans le chaos orchestré par une idée rebelle, vous réveillez la mémoire de votre cellule mère comme il a été prévu et répondez fidèlement à la volonté du Sans-Nom.

Détournez votre regard du chaos apparent et réel. Concentrez-vous sur l'émergence de l'Esprit déposé au cœur de votre cellule mère.

Le destin réservé à cette humanité ne nous est pas révélé entièrement.

Nous savons que le Sans-Nom vous forme en vue d'occuper un poste directeur dans le prochain Cercle atomique de Vie. Et que ce poste ne représente qu'une étape dans la pleine révélation de cette qualité divine envoyée par lui et transmise par vos Pères/Mères. Seul votre parent créateur peut imprimer cette qualité dans la cellule à l'origine de votre naissance. Et seuls votre Père/Mère et le Sans-Nom détiennent les informations ayant trait à votre finalité. Les éléments portés à notre connaissance indiquent que cette finalité s'enregistrera sur les Cercles cristallins.

Nous attendons encore de vous bien des aventures avant de vous voir vous stabiliser dans l'état de Pères/Mères créateurs de systèmes de Vie. Oui, cela nous le savons. Dans un futur lointain, vous créerez des systèmes de Vie n'existant pas dans ce Cercle atomique. Ne vous étonnez donc pas de recevoir des informations spécifiques à intervalles réguliers. Elles induisent un mouvement soulevant les informations encodées dans chacune de vos cellules. Croyez-vous que vous les ferez toutes circuler sur cette planète? Non, certaines sont tellement particulières qu'il vous faudra entrer dans une situation idéale pour les voir émerger.

Votre humanité, englobant les êtres vivant sur les autres planètes de ce système solaire, a un destin extraordinaire. Ce fait vous rend uniques et attire tous les regards. Allez, encore une révélation!

La naissance exceptionnelle fut annoncée bien avant l'enregistrement de son arrivée. Le Sans-Nom fit lui-même cette annonce!

Forcément, votre humanité intéresse toutes celles qui ne sont pas ancrées dans la réalisation. Elles aimeraient tant étudier votre état extraordinaire! En l'occurrence, vous êtes recherchés par bon nombre d'êtres encore installés dans le moteur de la dualité et par des scientifiques à la recherche de germes nouveaux.

Telle est la raison de la présence de tous les Êtres qui vous accompagnent. À cette fin, ils ont réduit leur radiance de manière à ne pas éclairer ce système solaire, lequel devait en effet rester dans l'ombre jusqu'à l'instant choisi par le Sans-Nom. L'arrivée de son rayon en ligne directe proclame cette heure tant attendue. De ce fait, tous les Pères/Mères sont sur le qui-vive. Par conséquent, ils se rapprochent de vous afin d'induire des impulsions précises visant à faire émerger un type particulier de savoir.

Nous dirigeons bien vers vous des informations ayant pour but de vous redonner la connaissance des familles universelles vivant autour de vous. Certains d'entre vous aideront à l'unification des sept Super-Univers, d'autres œuvreront de même dans le deuxième Cercle atomique de Vie. Vous avez besoin désormais d'accéder au savoir de chaque famille universelle (christique, solaire, atomique, cristalline, angélique, les déités, les instructeurs, les scientifiques, les Maîtres généticiens et d'autres encore). Vous réintégrerez, il va de soi, la réalité de chaque plan subtil et les déclinaisons du monde dense.

Votre vie au sein de ce système solaire demeure l'école la plus appropriée à ces études. Actuellement, les guides éveillent doucement l'identité divine résidant au cœur de vos atomes, ce qui répond également à la volonté du grand Créateur. Malgré l'apparence difficile de votre vie, vous entrez toujours dans le cadre de l'idée du Sans-Nom.

Je le réitère, car cette requête est vitale par rapport aux événements que vous allez vivre : ne jugez pas ces frères et sœurs qui jouent un rôle difficile grâce auquel vous pourrez revêtir cette identité.

Votre bulle fut divisée en sous-groupes de manière à stimuler l'esprit incarné en temps voulu. Seuls les *visiteurs* (il en existe sur le sol de cette planète, leur rôle consistant à vous propulser dans vos révélations internes) n'appartenant pas à votre bulle seront déportés loin d'ici. Leur fréquence, éloignée de la vôtre, ne rend plus possible leur présence dans ce système solaire, qui pénètre une autre dimension de lui-même.

Il est vrai que, sans leur venue, cette planète devrait déjà vivre dans sa sixième dimension ; vous connaissant parfaitement, nous nous attendons à vous voir rattraper ce retard rapidement.

La phase de réalisation du couronnement d'Urantia Gaïa favorise ce rattrapage. Souriez, car votre retard dans le cadre d'un programme, alors que vous êtes en avance sur le plan de Vie d'un système solaire, s'avère amusant ! À l'ouverture des portes de votre section administrative à l'heure normale du plan de ces cellules de Vie, ce secteur sera bien ancré dans la réalisation de sa consécration.

Toutes les planètes de ce système solaire ont la possibilité de devenir une étoile.

Une étoile envoie dans l'océan universel une fréquence particulière et, de la sorte, sollicite les autres étoiles à franchir un pas dans leur propre existence. Au moment de l'émergence d'une ou de plusieurs étoiles dans ce système solaire, celui-ci enverra une réalité référentielle et se préparera à devenir un *CRISTAL*.

Je m'explique : ce système ne répond pas au plan de la Loi de Vie régissant les autres systèmes solaires. Vos planètes portent en elles des germes d'étoiles. Lorsque toutes seront reconnues comme des étoiles, la géométrie attachée au Soleil et les leurs s'uniront et formeront un cristal géant à plusieurs cœurs irradiant une qualité divine. Par cet état d'être, ce système sera une référence vivante.

Ainsi, une mémoire incarnée de la réalité cristalline se vit en ce moment dans un secteur éloigné du cœur du Sans-Nom.

En vérité, vous recevez déjà l'enseignement relatif à la création de la *vie Cristal*. Telles sont nos révélations pour l'instant.

Alors, je vous en prie, déposez votre état de victime, car vous vivez en réalité un grand destin en dehors de l'image de votre vie densifiée, qui cache pour un temps encore votre magnificence, votre grandeur. La volonté du Sans-Nom repose dans votre cellule germe.

Le rayonnement solaire s'intensifie et va donc vous éclairer à chaque instant de votre vie. Cela donnera lieu à un réveil considérable dans la mémoire divine. L'allumage du deuxième soleil n'a pas d'autre but, ce système solaire n'ayant pas besoin de lui pour accueillir la Vie !

Nous vous l'avons dit, vous avez émis le désir de voir les lois universelles descendre sur cette planète dans la noirceur la plus totale, mais nous devons ajouter que cela profite, en réalité, à l'ensemble de cette section administrative. La noirceur correspond aussi à l'absence du deuxième soleil.

Les Maîtres Cristaux des Super-Univers se réjouissent de l'extériorisation de votre lumière. De manière à accompagner ce mouvement, ils offriront un germe *Cristal* à certains d'entre vous. La présence du Maître Cristal dans l'aura d'Urantia Gaïa facilitera ce dépôt. Qui est concerné ? Seul le Maître Cristal connaît les noms. De toute façon, vous possédez déjà tellement d'informations inédites sur ce Cercle atomique de Vie, que vous ne seriez pas lésés par l'absence de ce dépôt si cela ne vous concernait pas. Nous ne sommes pas au bout de nos surprises, il suffit d'attendre.

La présence du rayon du Sans-Nom sur Urantia Gaïa réveille des programmes. Forcément, certains d'entre eux profiteront à la création de notre future zone de résidence. Le Sans-Nom nous ayant demandé à nous, Forces primordiales, de nous déplacer dans l'aura de votre système solaire et d'émettre les premières pulsations de la création pour l'expansion de notre résidence est en soi extraordinaire. Et cela aura lieu à partir de 2012.

Lorsque nous extérioriserons cet éclair de création, cette section administrative en profitera et, par voie de conséquence, vous aussi si vous êtes encore ici à ce moment-là ! Quant à ceux qui sont sur le départ, la simple descente d'énergie accompagnant ces mots se grave déjà dans leur mémoire.

Au cours de vos futurs déplacements pour enseigner sur d'autres planètes, vous serez accueillis comme de grands maîtres réalisés ! L'aventure urantienne et celle de ce système solaire s'inscrivent dans votre aura et conduisent à des émissions de couleurs particulières. Dès lors, votre aura possédera un fort pouvoir d'ensemencement.

En réalité, vous êtes des enfants de haute naissance et, dans ce marécage, le Sans-Nom garde une confiance sans mesure envers vous. Par conséquent, toutes les tentatives de destruction à votre encontre sont contrôlées. Les Maîtres généticiens se sont longuement posés des questions à votre sujet. Vous êtes sous haute protection et certains Créateurs se demandent si, finalement, ce chaos ne fut pas orchestré pour vous tester. Il s'avère exact que plus on reçoit, plus on est testé ; c'est là une loi universelle ! Jusqu'à maintenant, nous ne l'avions pas apposée à votre bulle humaine, car bien des lois ne vous sont pas imposées. Aussi, celle-ci ne fut pas investie par notre pensée. En ces instants, nous commençons à nous y arrêter.

À quel point les rebelles célestes n'ont-ils pas répondu à des impulsions du Sans-Nom ? Je vous livre ici ce questionnement qui circule chez les Pères/Mères de haut niveau. Ne vous y arrêtez pas en croyant y voir une vérité ; nous vous livrons cette réflexion à seule fin de vous faire comprendre que le plan directeur attaché à votre vie échappe à ceux connus auparavant.

Si cela est, nous, Forces primordiales et Pères/Mères de haute naissance, recevons ainsi l'enseignement d'une facette cachée du Sans-Nom. Et nous acceptons pleinement cette possibilité en nous réservant de toute opinion.

Vous êtes exceptionnels ; il devient évident que les tests qui vous sont réservés ne font pas partie des tests universels répertoriés. Cette vérité émerge doucement et nous amène déjà à envisager des attitudes en fonction de cette possibilité.

De toute façon, nous nous préparons, nous, Forces primordiales, à franchir également un nouveau pas dans les concepts de l'identité des forces primordiales ! Ceci, nous vous l'offrons afin de vous faire comprendre que nous sommes au cœur d'une Création jeune qui nous révélera très certainement des séquences de maturation à intervalles irréguliers.

La Création est en expansion et, par résonance, toutes les familles universelles aussi. Vous appartenez à l'une de ces familles universelles, et si vous pensez être tous issus de la même famille, détrompez-vous, car il n'en est rien.

La présente révélation indique bien la formation de cette bulle humanitaire dans ce système solaire composé d'une réunion d'étincelles de Vie provenant de Pères/Mères de sept familles universelles. Non seulement cette forme de corps dense a reçu le dépôt de sept Créateurs différents, mais vous provenez, en tant qu'esprits mêmes, de sept lignées ou chaînes d'appartenance.

Cette pluralité d'origines, de concepts et de germes d'influences favorise l'émergence de semences d'idées. Ainsi, une banque de données s'organise avec votre concours et les futurs créateurs du deuxième Cercle atomique de Vie pourront puiser dans cette mémoire. Comme ces informations émanent de vous-mêmes pour votre futur, la force intrinsèque qui s'en dégagera deviendra votre pouvoir d'action. Sous l'obédience de la force solaire, les futurs créateurs de la force cristalline renforceront leur polarité et cette force cristalline œuvrera en recevant en permanence la radiance solaire et atomique.

Il n'y a rien d'exceptionnel dans ces mots, je vous rappelle simplement les lois universelles d'expansion. La force créatrice cristalline se propage dans le Maître Univers, sur les chemins dessinés par les réalités solaire et atomique.

Quand je parle de force, je ne me réfère pas à l'identité, cette dernière demeurant une réalité immuable. La force se décuple et s'estompe selon les mouvements engendrés.

Il devient donc intéressant de souligner l'association de plusieurs lignées pour la construction de votre bulle humaine. En effet, sept sources d'identité se sont rencontrées en vue d'expérimenter la vision du Sans-Nom. Les frictions au sein de votre société proviennent en partie de cette multiplicité.

La diffraction solaire met en résonance la fréquence cellulaire avec la rotation atomique, subatomique et les voies d'accès de la création en utilisant le mouvement dérivatoire des lignes des cristaux. Un jour, vous pourrez observer ce jeu entre les trois identités solaire, atomique et cristalline qui reposent dès à présent en vous.

Les informations recueillies dans la trajectoire étudinale servent à renforcer les trois identités. La nature variable des époques et des vies traversées (denses) offre un support adéquat à cette visée. Aussi, nous vous demandons de revoir vos buts afin de faciliter l'assise de l'identité dans la densité.

Vous vivez actuellement sous une forte dominance solaire, car celle-ci est en pleine mutation. L'allumage du deuxième soleil de votre section administrative produit des interférences sur votre bande mémorielle. Voici enfin des données universelles normales ! Vous n'êtes plus habitués à la normalité cosmique !

Mes propos illustrent parfaitement ce qui se passe en vous, alors que vous êtes plongés dans une période trouble. Vous aimeriez sans doute entendre que ces troubles sont causés par des entités ou des créateurs *non gentils* éloignées de la voie divine. Vous devez regarder justement ce travers de pensée afin de vous réaligner sur la réalité de la Vie. Vous êtes en fait dérangés en retrouvant des fréquences ayant cours dans les autres systèmes solaires. Oui, vous sortez doucement des bases particulières de ce lieu. Rassurez-vous, vous demeurerez singuliers malgré tout, car votre haute naissance vous rend inclassables dans les schémas universels !

La famille Arc-en-ciel est la source du plus gros apport d'entités dans votre humanité. La famille des Pléiades se positionne en deuxième place. La famille angélique a aussi participé, mais en nombre réduit. Les responsables de soleils ont fait de même. Tout comme certains grands devas de la Nature qui, au cours de cette période si particulière, sont, précisons-le, également sollicités en un nombre restreint. La vision en provenance du Sans-Nom, reçue par ces esprits, renforce les buts transmis aux autres familles. Certaines Mères primordiales appartenant à l'énergie ISIS ont fait don de leur semence.

Une autre souche encore vient de Sirius, d'Orion ou des familles de Créateurs résidentes. Ces Êtres sont chargés de la cohésion des corps astraux et de la gestion administrative de l'univers local.

Enfin, les Maîtres des harmoniques divines (donc des sons) sont présents chez certains enfants de votre planète — je vous considère tous comme des enfants. Toutefois, leur participation est faible.

En outre, sachez que des visiteurs résident à l'intérieur de votre humanité ; ces entités relèvent néanmoins d'une autre bulle de Vie. Nous y distinguons deux souches en provenance de deux systèmes solaires voisins du vôtre. En effet, ces entités, jeunes dans leur parcours d'étude des lois inhérentes à la densité, se sont portées volontaires pour aider à votre envol. Les informations qu'elles recueillent seront en même temps le ferment de leur évolution. Elles réintégreront leur cellule de fraternité après le passage dans la quatrième dimension de cette planète. Ce type de rencontre entre sections d'étude se fait à l'occasion, car le vis-à-vis crée des réactions salutaires. Mais il s'agit d'un bref instant dans le temps, pour éviter de trop déranger les bases initiales attachées à chaque section.

Chaque section d'étude est formée d'environ trois trillions d'entités divisées en plusieurs groupes. En règle générale, chaque groupe se répartit dans sept Univers. L'intégration des données ou informations dans la mémoire cellulaire, engendrant une progression de la vision, se répercute par le biais de la résonance magnétique d'un groupe à l'autre. Si l'un des groupes évolue doucement, il n'est pas rare d'en voir un autre le prendre sous sa protection. Toutes les entités formant la bulle d'étude s'attendront pour quitter ensemble la juridiction de la section universelle et entrer dans une autre, supérieure. Là, les groupes seront répartis à nouveau afin d'en explorer les lois.

Votre bulle d'entités accueillant des esprits issus de Pères/Mères de haut niveau est toujours unique.

Pourtant, nous devons vous informer qu'elle est divisée en sept parties, une sur chaque planète relais. De plus, ces parties sont animées du même esprit directeur en vue de l'ancrer dans leur but primordial. Nous retrouvons donc des impulsions identiques dans la genèse de ces sept terres. Cependant, seule la vôtre reçoit la lumière d'un unique Soleil.

Vous êtes la clé vivante de l'ouverture des sas menant aux champs vierges

Drôle de responsabilité sur vos épaules, n'est-ce pas ? Heureusement, vos Pères/Mères continuent d'être très attentifs à vos actions et à votre évolution. Vous pouvez mieux saisir maintenant pourquoi vous êtes cachés dans un système solaire où la vie dite humaine n'est pas possible, en principe ! Ce manque d'éclairage solaire ne permet pas aux informations contenues dans la mémoire cellulaire de monter avec aisance dans la mémoire consciente, d'où l'apparent retard dans l'intégration de l'identité divine.

En vérité, je vous le dis, il y avait une heure précise pour votre réveil et votre réintégration dans les Lois divines ; le Sans-Nom nous avait notifié l'ordre d'organiser votre temps et de mettre en place des mouvements uniques afin de recueillir de nouvelles données.

Non, les épreuves si difficiles ne furent pas soumises pour répondre à cette demande. Vous les avez créées seuls.

Malgré l'apparence anodine de cette humanité, sa lenteur, sa lourdeur, ses difficultés, elle reste une semence de beauté prête à offrir à la Vie son quota exceptionnel de lumière afin d'éclairer pleinement ce secteur d'un savoir acquis par l'expérience. Ensuite, elle sera autorisée à laisser émaner les codes déposés dans le cœur atomique de la cellule.

Jupiter s'embrase en vue de cette émanation particulière. La chaîne solaire s'active et répond aux sollicitations de cette période décisive. Les Jupitériens transforment leur atome germe à devenir solaire en une cellule solaire active et activée.

La résonance magnétique vous sollicite et induit déjà des réactions dans votre potentiel solaire personnel. Les résidents des autres planètes du système solaire sont prêts pour la grande modification en cours.

Aussi, il devient nécessaire pour vous d'intégrer la présence de ces frères et sœurs dans le concept *Humanité*. Cela vous aidera à devenir des humains, soit à quitter la phase préhumaine. Le concept même de la famille est en mutation. Voilà pourquoi, au sein de votre famille biologique, vous rencontrez tant de difficultés à vous harmoniser et à respecter vos différences. Dès l'instant où cette notion deviendra un appui sûr, la famille urantienne connaîtra de nouveau l'aisance des contacts entre ses divers membres.

Ainsi, au cours de futures visites, vous retrouverez votre fratrie universelle, qui œuvre sur d'autres points de la vision reçue à votre naissance. Actuellement, votre groupe porte les codes d'ouverture des champs vierges. Toutefois, le rapprochement de vos frères et sœurs réanime les structures en vous. De cette manière, les charges solaire, atomique et cristalline en votre personnalité émettent les rayonnements attendus. Ceux-ci sont encore faibles, mais suffisants pour envisager l'apport définitif des formes géométriques nécessaires à l'infusion des énergies des hautes Instances universelles visant à la construction de zones d'apprentissage des degrés supérieurs de la maîtrise dans la création des germes de Vie.

Oui, vous appartenez à une branche de créateurs ayant comme fonction d'extérioriser des germes de Vie expansifs qui serviront de base d'évolution et d'étude des lois universelles. Vous accédez chacun aux énergies solaire, atomique et cristalline. Votre état d'Être réalisé et couronné reste bien programmé pour aboutir dans les futurs Cercles. Comme vous travaillez avec ces trois pôles de la Création, on attend de vous des résultats très implicites. Vos erreurs dans l'approche d'une thèse engendrent des conflits plus tumultueux que dans d'autres groupes d'étude.

Ceci s'explique par les données reposant en vous, fort singulières.

La parthénogenèse restera votre domaine privilégié. Et pour installer de nouveaux germes d'expansion, vous devez d'abord en étudier toutes les approches, les applications, les déviations, les déformations, puis envisager ensuite toutes les voies correctives afin de les amener à leur totale maturité et d'en faire des références. Seules les entités demeurant dans ce secteur d'activité ont le droit et le pouvoir d'engendrer des codes de Vie.

Ne l'oubliez pas, un créateur œuvre dans un secteur d'activité. Maîtriser l'entière possibilité de la création nécessite un long cheminement. En réalité, les créateurs restent à l'intérieur d'une voie, d'une expression.

À l'ouverture des frontières entre les sept Super-Univers, nos Créateurs auront le devoir de fusionner leur compréhension de manière à apporter la somme globale de connaissances dans un réservoir commun qui recueillera l'ensemble des approches et des applications d'un thème. Aujourd'hui, la connaissance liée à une spécificité représente donc un septième de sa réalité.

Le sept restera un maître nombre dans ce Cercle atomique de Vie. Le sept s'expanse et devient le douze. Un jour lointain, le deuxième Cercle atomique de Vie (divisé en cinq Super-Univers) vivra sa réunification et sera UN. Dès lors, deux Cercles atomiques de Vie émettront l'unité.

Reprenons : Le sept engendre le cinq avant de devenir l'unité. Ainsi, dans un laps de temps circonscrit, nous découvrirons les Lois de Vie possibles à partir du douze. Toutefois, le cinq, quant à lui, donnera lieu au six avant son unité. Il faut savoir que dans les probabilités relatives à l'existence des Cercles atomiques de Vie, nous pourrons voir le dix-huit se créer avant l'arrivée de l'unité du premier Cercle. À ce stade de réalisation, nous reviendrons au douze puisque le premier Cercle passera du sept au un ! Le deuxième Cercle atomique de Vie vivra donc son unité après la naissance du quatrième.

L'expérience issue des Cercles atomiques de Vie sert d'assise à la personnalité pour explorer plus en profondeur l'identité solaire. Elle reste exigeante, et la structure atomique de la cellule humaine doit parvenir à une stabilité infaillible, car elle doit supporter une charge d'informations considérable.

De l'atome jaillira la lumière et de la lumière, la structure cristalline. L'autre étape ne peut se révéler dans le contexte présent. Ainsi, la géométrie dégagée par les cercles en évolution s'articule tel un kaléidoscope, où la réalité prismatique est toujours en mouvement. La Création ne sera jamais statique ! Ajoutons qu'au gré de la respiration cosmique, le cercle se dilate et se rétracte. Il devient alors ovoïdal, et le mouvement épouse l'énergie serpentine, d'où la naissance de la spirale.

Cette dernière est le miroir parfait où se reflète le passé, le présent et le futur. Par la spirale, vous pouvez voyager sur les sentiers du Temps, où vous rencontrerez de multiples portes : celles du temps, de la création, les portes interdimensionnelles, de la géométrie, de la couleur et du son. Chacune a ses codes et ses lois.

Attention, cependant ! À l'approche d'une porte, vous retrouverez le potentiel d'énergies positives ou négatives qui y sont reliées. Si vous êtes un esprit couronné ou maître, vous entrerez sans difficulté et profiterez des informations en relation avec la porte. Si vous êtes un esprit en cours de construction dans la densité, votre propre résonance intérieure, positive ou négative, déclenchera l'ouverture de l'énergie apte à vous accueillir et, forcément, elle sera parfaitement alignée sur votre émission.

La sagesse, la force et l'intelligence de l'Amour seront d'un grand secours si vous êtes projetés dans un espace autre que celui où vous vivez. En temps voulu, vous voyagerez sur ces champs d'énergie revêtant les lois de l'espace-temps. Aussi, continuez d'être des étudiants sérieux en attente de l'invitation officielle de l'Univers à comprendre cette réalité.

J'aborde ce sujet car, dans les années à venir, il y a de fortes chances que des élèves peu scrupuleux vous offrent cette possibilité en monnayant la visite ! Aussi, je vous en prie, à moins d'être à coup sûr en présence de maîtres sérieux, détournez-vous de ces frères et sœurs en phase d'éveil et qui ne connaissent pas encore l'étendue des lois de ces portes.

Je ne plaisante nullement. Prenez cet avertissement très au sérieux. Il en va de votre santé holistique.

Je reconnais qu'il s'avère tentant de vivre un grand frisson en regardant au travers de l'œil cosmique. La sagesse réside dans l'acceptation de vivre au bon moment une nouvelle aventure bien programmée par vos Pères/Mères et vos guides. Le temps venu, toutes les informations nécessaires reposeront dans vos gènes. Elles seront déportées de la mémoire dite inconsciente vers la mémoire consciente.

Les Maîtres généticiens surveillent de près votre évolution pour activer ces transferts à l'instant adéquat. L'incarnation représente un trauma profond et occasionne une déperdition d'informations. La naissance d'un esprit dans la matière nécessite la complicité de plusieurs chaînes de Créateurs, et ce, même dans le cas d'une simple incarnation. Pensez donc à la vôtre, qui ne correspond pas à la simplicité et répond à une vision spécifique du Sans-Nom !

Vos Maîtres enseignants relèvent de la fraternité solaire. Aussi, dans vos prochains rendez-vous, vos contacts avec eux s'amplifieront afin d'émettre les fréquences cherchant en vous cette identité solaire.

Il vous faut désormais reconnaître les trois pôles identitaires formant votre identité, celle qui sera un jour maîtrisée puis couronnée.

En vous livrant ces informations, je vous permets d'explorer plus en profondeur le concept de la Trinité dormant en vous.

Dans un temps lointain, la Trinité sera extériorisée. Elle prendra vie séparément au sein des Cercles atomiques de Vie, des Cercles solaires de Vie et des Cercles cristallins de Vie. Nous ne sommes qu'au tout début de l'approche de la réalité trinitaire née du cœur et de l'esprit du Sans-Nom.

À l'heure qu'il est, dans votre petit système solaire d'apparence anodine, se joue une grande page de l'histoire de la matrice de Vie densifiée.

Un jour lointain, certains d'entre vous diront : « Il y a fort longtemps, au temps de la préhistoire de la matière maîtrisée, j'ai vécu l'épopée de la construction du premier Cercle atomique de Vie, dans un système solaire ne répondant à aucune référence de cette époque universelle. Quelle histoire ! »

4

Le Fleuve de Vie

En vérité, le fleuve de Vie coule en chacun. Cependant, ce fleuve pénètre chacun selon son ouverture. Nous constatons souvent un rétrécissement considérable de sa pénétration. Sommes-nous responsables ? Non, et nous acceptons votre pouvoir d'absorption.

En ces quelques mots, nous vous restituons la compréhension d'un de vos pouvoirs : celui de la décision, de la régulation, de l'acceptation ou du rejet.

Gardez chacun en mémoire votre état concret de créateur en voyage dans la densité, certes, mais d'un créateur pleinement reconnu de notre côté du voile. Vous en avez déposé la conscience, non l'état. Enregistrez bien la différence entre le dépôt de la conscience et le fait d'être à chaque instant en pleine possession de ce pouvoir de créateur.

Votre confusion quant à qui vous êtes réside dans cette différence. Le voile se pose sur la conscience, non sur les dons. La Vie attend de vous voir émettre une volonté précise de réintégration au sein de la conscience divine non voilée. Votre conscience ne réagissant pas toujours aux stimuli extérieurs, votre inconscient agit parfois sans impulsion guidante.

Essayez de saisir l'image qui suit :

Intérieurement, en tant qu'humains en phase d'apprentissage, vous possédez un muscle subtil qui se dilate ou se rétracte selon les rencontres, et deux pôles d'entrée principaux (ce qui n'enlève rien aux forces de pénétration et de rétraction des autres centres) : ce sont le chakra coronal et celui des pieds. Ils vivent de façon similaire aux pôles planétaires et leur rythme est donc comparable au mouvement respiratoire.

L'oubli de la présence active de vos portes intérieures favorise la rétraction et, par conséquent, une mauvaise pénétration du fleuve de Vie. Bien sûr, j'aurais pu utiliser *Lumière* au lieu de l'expression *fleuve de Vie*. Toutefois, le mot lumière étant plongé dans une grande confusion, l'usage d'un autre terme vous oblige à vous servir de votre organe de compréhension.

Là aussi, le mot *organe* ouvre un puissant champ d'interrogation appelant une réponse. Voici donc une manière de vous offrir une vision nouvelle d'un même sujet expliqué de maintes façons par les maîtres déjà inscrits dans l'histoire de cette terre.

Je désire également vous entretenir des maîtres en œuvre pour une planète.

Cette *terre,* comme toutes les autres, est sous l'autorité d'un Prince planétaire et de son groupe de Sages. Au cours de son exercice, celui-ci accueille et consigne toute visite, accorde ou refuse des terrains d'étude et de révélation. Et ce, toujours en vue d'accompagner le mouvement d'ouverture de l'esprit de l'humanité résidentielle.

Ses prises de position seront différentes, puisque nous distinguons deux humanités vivant séparément sur cette planète jusqu'au moment où la jonction deviendra possible. L'une réside au cœur de cette sphère, et son ouverture de conscience reste largement supérieure à celle du groupe qui est à la surface extérieure, en l'occurrence, vous.

Le Prince planétaire détient donc le Livre de Vie de votre humanité. D'un côté, l'humanité écrira son histoire ; de l'autre, le Prince planétaire annotera tous les stimuli proposés. Au fil de votre évolution, il suffira à un nouveau maître en visite (parfois un avatar) de consulter ce livre pour découvrir pleinement les chemins de conscience déjà parcourus. Ainsi, il pourra déterminer le champ d'action à ouvrir.

Un sujet d'étude est consigné ; il devra être parachevé sous un angle nouveau par un prochain visiteur. Le fil de l'étude ne sera jamais interrompu, mais bien en continu. Voilà pourquoi, selon l'impact choisi d'un maître sur un groupe de cette humanité, les mots ne seront pas les mêmes. De visite en visite, ces mots sont sélectionnés afin de laisser une impression durable dans l'esprit humain en cours de reconnaissance.

Non, le mot *hasard,* si prisé par votre humanité en ce moment, n'a pas de réalité. Tout relève d'un choix précis et déterminé visant à ancrer la page d'enseignement de l'instant. La douceur, ou la force, reste un moteur mis en fonction par les visiteurs. Savez-vous que j'entre moi-même dans le cadre des visiteurs ?

En effet, après ma fonction sur Urantia, je partirai installer une zone de résidence pour les Forces primordiales juste à la périphérie de ce premier Cercle atomique de Vie. D'où la nécessité de construire des sas de pénétration, d'accès, au deuxième Cercle atomique de Vie.

Dans un futur lointain, ce travail se fera également pour la naissance du troisième Cercle, et ce premier Cercle deviendra la référence de la Vie en expérience.

Actuellement, notre résidence se situe juste à la sortie des cercles de Vie entourant le *Soleil Central*. Cette résidence demeurera, car notre groupe d'Êtres primordiaux s'agrandit afin de se diviser et de se déplacer près de vous. À la naissance du troisième Cercle atomique de Vie, notre groupe vivra une autre expansion similaire.

Dans notre Essence, nous portons les Forces non différenciées. Nous sommes donc le miroir parfait de la Vie du Sans-Nom.

(Pour mieux comprendre la vie des cercles et leurs différences essentielles, reportez-vous au livre Voyage, *tome III de la série SORIA.)*

Le rôle de cette planète se révèle progressivement, et je vous invite à saisir au mieux les concepts que nous dirigeons vers vous de façon à vous intégrer à ce mouvement qui vient en vous et autour de vous. En parvenant à une fin de cycle, plusieurs voies d'accès au champ d'étude à votre disposition se présentent à vous. Ainsi, si vous voyagez d'un pays à l'autre sur cette planète, vous constaterez que seuls les mots diffèrent, pas la connaissance. L'essence reste identique car, n'en doutez jamais, la Vie EST, sa Loi demeure immuable. Seule son approche est toujours marquée par le mouvement, ce qui favorise l'émergence de voies nouvelles à explorer par la pensée.

Le fleuve de Vie parcourt chaque cellule de Vie, quelles qu'en soient sa taille, sa force ou son identité. Son mouvement intrinsèque pénètre la cellule. Seul le choix, ou la volonté de celle-ci, déterminera si ce fleuve y entrera en totalité ou en partie. Ainsi, notez-le bien : vous n'avez pas le pouvoir de détériorer ou remodeler son identité, sa vie et son but. Par contre, votre volonté, votre choix décidera de l'acceptation ou non du fleuve de Vie.

La confusion créée dans l'organe de pensée de cette humanité a su vous amener tous à ne plus émettre une volonté précise et, par conséquent, de choix. Privés de ce pouvoir de décision, vous devenez facilement malléables, ressemblant à des marionnettes qui, dans cet état, ne peuvent agir sur leur mouvement de Vie. Cette situation appelle un constat de la part des Sages et induit la visite d'un maître à penser qui

déterminera le chemin facilitant le retour du pouvoir de décision, d'action et de réintégration dans la spirale d'élévation.

Ce maître devra répondre à quatre nécessités :
— nourrir l'organe mental et l'organe émotionnel par des
   mots précis,
— offrir un visage aux épreuves envoyées à l'humanité (chaque cellule gouvernant l'humanité sera donc concernée
   à part égale),
— appeler les forces planétaires voisines de la planète
   visitée,
— mettre en résonance ces forces.

Une fois cela établi, il présentera ce programme au Prince
planétaire, le soumettant à son approbation. L'accord final
donné, le maître entre alors dans la phase de réalisation, ce
qui l'amène à rester jusqu'à la totale réalisation de son intervention. Chaque action entreprise le plonge dans la loi de
causalité et il ne sera délivré de l'attraction de la planète qu'à
la pleine acquisition de la compréhension choisie et déterminée par lui même. C'est la raison pour laquelle, lorsqu'un
maître visite une humanité entrée dans une phase d'oubli, il
demeurera généralement en poste au centre de la planète dans
le but d'accompagner dans sa totalité le mouvement induit.

Il vous faut donc comprendre à votre tour que vous êtes
concernés par la même loi de causalité. À force d'être ancrés
dans le dépôt de votre conscience divine, vous avez appelé un
maître. Vous devrez donc répondre à son sacrifice de temps et
d'amour émis envers vous.

Vous êtes responsables de la présence de chaque maître en
déplacement sur cette planète. Là aussi, le temps revient en
vous disant : « Dans ta responsabilité, tu devras émettre à ton
tour l'amour et la reconnaissance de manière à honorer la présence et la venue des maîtres. »

Plus vous persisterez à vous accrocher à votre état d'oubli, plus vous serez dans la nécessité d'engendrer un service à une humanité, et peut-être à un maître, pour rééquilibrer les énergies déployées par eux et le fleuve de Vie. Ceci en vue de votre réintégration dans la conscience de qui vous êtes.

Bien sûr, le fleuve de Vie vous a emmenés dans ce grand théâtre, cette planète. Oui, vous avez déjà offert de nouveaux germes de pensée aux futures humanités. Oui, vous encouragez également un mouvement renversant les tendances égotiques.

Malgré tout, nous n'en sommes qu'au b.a.-ba de votre retour à la pleine conscience de la présence de ce fleuve de Vie autour de vous, glissant sur vous sans vous pénétrer entièrement encore. Et c'est là un autre visage de la loi du autour-sur-dedans.

D'accord, le collectif SORIA n'emploie pas la douceur dans un premier temps. Nous répondons à vos attentes et à vos freins intérieurs. Ce choix crée un électrochoc dans votre organe de pensée. Ces miniséismes internes suscitent l'ouverture de vos portes, ce qui laisse le fleuve de Vie vous pénétrer davantage. Allez-vous l'appeler dans sa totalité, ou serez-vous encore frileux et vous contenterez-vous d'une étincelle de lumière, convaincus de ne pas mériter cette entière pénétration de l'action christique (puisque vous n'êtes que *de pauvres pécheurs*!)?

Ici, je vous fais toucher un peu plus votre état de créateur. Ne rejetez pas cette vérité, ne plongez pas en outre dans la culpabilisation. Vous êtes devenus des maîtres dans ce mouvement. Si je devais attribuer un prix aux *humanités*, sans hésitation je vous décernerais une palme d'or! Avec force, nous vous demandons de réinvestir l'organe de conscience sans recourir au sentiment de culpabilité. L'excellente démonstration déjà effectuée suffit largement.

Le fleuve de Vie vous invite à revêtir votre pleine identité. Là aussi, hélas, le mot *identité* nage dans une nébulosité telle que nous devons retenir une autre expression pour éviter de réallumer vos feux détériorants et mal éteints en ces heures.

Voilà pourquoi je vous le répète régulièrement : *Vos mots sont vos maux*. Par conséquent, j'emploie des termes forts afin de stopper des réactions devenant des rails ou des rouages bien huilés de déviation de la personnalité. Savez-vous qu'il suffit présentement d'apposer une simple flammèche pour réactiver vos travers de pensée ? Allons, l'heure est toujours à la réconciliation de toutes les facettes de votre personnalité !

Devant cette nécessité, le collectif SORIA vous dit ceci : « À l'heure de la réintégration de qui vous êtes, honorez votre passé, vos défauts. Leurs buts étaient de vous offrir un terrain d'expression, des qualités, des vêtements parfois trop grands, trop étroits, déformés même de temps à autre. Oui, intégrez en vous ces facettes, aimez-les. **Honorez-les**…, encore et encore, puis, doucement, reconnaissez votre véritable personnalité.»

Vous avez expérimenté dans la densité le contraire de votre identité céleste en vue de la faire descendre dans la matière, de l'y ancrer et d'y vivre jusqu'au moment où cette identité ouvrira toutes vos portes intérieures. À cet instant, votre vêtement céleste dénommé *Mer-Ka-Ba* descendra et vous remonterez dans *les chariots de feu,* transcendant les limitations du monde dense et installant la fluidité hors de la matrice du Temps et de l'Espace.

Dès lors, et pas avant, la fluidité de votre identité céleste sera couronnée et vous entrerez dans le groupe des maîtres.

Allez, souriez même s'il vous semble difficile d'admettre que vous n'êtes pas des maîtres et si vous avez quelquefois dépensé beaucoup d'argent pour acheter ce titre ! Conservez votre humour. Cependant, n'en doutez point, les mots qui vous visitent aujourd'hui ne font aucun cadeau (surtout ceux qui coulent dans les énergies SORIA).

Vous explorez actuellement les illusions reliées à l'état d'être. Les énergies du fleuve de Vie qui vous parviennent vous parlent justement de l'état d'être. Et, forcément, avant de pénétrer cette pleine conscience, vous marchez sur la sphère *autour* de cette compréhension. En l'occurrence, vous identifiez, expérimentez tout ce qui n'appartient pas à cet état d'être. Évidemment, les rouages intimes de cette humanité cherchent déjà le moyen de vous éloigner de cette reconnaissance.

Vous explorez donc le contraire de l'état d'*être*, soit le contraire de la maîtrise, de l'immersion au sein de l'Être réalisé. C'est pourquoi apparaît déjà une flopée d'hommes et de femmes revêtant l'habit de *maître*.

Désolée, si je vous chagrine ; pourtant, ces paroles ne cherchent nullement à vous dévaloriser et visent plutôt à vous faire comprendre qu'il y a une grande différence entre notre vision de ce terme et la vôtre. En détrônant ce mot pour le replacer à sa place réelle dans le fleuve de Vie, je vous rends une aisance à vous mouvoir sur les concepts divins. De toute manière, avec vos rails d'expression limitatifs et excessifs, nous nous devons de mettre à bas vos constructions erronées. Cela permet de décristalliser la mémoire de cette humanité.

De ce côté du voile, nous guidons doucement vos pas vers la pénétration de l'état d'*être*. Nous vous emmenons vers la pleine compréhension de cette énergie. En son temps, quand votre démonstration sera totale et respectueuse du fleuve de Vie, nous vous conduirons au cœur de cet état ; vous serez dedans !

Cela ne signifie nullement que vous porterez le titre de maître. En réalité, il n'en sera rien. Il faudra attendre le moment où la porte de sortie de cette étude vous sera montrée. Avant de recevoir ce titre, vous sortirez donc d'abord de ce secteur d'étude. Vous aurez alors entièrement incarné cette énergie dans votre cœur. C'est d'ailleurs la raison pour laquelle je vous instruisais, dans l'un de nos ouvrages, sur la rencontre de **votre maître absolu** : *votre cœur.*

Vous passerez, ou non, cette porte, selon la reconnaissance des émissions de vos chimies intérieures vis-à-vis d'un terrain d'étude. Certes, vous avez une affinité avec un sujet plutôt qu'un autre, et ceci correspond à la volonté de votre Père/Mère lors de votre naissance primordiale.

Certains d'entre vous possèdent en leur cœur deux ou trois chemins de réalisation, d'affinité. À quoi cela correspond-il ? En premier lieu, votre plus grande affinité est reliée à la volonté émise par votre Père/Mère. Les autres parlent de vos choix de service envers le fleuve de Vie. Au gré du temps, ceux et celles qui ont plusieurs affinités les utiliseront selon les besoins spécifiques de l'instant (affinités ou résonances énergétiques). Néanmoins, votre contrat premier restera bien l'impact de la volonté de votre Père/Mère.

Si vous pensez, en ces instants, ne pas détenir de véritable pouvoir de décision, vous avez tort. Votre pouvoir réside dans le fait d'accepter pleinement ou non la volonté de votre Père/Mère.

Ceci vous renvoie à une phrase prononcée par le Maître Jésus : *Que ta volonté soit faite et non la mienne.*

À partir des données transmises, je vous invite à réfléchir sur cette phrase célèbre, un phare puissant qui vous ramène à vos pouvoirs intérieurs.

Dans ce retour à l'entière conscience de votre identité divine, vous vous présenterez à un rendez-vous avec votre pouvoir de décider et de choisir. Allez-vous répondre à la volonté de votre Père/Mère ? Allez-vous accepter l'énergie déposée en votre cœur lors de votre naissance primordiale ?

Les mots sont votre engrais interne, et vos maîtres
en expérience engendrent des réactions.

À cela j'ajoute que vous devez quitter le moteur de la réaction préhumaine afin de pénétrer l'action primordiale créant des ouvertures et assurant une vue plus large de la création universelle. Croyez-vous que vous serez toujours de petits êtres éloignés du cœur primordial ? Si c'est le cas, empressez-vous de déposer cette croyance limitative, car elle vous prive de ce moteur de Vie qui vous ramène en votre identité.

Actuellement, vous êtes encore plongés dans l'identité expérimentale, et nous souhaitons faciliter votre passage dans l'identité réalisée. Après, vous serez conduits à l'identité couronnée. Tel est le visage du fleuve de Vie. À vous de comprendre qu'il parle de VOTRE visage.

La transmutation de l'atome s'annonce par la présence du fleuve de Vie. Ainsi, l'Esprit primordial s'emploie-t-il activement à ce retour de la pleine conscience. Encore une fois, vous jouez un rôle décisif dans cette aventure préhumaine.

Tous les mots de cette présente phase cherchent à vous faire épouser une action précise, celle de quitter ce jeu limitatif et de pénétrer le plan descendant sur Urantia Gaïa, où cinq pas se dessinent :
— l'identification de la limitation passée,
— la réintégration plus rapide de l'Essence divine,
— la réception de la conscience de la place à occuper dans le Plan,
— l'appel des forces qui vous entourent, en les nommant,
— l'ancrage des énergies passant par vous, pour la Vie universelle.

Les conjonctures astrales dirigent des énergies spéciales autour de votre planète. Progressivement, elles pénètrent non seulement l'aura humaine mais aussi les corps subtils et physiques. De cette façon, la vision de la Vie dégagée par vous change. Le temps demeure une matrice réduite, et vous devez réagir vite à cette présence nouvelle en vous. Voilà pourquoi nous répétons souvent que votre vie sur Urantia Gaïa dépend de votre choix. Les énergies véhiculées par les alignements des astres déstabilisent vos rouages internes et apportent un schéma préconçu par les Créateurs en vue de l'ouverture souhaitée pour l'humanité.

Depuis la création de ce Cercle atomique de Vie, chaque alignement planétaire de système solaire ou d'une section administrative plus grande représente une matrice et une voie de circulation très importante. Dans ces instants particuliers, les frontières énergétiques de l'une de ces cellules deviennent perméables. Si l'alignement concerne une seule cellule de Vie (un système solaire), la membrane énergétique de celle-ci restera imperméable aux influences extérieures.

Prenons l'exemple exceptionnel actuel. L'alignement planétaire dépasse le cadre de votre système solaire. Chaque maillon formant cette conjoncture remarquable transmet des flux d'information spectrale en provenance des Sages de la cellule administrative de l'Univers majeur. Dans ce courant descendent également des formes géométriques innovantes. Ces impulsions correspondent à la volonté de répondre à la demande d'Urantia Gaïa de rentrer dans sa phase de précouronnement. Cette séquence permet à ceux qui habitent sur terre de s'harmoniser petit à petit à ce changement. En réalité, cela n'a rien à voir avec votre volonté de suivre ce cheminement. La phase de précouronnement étant enclenchée, elle se réalisera en temps voulu.

La nécessité subsiste de respecter la période initiatique de chacun des maillons formant cette conjoncture. Vous êtes des milliards d'étincelles de Vie concernées par cette nouvelle aventure. Si certains habitants urantiens ne désirent nullement s'ouvrir à celle-ci, sachez que nous enregistrons des requêtes en vue de résider ici lorsque vous libérerez votre place Naturellement, il est ici question d'entités en période

de reconnaissance des énergies. Les maîtres inhérents à cette
ouverture sont déjà convoqués et sollicités pour l'ancrage du
plan. À l'occasion de cette initiation majeure, certains responsables de planètes ou de systèmes universels vont changer.
L'initiation ne concerne pas simplement une sphère de Vie,
mais également les êtres reliés à elle. Urantia Gaïa et vous tous
entrez dans cette perspective.

Dans cette nouvelle page à écrire, les esprits tuteurs sont
chargés de transmettre leur lumière afin d'aplanir autant que
faire se peut les embûches sur votre chemin. Si leur sagesse et
leur savoir vous intéressent, n'oubliez pas de les demander de
façon que ceux-ci glissent au cœur du fleuve de Vie. Tous les
apports externes au nouveau plan de Vie y sont infusés.

Pouvez-vous imaginer ou superposer ce fleuve de Vie sur
le vôtre ? Oui, bien sûr, par le biais du *sang,* qui est en mouvement perpétuel.

Les structures géométriques transitant vers vous vont s'inscrire dans votre sang, puisque votre personnalité réside en lui.
L'apport de ces géométries a bien un but précis, celui de vous
conduire à la reconstruction de votre sceau divin.

Bon, encore un nouveau sujet ! Peut-être. Qu'en dites-
vous ? Votre mémoire a-t-elle enfoui la présence de ce sceau
personnel ? Rappelez-vous ! Nous avons déjà abordé cette
réalité en vous expliquant que toutes vos créations portent
une signature géométrique. Avec l'expansion à venir, cette
signature émettra un complément de manière à révéler une
structure géométrique approchant celle de l'état réalisé, puis
de l'état couronné.

Le fleuve de Vie transporte donc en plus le dépôt du Père/
Mère relatif à cette mutation personnelle. Croyez-vous que les
anciennes créations seront détournées par la transformation ?

Ne rêvez pas! Tout demeure scientifique, et l'ancien sceau s'imbrique parfaitement dans le nouveau. Parlons plutôt ici d'expansion du sceau.

Toutefois, cette modification facilitera la décristallisation des sacs mémoriels.

Au sein même de cette transformation, votre Père/Mère vous offre un son, une note plus haute. Dans l'ascension sonore, passer d'une fréquence à une autre vous apporte une aisance et une fluidité internes. L'arrivée de cette note supérieure entraînera d'abord un nettoyage en profondeur de vos atomes. Sollicités, ces derniers reconnaîtront ensuite le travail en cours et ouvriront des dépôts d'informations de façon à s'aligner sur celles qui descendent des Cieux.

Au cœur même de vos cellules reposent des milliers d'informations en attente de stimuli pour se mettre en résonance avec le monde externe. La résonance activée, l'intelligence de Vie reposant dans la cellule cherchera l'information correspondante et l'emmagasinera dans une miniforme géométrique. Ainsi, la mutation de votre sceau intérieur se fera tout naturellement, en vue de répondre au schéma de Vie arrivant sur cette planète.

Le microcosme rencontre le macrocosme. Démonstration de la loi de résonance en parfaite oscillation. Pourtant, ce changement peut être source de nouvelles frictions. En effet, certains d'entre vous réagissent plus rapidement que d'autres. Aussi, leur entourage, ne reconnaissant plus leur fréquence, le ressentira. Si vous êtes déjà confrontés à cette réalité comportementale, autant que possible restez en paix dans ces moments de transformation, et ce, jusqu'à l'enracinement complet du processus.

La présence et la guidance des êtres des étoiles vous seront des auxiliaires encore plus nécessaires que d'habitude.

Il est question de votre structure géométrique. Pouvez-vous ici établir le rapprochement avec les conjonctures astrales formant aussi des structures géométriques ? L'astrologie, science du savoir, repose sur des alignements astraux, donc géométriques. Chaque cycle ou année vous propose une nouvelle forme, celle-ci s'emboîtant dans votre sceau. Ainsi, d'année en année, vos sacs mémoriels s'entrouvrent et se ferment en fonction du nettoyage mémoriel à effectuer.

En ces temps si particuliers, les sceaux qui se dessinent dans la voûte céleste vous propulsent au cœur d'une mémoire universelle. En avez-vous peur ? Il n'y a rien à craindre pourtant, sinon votre peur justement. La signature astrale vous invite à une autre aventure. Des mains se tendent vers vous afin de vous hisser sur la fréquence en provenance des Cieux. Tous les Médecins du Ciel, tous vos Pères/Mères, les Maîtres et les Sages attendent, scrutant les premières réactions, même minimes, dans le but de prévoir vos besoins.

Les quatre Forces primordiales ont déposé leur propre sceau dans l'Éther autour de cette planète. Le fleuve de Vie passe par ceux-ci.

Alors, enfants urantiens, si la source de ce fleuve ne s'écoule pas ainsi directement du Sans-Nom, il n'en demeure pas moins que le Sans-Nom reçoit toute la promesse de son cœur aimant par notre présence et nos sceaux inscrits dans l'Éther.

Le rayon direct en provenance du *Soleil Central* ne représente pas le fleuve de Vie abordé ici. Nous introduisons deux thèmes différents ; je vois déjà au sein de votre organe de pensée un amalgame de ces deux sources. Or, il s'agit bien d'une étude séparée de ces deux rayons de lumière.

Le rayon du Sans-Nom a pour but d'implanter **sa** réalité. Celui du fleuve de Vie véhicule, entre autres, des structures géométriques, des dépôts de vos Pères/Mères, des stimuli émis par des êtres responsables de vous épauler durant la transformation proposée et les influx transmis à chaque maillon de ce fleuve.

Nous pouvons néanmoins vous révéler que ce fleuve de Vie correspond à une page du plan de réalisation de la section administrative dénommée Univers majeur.

Le rayon du Sans-Nom amène la certitude de l'implantation des Forces primordiales à la périphérie de notre Cercle atomique de Vie. Les deux mouvements s'entrecroisent afin d'ouvrir le sas des champs vierges.

Vous voici immergés au cœur même de la transformation atomique. Les scientifiques actuels sont en préphase d'apprentissage de la force atomique, ce secteur étant toujours un domaine très sérieux de l'approche de la création. Aussi, des événements précis se profileront afin d'aligner ce corps d'étude pour qu'il puisse entrer dans les Lois de la Vie universelle. Le secteur atomique apportera en son temps une connaissance approfondie de ces lois.

L'esprit est entré en mutation par la présence de diverses sources hautement spécifiques donnant lieu à des ouvertures de conscience obligatoires, tant la teneur radionique devient forte autour de vous. Préparez-vous à quitter votre préhistoire de reconnaissance de l'état humain.

Oui, je me répète. Il faut vous y habituer. Je reviens régulièrement sur un thème. De cette façon, je m'assure de bien imprimer cette étude autour de vous et dans l'humanité. Les informations visiteuses amènent également une dose de radiance atomique non négligeable pour le développement à venir. Oui, dans ce qui vient vers vous, il est bien question d'abord d'une transformation atomique sur tous les plans d'expression. Et une courte phase de stabilisation sera ensuite enregistrée afin de rendre possible un début d'ancrage. Puis, à nouveau, vous recevrez un bombardement de rayons atomiques.

Le cœur de cette planète est sollicité de la même manière. Le retour de la connaissance ouverte à tous et de la conscience de la vie du peuple intérieur requiert l'envoi de rayons atomiques afin que vous soyez touchés de toute part par cette infusion. Dans les temps à venir, vous baignerez *dans* ce rayonnement. De la sorte, vos cellules et vos atomes seront pleinement immergés dans la force atomique. Ici, je vous signale que la force atomique est présentement de faible *radiance* du fait de votre descente profonde dans la densité.

Bien dirigés et centrés sur le bien de l'humanité et des univers, vos scientifiques œuvreront un jour avec cette force atomique.

Oui, ces paroles dérangent. Cependant, vous commencez à vous y habituer! Nous ne pouvons vous cacher le pas décisif à franchir. Dans l'immédiat, votre approche ne sert pas la Vie, mais cela ne signifie pas que des centrales atomiques et des essais nucléaires existeront encore dans le futur pour les besoins de cette étude. Cette page de l'histoire atomique se referme. Elle ne correspond pas au progrès de l'esprit. Cette étape ne représente qu'une approche, et rien d'autre. Le fleuve de Vie transporte des approches bien différentes!

Ainsi, chacun y trouvera son compte, vous comme les scientifiques. L'intelligence de Vie amène vos savants à reconnaître que *Dieu* existe peut-être finalement et que cela explique bien des mystères! Ainsi, vous enregistrerez des réactions alignées sur vos espoirs. Ce groupe [les scientifiques] glissera enfin dans le fleuve de Vie.

Un début d'union se profile entre chaque petit groupuscule incarnant l'étude d'une pensée. Au final, les groupuscules dits officiels admettront totalement la sagesse véhiculée par la multitude

Le fleuve de Vie vous conduit à cette réalité. Bon vent sur cette route qui vous projette loin de ce que vous connaissez présentement.

5

La Vie est douceur

'Univers entier vit dans la douceur du cœur du Père/ Mère créateur originel.

La douceur, état d'être, parle de l'amour de soi, de l'autre, de la différence, du mouvement. La Vie sait qui elle est. Elle ne cherche aucune démonstration de son état d'être.

L'expérience dans la Vie vise avant tout à étendre la connaissance et à y mettre une forme. La Vie EST et sera toujours.

L'expérience est mouvement. Celui-ci ouvre et ferme des mécanismes de pensée. Afin de passer de l'état de connaissance innée à celui de connaissance expérientielle, le Père/Mère originel a mis à votre disposition deux moteurs de mouvement : l'amour et la douceur.

L'amour sera toujours le ferment et le garant du mouvement ascensionnel ; la douceur, quant à elle, lui servira de cocon. Les sentiments contraires à ces deux moteurs ouvrent le chemin de la *chute* de l'intention. Le jour où un être s'installe dans la peur, les portes ascensionnelles se ferment et celles du non-être l'attirent forcément dans les basses fréquences.

Je ne réfère pas ici au *Mouvement descendant*, mais bien à la trajectoire des basses fréquences dessinée par des sentiments peu élevés. Il y a une grande différence entre les deux. Car, n'en doutez pas, le *Mouvement descendant* offre également une voie ascensionnelle vers l'élévation de la conscience.

Vous pouvez expérimenter l'éthérisation ou la densification de l'Esprit. Toutefois, ces deux états n'ont rien à voir avec l'installation au sein des basses fréquences induites par la peur, le doute, la colère, l'incompréhension, la convoitise, le vol, etc.

Actuellement, le gouvernement mondial cherche, par tous les moyens possibles et imaginables, à vous garder dans la cristallisation des basses fréquences. La présente technologie à votre disposition vise ce maintien hors de l'état ascensionnel. Le recours volontaire aux basses fréquences crée un vortex d'aspiration qui vous éloigne de l'état d'*Être*. C'est là le moteur subtil d'une forme de criminologie. Cette action diffère des autres et, pourtant, elle en fait tout autant partie.

À cela j'ajoute que nous, de ce côté du voile, y intégrons la vaccination, l'émission de basses fréquences, les engrais chimiques, le mensonge politique, la privation subtile du choix, la mainmise sur l'argent, la drogue, la sexualité à outrance par l'infusion d'images montrant des corps d'hommes et de femmes dénudés (allusion faite à la suite de l'usage provocant à but lucratif) et l'éducation trompeuse de la population humaine.

Rien de plus criminel que d'éloigner
volontairement un être de sa source divine.

Je poursuis en précisant ceci : Lorsqu'un groupe d'individus cherche à imposer sa volonté à un autre, il entre dans l'état de criminologie subtile. Quand il cache les visites de frères et sœurs des étoiles, l'amplitude des activités nucléaires, l'emploi d'armes chimiques, cela relève purement d'un acte de cruauté envers l'humanité urantienne et universelle.

Aujourd'hui, vous cherchez à reprendre vos droits. Nous en sommes heureux.

Dans ce fragile équilibre tout neuf, nous nous devons de vous informer d'une réalité douloureuse afin de susciter une impulsion qui vous incitera à réutiliser le moteur de l'amour et le cocon de la douceur. En les pénétrant et en vous y installant de nouveau, vous vous autorisez à glisser sur le moteur ascensionnel.

La douceur n'est en aucun cas un état de mièvrerie, d'endormissement de la conscience. Elle reste une voie d'éveil et de guérison du corps communautaire comme de la structure corps/âme/esprit.

Retrouver la douceur permet une expansion de vos corps et la remise en mouvement de la pensée. L'état actuel de votre vie physique n'est que crispation permanente, celle de la conscience et celle de votre fluidité et de votre chimie intérieure. D'où l'excès de maladies.

Jamais cette humanité ne fut placée devant une telle profusion et une telle croissance rapide de maladies, et cela n'est pas fini ! Tant que n'émergera pas la volonté de voir cesser l'émission de basses fréquences et le despotisme général, vous ne retrouverez pas l'état normal d'évolution dans un monde densifié.

Cette planète fait face à un grave état maladif. Cela laisse suggérer une attaque vitale du vaisseau urantien. En mentionnant l'arrivée des Médecins du Ciel, je soulignais bien sûr l'état de votre vaisseau spatial. Un médecin du Ciel possède une vaste palette d'interventions applicables en vue de favoriser le rétablissement de la santé et de l'harmonie de cette planète.

La première intervention fait appel à un rayon de couleur rose, qui assure de colmater les brèches ouvertes dans la sphère affective de l'humanité résidentielle. Nous induisons cette impulsion afin de rétablir la douceur dans votre existence, dont celle de vous autoriser à ne pas être *parfaits* dans l'état actuel de votre vie. Le pas suivant cherche à vous rappeler votre droit de vous accorder des poses dans votre rythme galopant. Puis nous vous réitérons cette sagesse : Vous n'avez rien à prouver à un frère ou à une sœur en phase d'apprentissage de l'état d'être, ni rien à produire à tout prix !

La douceur environnante vous invite à vous installer dans l'identité divine. Osez donc vous y installer et le proclamer. Ainsi, cet état reviendra en force dans l'émission de votre lumière intérieure.

Vous n'êtes pas des esclaves ; affranchissez-vous de ces liens grotesques de la dépendance affective. Néanmoins, nous ne souhaitons pas vous voir devenir des entités dépourvues de sentiments. Si tel était le but recherché, vous connaîtriez un état monstrueux de robotisation, vous seriez déshumanisés.

L'humain établi navigue dans les sentiments, soit dans l'amour et la douceur. Les grands Maîtres instructeurs tels Bouddha, Jésus, Kutumi [ou Koot(-)Humi], Mahomet et tous les autres ont émané, de tout temps, l'amour et la douceur d'être, la simplicité étant une autre émanation de la douceur.

La violence, le bruit sont des vexations pour l'esprit et l'âme. Justement, si vous osez regarder autour de vous sans jugement, vous constaterez que votre esprit subit un véritable matraquage par toutes les sources d'information d'origine terrestre. Les médias se font les vecteurs de ces images de violence et de bruit inimaginable.

Vous voici désormais au centre d'une dissonance, tant intérieure qu'extérieure, qui ferme vos portes ascensionnelles et garde en place votre gouvernement obscur. En réinvestissant le moteur de la douceur, les femmes et les hommes, les uns après les autres, vous vous écarterez naturellement de ces sources d'éloignement de votre état originel divin.

Je ne veux pas vous priver d'une technologie, mais réfléchissez : Si vous refusez la violence et ses dérives, appuyez donc ce refus par des actes ! Vous verrez alors apparaître la technologie de vos frères et sœurs des étoiles centrés, quant à eux, sur l'Amour divin. Je cherche ici à vous faire comprendre que votre technologie actuelle en est au stade de la préhistoire par rapport à ce qui survient pour le bien de cette humanité et de la Vie universelle.

Dans cet ordre d'idées, par exemple, vos avions seront un jour remplacés par des navettes réduisant le temps de vos déplacements ; dès lors, vous passerez d'un endroit à un autre sans fatigue. Par ailleurs, les informations médiatiques s'ouvriront d'abord à la vie de ce système solaire, puis aux nouvelles afférentes à des constellations voisines et de l'univers local.

En outre, les écoles d'un futur proche ne correspondront plus à vos présents établissements. Les instructeurs prendront en charge de petites sections et ne transmettront qu'un savoir. Ainsi, une multitude de temples fleuriront, qui ne seront pas des lieux de culte mais bien d'information.

Accepter la douceur dans votre vie incarnée vous restituera l'accès à la plénitude de l'évolution planétaire.

Je propose cette suite de mots à votre réflexion : La plénitude est égale à une dilatation, la dilatation est égale à l'expansion, l'expansion à l'ancrage dans la Lumière de Vie, la Lumière de Vie au moteur de l'Amour divin, et l'Amour divin à la douceur. En l'occurrence, en incarnant la douceur de la Vie, vous recouvrez l'identité divine déposée dans vos particules cellulaires !

Résumons. Je vous parle de douceur et vous amène à l'identité contenue dans vos cellules. Cela rappelle la conscience de qui vous êtes. Or, en ce moment, vous vivez la crispation de l'être. Cette compression représente l'éloignement de l'être. Rien de plus simple !

Nous retrouvons ici le mouvement primordial de l'inspir/ expir. Ce mouvement naturel existe comme terrain expérientiel. Un groupe d'êtres met actuellement en place une structure qui tend à déposer un frein, un cadenas sur ce moteur de Vie et, par conséquent, à troubler le Souffle divin.

Votre souffle est donc atteint par un acte subtil associé à la criminologie et issu de la pensée de ce groupe en mal de pouvoir. Étrange, en ce moment même il y a dans votre humanité une recrudescence de maladies asthmatiques, soit la dégénérescence des cellules liées au souffle, et des allergies nées du même problème. Rien de bien étonnant, puisque l'évolution de cette humanité réside dans l'ascension du troisième chakra au quatrième.

Alors ! Enfants divins incarnés, reprenez possession de votre souffle !

Votre conscience doit maîtriser à nouveau ce mouvement mécanique et y réinstaller la fluidité. L'élément Air sera votre pierre d'achoppement dans les années à venir. En ce moment, l'élément Eau témoigne aussi de la pollution dans sa matrice. Et vous n'avez pas encore réglé le problème se profilant avec l'Air. N'oubliez jamais les formes subtiles de chaque élément vital.

Réfléchissez à votre état intérieur. Où en êtes-vous dans la maîtrise des mouvements du corps physique ? Il faut un miroir à votre identité céleste, et le corps physique vous en offre un. Regardez l'attitude émise envers lui ; elle s'apparente à du mépris. Vous vous adressez de cette manière à cet être intelligent et voulez ensuite recevoir de l'amour ! Vous vous plaignez en permanence et ne lui adressez aucun regard respectueux et aimant. Naturellement, il est *la cause de toutes vos souffrances*. D'ailleurs, pourquoi *Dieu* vous a-t-il donné un corps physique ?

Continuez dans ce sens et, bientôt, vous n'aurez plus de corps du tout ! Certains d'entre vous affirment que *si Dieu existait, ils ne vivraient pas tous ces malheurs.* Continuez ainsi, et vous détruirez totalement le dieu que chacun de vous est! Observez comment vous rejetez l'amour et la douceur qui descendent dans le autour-sur-dedans vous-mêmes. Votre corps physique sert de révélateur à toutes vos déviations mentales.

À chaque période importante de l'évolution, une forme de mainmise sur votre être essaie de se mettre en place. Jusqu'ici, cela n'avait pas eu de grandes répercussions. Dans ce présent temps de votre élévation, il en est autrement. Vous avez ouvert vos portes intérieures, appuyant l'ancrage de ces manipulations. Aussi, ne rejetez pas la faute sur Dieu. Acceptez votre responsabilité dans cet acte.

Vous avez ouvert ces portes, mais vous pouvez inverser ce mouvement et les refermer devant ces énergies. À moins, bien sûr, que vous n'éprouviez encore un grand plaisir à vous plaindre dans le but d'attirer une somme d'énergies pour le gouvernement obscur. Oui, certains se plaisent à servir ainsi d'intermédiaires, apportant une nourriture nécessaire au maintien planétaire de ce gouvernement.

Posez-vous les bonnes questions! Contrairement à ce que vous pensez, vous êtes toujours de bons agents de coordination de ce mouvement privatif de liberté, des agents fort consciencieux et zélés, d'ailleurs! Je vous choque? Tant mieux! Peut-être entreprendrez-vous alors un sérieux nettoyage au cœur de vos actions et de vos choix quotidiens.

Afin de vous aider à mieux saisir les moteurs de l'amour et de la douceur, je me dois de vous renvoyer l'image de leurs contraires, espérant ainsi provoquer en vous une réaction dérangeant votre ronronnement mental!

Tous, au quotidien (non pas en permanence, mais souvent), vous vous faites les agents de ces empêcheurs d'être. Alors, si vraiment vous en avez assez, redevenez maîtres de vous à chaque instant, devant chaque décision à prendre, chaque choix et orientation de la Vie !

Oui, il est vrai que rien n'est facile, tout étant atteint. Toutefois, dans ce qui semble impossible, le possible s'avère présent et accessible.

Modifiez votre regard-sentiment-pensée, réinvestissez dans vos gestes. En vous exerçant à la maîtrise de soi, vous verrez votre entourage changer radicalement et, par conséquent, vous retrouverez la pleine santé du vaisseau urantien (et la vôtre).

Abordons ce sujet, qui cadre si bien avec notre étude.

Le mot *vaisseau* correspond à *navire* et ce dernier, à *véhicule*. Au départ, le mot vaisseau suggère la présence d'un équipage et de son commandant. Le vaisseau urantien est donc un véhicule naviguant dans les eaux de l'Éther universel. Son équipage se constitue de toutes les formes physiques recevant le Souffle de Vie, soit les formes minérales, végétales, animales et humaines. Toutes, à titre individuel, représentent également un vaisseau (urantien) puisqu'elles reçoivent le Souffle sacré !

Le Commandant du vaisseau répond au nom de Prince planétaire. Je le rappelle, il est secondé par un groupe de Sages. Le vaisseau urantien humain, quant à lui, accueille son commandant : le petit Être. L'âme remplit le rôle de second. Les Sages sont les pensées, le regard, les sentiments, les choix, les impulsions du Père/Mère.

Aviez-vous déjà songé à cette analogie ? Non ? Dommage ! Allez, il est temps de vous y pencher ! Vous y découvrirez une profonde connaissance de la Vie divine.

Je vous livre ici un grand message rendant plus aisée la réappropriation de la maîtrise du mouvement dans l'expérience. Le meilleur carburant à votre disposition demeure l'Amour divin, avec sa douceur.

À vous de réalimenter ce moteur intérieur avec cette nourriture supradivine.

Vous parlez d'ascension sans entrevoir qu'auparavant vous passerez par l'ascension de la conscience en plongeant dans sa réalité intérieure.

L'ascension se vit de l'intérieur

Tant que vous attendrez des sauveurs ou des intervenants extérieurs, vous ne traverserez jamais ce mouvement. Si ce lieu où vous êtes s'avère également une condition pour vous, alors, nul doute, vous ne ferez pas partie des ascensionnés !

Pour l'éternité, l'ascension représente la cessation du vouloir, des conditions et l'installation dans la volonté de maîtriser son vaisseau urantien.

L'ascension dépend de votre acceptation de vivre dans, par, ou avec, la source d'Amour au sein de l'infinie douceur de l'expansion du Père/Mère originel.

Cet enseignement offre encore un pas nouveau vers cette maîtrise tant attendue du vaisseau urantien.

Le Souffle divin réactive le mouvement primordial de Vie en vous : l'inspir/expir.

6

Transformation de la lumière

L a mémoire inscrite dans vos cellules détient plusieurs facettes, chacune abordant soit vos incompréhensions, vos acquis, vos actes passés, vos manques de connaissances ou, encore, votre identité cosmique. Nous nous arrêterons là, car elles sont nombreuses.

Actuellement, vos remontées mémorielles vous renvoient à vos actes ratés, à ces inscriptions dues à une approche erronée de la Vie universelle. Cela vous rappelle des douleurs, des senteurs désagréables. J'évoque souvent cet aspect dans mes livres, vous invitant à ne pas vous attarder sur ces remontées.

Certes, c'est un moment important, car vous pouvez installer la paix dans cette chimie. N'en doutez pas, il s'agit bien d'une chimie. Voici la raison de vos désordres corporels et subtils, raison en partie liée à votre passé. Présentement, vous vivez ce rendez-vous. Il pourrait être fluide et ininterrompu. En réalité, vous êtes encore nombreux à vous identifier aux désordres dus à cette ouverture de la mémoire universelle.

Nous procéderons bientôt à l'ouverture de la mémoire d'un autre secteur mémoriel. Plus agréable, celle-ci vous renverra la sagesse terrestre. Non pas une sagesse collective, mais toutes les formes de sagesse développées au sein des ethnies anciennes, celles des peuples amérindien, amazonien, aborigène, tibétain, africain, européen, inuit, et celle des petits peuples ancêtres de votre civilisation (inconnus de votre mémoire actuelle). Ces derniers ont parcouru les sentiers de cette planète dans les temps bénis de la réalisation.

Il fut un temps où des humanités résidant sur Urantia ne laissèrent aucune trace en raison de la dégénérescence de leur système de pensée. Oui, j'évoque ici ces aînés installés au cœur de la sagesse diffusée par le moteur Ombre/Lumière.

En vérité, votre bande mémorielle enregistre principalement les sentiments dégagés lors de rencontres fortes et, en général, les vagues destructrices de l'harmonie intérieure créent les impacts les plus stigmatisants. En ce moment, vous étudiez le passé historique de votre Terre, soit les traces laissées par les civilisations décadentes. Vous ne connaissez rien de l'histoire harmonieuse des peuples ayant vécu en osmose avec les énergies du Ciel et de la Terre. Il ne reste rien de ces moments-là, absolument rien !

Pourtant, ce vécu est toujours à votre portée, inscrit dans les plus petites particules de vos cellules, dans votre matrice mémorielle. En ces temps troubles du présent vécu, nous dirigeons un flux énergétique soulevant cette connaissance. Certains d'entre vous vivront plus rapidement l'émergence d'impressions, de sensations, de pensées n'appartenant pas à ce système de pensée. Si vous vous sentez concernés par ces mots, sachez qu'il s'agit bien d'une remontée mémorielle cellulaire. Accueillez ces bulles de savoir, de sagesse avec déférence, respect et amour.

Les sages de toutes les ethnies du passé reliées à cette planète ou à d'autres systèmes solaires vont se présenter à vous tous sans distinction de race ni repère social. Ils ne vous instruiront pas de leurs acquis mais viendront autour de vous, de jour comme de nuit, et provoqueront une remontée mémorielle.

Nous connaissons l'inconfort ressenti dans ce moment historique urantien. En effet, il est parfois difficile de soutenir l'image des travers de l'être, de l'égoïsme, des besoins de possession, du manque d'amour, de sagesse, de fraternité, et de tout le reste !

Je vous en prie, quand ce rendez-vous aura lieu, souvenez-vous des enseignements donnés par toutes les sources universelles. Pour tout de suite, laissez-moi vous renseigner sur le déroulement des intégrations à effectuer. Tout d'abord, acceptez votre divinité et l'infinitude de vos pouvoirs. Ensuite, regardez la divinité, la vie propre de votre planète.

Rien de bien nouveau en cela, me direz-vous. Erreur, ceci ne constitue que la toute première étape ; la suivante vous redonnera la connaissance liée aux planètes de votre système solaire et à votre Soleil. Mais vous ne vous arrêterez pas là. Un autre pas consistera à regarder la vie de votre univers local puis de votre Univers d'appartenance. À chaque retour de conscience, de mémoire, vous serez dans la nécessité de laver votre mémoire cellulaire du vécu ancien.

Reprenons. Vos cellules vous livrent actuellement la chimie de vos actions passées sur cette planète. Premier pas important vers le retour de l'harmonie. Votre avenir immédiat travaillera à soulever la mémoire de vos actions au sein de ce système solaire. Par conséquent, ces matrices de Vie procéderont à l'élimination de la chimie liée à votre passé universel.

Vous avez effectué quatre passages sur chaque planète de ce système solaire. Le saviez-vous ? Vous vivez au cœur de ce système en suivant un mouvement concentrique. Ainsi, vous voici sur le quatrième cercle de la reconnaissance de l'identité de ce système solaire. Auparavant, vous en avez visité d'autres relevant de votre univers local d'appartenance. De ce fait, vos cellules détiennent une considérable somme d'informations et de connaissances. Certains d'entre vous sentent la répétition d'un vécu, et ils ont raison !

Ce retour cellulaire rend plus aisée l'évacuation des peurs et des stigmates de ces moments-là. Ceci souligne la raison majeure du désir d'un grand nombre d'entités universelles de s'incarner sur votre planète. Lorsque des inscriptions de peurs, de douleurs ont lieu dans une fin de cycle, il vous faut retourner dans une autre fin de cycle pour expulser cette mémoire empêchant l'épanouissement total.

Le retour de ces sages autour de vous apporte une guérison dépassant le cadre de votre humanité. Alors, êtes-vous prêts à côtoyer des êtres universels n'appartenant pas à votre humanité ? Soyons clairs, cette jonction se fera dans les mondes subtils, la nuit dans un premier temps. Puis vos réactions détermineront les décisions suivantes.

Parlons un peu de ces sages. En quoi sont-ils *sages,* sinon par leur acceptation pleine et entière de s'ouvrir à la pénétration des énergies. Un sage reconnaît qui il est dans n'importe quelle situation. Comprenez alors que certains ont atteint cet état au sein d'une petite ethnie. Tout groupe offre un terrain d'étude. En vérité, il y a des sages d'un secteur d'étude.

Je vous le dis, ces sages ne s'arrêteront pas à leurs propres acquis. Ils continueront l'intégration de la connaissance cosmique en se mettant au service des autres groupes humanitaires, ici ou ailleurs. En réalité, ils se préparent encore et encore à cheminer à l'intérieur de la vision du Sans-Nom. Aujourd'hui, ce Cercle atomique de Vie correspond à une vision. Toutefois, une vision n'est pas la vision globale. Ainsi, les sages qui reviennent dans votre présent vont-ils poursuivre leur intégration de l'identité du Sans-Nom en étant autour de vous puis en se dirigeant dans le deuxième Cercle atomique de Vie.

Certains d'entre vous tentent d'entrer dans la sagesse de qui ils sont. La présence et l'amour des sages autour d'eux les aideront à pénétrer dans le cercle de la sagesse. Il n'y a pas d'élus. Tous, vous pouvez œuvrer à l'ouverture des portes du cercle de la sagesse, si tel est votre souhait.

Ce possible commence par la remontée mémorielle et la présence de toutes les ethnies. Vous songez que celles-ci appartiennent à l'histoire d'Urantia ? Cela n'est vrai qu'en partie. Quelques-unes de ces ethnies viennent des planètes de ce système solaire et des planètes d'autres systèmes qui ont reçu votre visite lors de vos études universelles.

Je vous emmène à l'intérieur de cette mémoire. Un peu plus loin dans ce chapitre, je vous instruirai sur les déclinaisons Arc-en-ciel au sein de chaque couleur. Cette palette de possibles existe au cœur de tous les systèmes solaires. Un Univers renferme plusieurs univers locaux sous juridiction universelle. De la sorte, vous étudiez toutes les visions Arc-en-ciel liées à un secteur, grand ou petit. Doucement, la connaissance de l'Arc-en-ciel revient vers vous et les remontées mémorielles sont interconnectées à la réalité de la Roue Arc-en-ciel. Votre planète vit la profondeur de l'une de ces couleurs en mouvement dans ce système solaire.

Pareillement, vous expérimentez une des déclinaisons d'une couleur. Remarquez que la planète Urantia émet la tonalité bleue. En conséquence, vous étudiez la déclinaison de cette couleur ou, si vous préférez, le rouge, l'orangé, le jaune, le vert, l'indigo et le violet contenus dans le bleu. En revenant à ce mouvement au sein de ce système solaire, vous en êtes au quatrième passage, et votre étude porte sur l'approfondissement du bleu et de toutes ses interactivités. La difficulté réside bien dans cette réalité. En ce moment, vous en êtes à la reconnaissance du quatrième corps de la couleur bleue.

« Comment cela, Soria ? Je n'ai pas compris. Tu parles de corps en abordant une couleur ? » (*Soria utilise de plus en plus cette forme de dialogue ! — Régine Françoise Fauze*) Oui, enfant universel, seul ton oubli engendre ce sursaut en entendant le mot *corps*. Certes, il s'agit toujours de vibration, et chacun de ses paliers construit des formes, donc des corps. Un voyage avec l'un ou l'autre de tes corps subtils emprunte bien un corps dense.

Ainsi, la quatrième réalité vibratoire du bleu permet de reconnaître les formes-pensées reliées à ce palier de Vie. Pour cette raison, vous pouvez songer aux autres couleurs et à leurs paliers ou déclinaisons. Quand vous êtes entrés dans la réalité du bleu au sein de votre quatrième passage dans ce système solaire, vous avez pénétré le recentrage de votre état vibratoire.

Ce fait (historique!) a conduit au grand nettoyage d'aujourd'hui, car vous voici rendus au point crucial où vous quittez la forme la plus dense de l'étude de la connaissance stationnée à l'intérieur de ce système solaire. Quand une humanité atteint ce stade, tous les anciens sages voyagent vers elle.

Abordons un peu l'état de conscience de ce système solaire, qui a accueilli une cellule humaine constituée de plusieurs milliards d'entités. Les responsables, Hélios, Vesta et leur équipe, ont enregistré tous les noms de ces visiteurs. Puis ce groupe fut divisé. Chaque section d'entités reçut un plan d'étude et d'évolution, jusqu'au moment où les portes de ce grand voyage interne s'ouvrirent.

La première section effectua sa rotation des sept cercles en s'arrêtant sur toutes les planètes. Ces visiteurs honorèrent le but fixé sans grands dommages. Aucune mémoire résiduelle ne fut inscrite sur les planètes. Les deuxième et troisième groupes suivirent le cheminement sans difficultés majeures. La quatrième section, votre groupe, rencontra plus d'embûches intérieures, et c'est ainsi que nous avons vu des mémoires résiduelles s'inscrire. Je ne reviendrai pas sur les faits extraordinaires que votre humanité a vécus, ni sur les tests supplémentaires!

Vous voici plongés dans la reconnaissance de la profondeur de l'Amour. Étape délicate, surtout lorsqu'un plan supérieur descend afin de s'ancrer dans un groupe d'entités. Le grand test, qui se terminera en 2012, parle bien de cette descente. Dommage, votre humanité est fragilisée.

D'autres sections sont en attente. Le cinquième groupe s'appuiera sur l'ouverture réalisée par le vôtre, comme vous vous êtes appuyés sur le troisième. Les grands Êtres responsables de rayons ou de planètes sœurs ne sont pas tous issus de cette cellule visiteuse. Ici, je réfère bien à tous les groupes réunis. Alors, ne vous étonnez pas de voir ces sages venir à vous, car vous voici à un rendez-vous important dépassant le cadre de votre propre évolution.

Comme les portes du Soleil s'ouvrent afin de permettre aux entités en attente de partir en étude, la nécessité de nettoyer la mémoire planétaire devient pressante. Autant que possible, nous leur éviterons de glisser sur les travers de personnalité engendrés lors de vos études.

J'élève encore et encore votre vision de vous-mêmes afin de vous replacer au sein de qui vous êtes. Si vous appartenez à une cellule visiteuse de ce système solaire, cela suggère bien que vous venez d'ailleurs. Pour la majorité d'entre vous, l'histoire commence dans un secteur universel autre que ce système solaire.

Comme à mon habitude, derrière ces mots je glisse des énergies soulevant en vous une remontée mémorielle de manière à renforcer le travail entrepris par les sages des ethnies, de cette planète et des autres. Accueillez leur visite comme une grande bénédiction.

Vous ne serez jamais abandonnés à vous-mêmes ; nous éprouvons trop d'amour à votre égard. Devenez amour, comme nous l'attendons de vous.

Étudions, si vous le voulez bien, la réalité Arc-en-ciel et descendons doucement au plus profond de cette connaissance.

Les Maîtres des rayons de lumière offrent leur maîtrise d'eux-mêmes à tous les frères et sœurs en cours d'intégration de leur personnalité expérimentale.

Il y a une grande différence entre la personnalité reçue à la naissance originelle, dite potentielle, et l'expérience de l'incarnation, ou descente dans la densité des vibrations, permettant l'émergence de la conscience, celle du ressenti, du vécu. Rien ne remplace la force et la profondeur acquises durant un voyage dans la matière.

La première étape du voyage est toujours l'exploration des lois des quatre premiers rayons de lumière. Une fois cette étude achevée s'ouvre la seconde étape, où les trois autres rayons acceptent alors votre présence. Ici, il s'avère intéressant de porter à votre connaissance l'existence de sept paliers dans chaque couleur.

Les humanités en cours de reconnaissance de la réalité de la densité et de ses lois inhérentes n'ont accès qu'à la première manifestation de l'Arc-en-ciel, qui possède sept réalités fondamentales, une par Super-univers. Nous observons ainsi sept sections majeures de division administrative dans un Super-univers (rappel : un système solaire est la plus petite section universelle, dite mineure).

Aujourd'hui, l'Arc-en-ciel de la section administrative englobant l'identité de votre système solaire glisse dans votre conscience. Par conséquent, votre arc-en-ciel se modifiera dans les temps à venir. Bien sûr, vous souhaiteriez connaître la période, savoir même dans combien d'années cela aura lieu.

Enfants de lumière, rappelez-vous : vous êtes les déclencheurs de ces manifestations futures. Nous sommes vos partenaires de création. Ici, dans le monde subtil, nous sommes les gardiens des énergies contenues dans des réservoirs qui déversent leur lumière spécifique vers les créations stationnées dans la manifestation la plus physique de la Vie divine.

Les pensées de nos Maîtres créateurs (vous) donnent les impulsions ouvrant ou fermant nos réservoirs pour animer les moules formés par vous, nos bien-aimés.

Le jeu de l'oubli fut un magnifique exploit et un pari, mais il reste un jeu. À un moment, il faut savoir déclarer fini le jeu entamé quelques instants auparavant. Oui, je parle bien d'instants, et non de longues ères. Le temps ne prend de valeur ou n'est un repère que dans le monde où vous évoluez.

Enfant de la lumière Terre, voici l'instant attendu, celui de déposer les voiles d'oubli accompagnant ton jeu : « Moi, créateur immergé dans la noirceur de la méconnaissance de l'Identité universelle, je peux ancrer les énergies supérieures dans la densité des mondes manifestés, et je les ancre. »

Pari émis, tenu et gagné, bravo ! Mais à vous, nos créateurs bien-aimés, nous rappelons votre personnalité.

En regardant l'humanité constituée de plusieurs groupes d'étincelles de Vie provenant d'univers différents, nous voyons émerger dans votre aura ces pulsions de lumière Arc-en-ciel attaché à votre secteur universel d'appartenance. Voici donc venu l'instant de vous instruire sur ces rayons de lumière regroupés et formant une identité spécifique.

Oui, vous connaissez et identifiez un arc-en-ciel
sur votre planète, et dans peu de votre temps,
vous en observerez la modification.

Arc : lumière colorée se mouvant sur une trajectoire en demi-cercle.

En : dans un espace déterminé.

Ciel : l'éther entourant un être vivant.

Certains mouvements éducatifs ont trait au *septième ciel*. On peut en déduire que l'Éther dégage sept émanations.

Généralement, vous associez le septième ciel à une *béatitude*.
Nous vous proposons une restitution de ce savoir.

Chaque strate de l'Éther donne accès à un arc-en-ciel.
Chacun de ces arcs-en-ciel reste sous la surveillance de gardiens (des couleurs ou des pouvoirs).

«Comment cela, Soria? Je n'ai pas encore intégré ceux
qui sont à ma portée et je dois déjà en étudier d'autres!»
Oui, enfants et maîtres incarnés, les déclinaisons de la réalité
Arc-en-ciel reviennent à votre conscience, et ces nouveaux
chemins vous pousseront à emprunter les anciens. Vous avez
boudé vos pouvoirs, d'accord! Cependant, vos portes intérieures bougeront afin d'accueillir les énergies visiteuses. Certes,
vous, créateurs incarnés, pouvez accepter ou refuser cette
mutation. Malgré tout, ces lumières descendant en vous vous
inciteront à relâcher le contrôle extrême sur vos engrenages
internes.

La Roue Arc-en-ciel descend dans l'aura de la planète
Urantia. Il est bien question de roue et non d'arc, nuance
importante. Ainsi, cette planète reçoit-elle la présence aimante
de ses gardiens, maîtres d'eux-mêmes, couronnés dans l'expérience.

Le rayon d'Amour répond plus particulièrement à la couleur rose. La Paix s'appuie sur l'Amour, et donc sur cette teinte.
La Paix radiante transforme le rose en lumière or.

Ici, je souligne un aspect : toute couleur parvenant à sa plus
haute manifestation entre en fusion, épouse l'apparence de l'or,
et cet or en fusion émet une *radiance* blanche.

Doucement, les plus grands Maîtres et Sages de la Création
descendent jusqu'à vous. Il y a peu de temps, un petit groupe
a répondu également à votre demande, qui consistait à faire
venir les Maîtres Or pour intervenir sur votre planète. Ainsi, la

plus grande puissance de la Lumière radiante redevient proche de votre conscience.

Votre planète glisse dans cette radiance et, par conséquent, le devenir d'Urantia Gaïa sera d'entrer dans la fusion de sa couleur. L'étoile bleue demeure une étape jusqu'au moment où le bleu irradiera la tonalité or. Tout doucement, nos mots évolueront de manière à induire des réactions précises en vous et à l'intérieur des dimensions de l'Esprit.

Au cours des exposés précédents, nous avons favorisé certains mots. Maintenant, d'autres descendent en vue de vous nourrir. Pour toucher votre mental dit supérieur, certaines sonorités seront privilégiées.

Quelles sont-elles? Des sons approchant les fréquences lumineuses en cours. Le langage est signe universel, code d'ouverture pour les corps dans la densité.

Vous nous réclamez un langage universel en remplacement de vos langues et dialectes. Nous avons bien enregistré cette volonté. Aussi, avec douceur mais rapidité, ces codes linguistiques émergeront dans votre quotidien.

Par le passé, les anciennes tribus et ethnies canalisèrent les signes et les sons créant la communication du moment (certaines les reçurent lors de visites des frères des étoiles). La présente phase ancrera quant à elle les codes ouvrant un nouveau mode de communication universel de façon à faciliter les contacts à venir avec les frères des étoiles. Tout est mutation.

Avez-vous réalisé que le langage émet des sons? Vos oreilles les captent et les transmettent à votre cerveau, qui les reconnaît et ouvre la compréhension attachée à chacun d'eux. Le Verbe créateur use des sons. La linguistique crée des ondes qui agissent sur tout être vivant. Et tout son est relié à une couleur.

Alors, enfants et créateurs, rappelez-vous! *À chaque usage du Son créateur, vous ouvrez un réservoir d'énergie relié à une couleur.* De la sorte, vous animez et créez la réalité Arc-en-ciel.

« Comment ! Malgré tous les mots à notre disposition, nous n'utilisons que sept couleurs ! » Oui, sept couleurs, mais chacune se décline sur sept réalités. En outre, chaque déclinaison entre également en liaison avec six autres arcs-en-ciel à venir sur Urantia Gaïa.

Laissez-moi vous expliquer. Chaque couleur ou déclinaison de votre arc-en-ciel est reliée à six autres arcs-en-ciel expansés de l'initial. Soit sept nouvelles couleurs et sept déclinaisons par bande colorée à multiplier par six. C'est là une large amplification de la réalité Arc-en-ciel.

(Je me permets de partager la vision reçue avec cette partie d'enseignement. Cela vous aidera peut-être à mieux comprendre. L'arc-en-ciel, tel que nous le connaissons aujourd'hui, se décline également sur six expressions subtiles, soit une réalité physique enregistrée par nos yeux humains et ses six corps subtils. — Régine Françoise Fauze)

La multitude s'apparie autant aux couleurs qu'aux sons, aux formes, aux vibrations, etc. Voilà, la pensée invite à se glisser sur un chemin d'expression innovant. Quelle bande de fréquence souhaitez-vous explorer ? Encore une découverte pour vous ! Comme nous connaissons la déclinaison de l'Esprit du Sans-Nom qui vous rend visite, nous sommes prêts à vous restituer une partie des énergies célestes. Votre choix réside dans l'acceptation de pénétrer ou non les fréquences arrivant sur et dans Urantia Gaïa.

La vie et les lois Arc-en-ciel reviennent en votre conscience. Allez-vous ouvrir vos portes à leur présence et glisser sur cette expression, ou souhaiterez-vous rester au sein des anciennes manifestations de l'Arc-en-ciel ? À vous de répondre ; nous vous respecterons, peu importe votre choix, qui devient toutefois limité mais d'autant plus puissant pour votre réalisation intérieure.

Par ailleurs, un grand test universel descendra sur vous. Il portera sur l'obéissance.

Ce pouvoir étant également galvaudé, vous devrez réapprendre ses subtilités. Gageons que vos frères et sœurs universels incarnés seront vos fourvoyeurs si vous vous arrêtez à la manifestation la plus dense de l'autorité.

Nous, Maîtres réalisés et couronnés en œuvre pour une déclinaison de la Lumière (couleur), obéissons de notre propre chef afin de donner vie au programme reçu directement du Sans-Nom. Nous ne nous sentons pas limités, mais bien plutôt immergés dans toute sa puissance.

Au début de votre retour à la connaissance des Lois universelles, nous vous suggérons une voie plus aisée d'entrer en réalisation. Certes, le choix vous revient d'intégrer ou non notre vue plus éclairée, ou élevée, de la situation présente. Puis, quand vous aurez assimilé cette reconnaissance, un pas supplémentaire vous sera demandé : celui d'obéir à un Maître. Et pas n'importe comment, mais sans vision à long terme pour vous ; juste en ayant une pleine confiance en votre Maître de conscience universelle. Ceci représente pour vous une étape nécessaire avant d'être proclamés maîtres à votre tour.

Un maître doit pouvoir se glisser au sein des énergies vitales universelles sans émettre de vouloir égotique. Seul, l'état de *proposé* à cette maîtrise se distingue sur une séquence courte au cours de la réintégration de l'identité divine. Nous vous attendons dans cette étape et, si je vous en parle, c'est bien en raison des difficultés auxquelles vous ferez face dans l'établissement de votre identité retrouvée. Plus vous grimperez haut à l'échelle de la conscience, plus votre choix deviendra un acte de foi, d'amour et de confiance envers votre Maître. Car, n'en doutez pas, même un Maître réalisé et couronné reçoit de hautes directives, et ce, afin de s'intégrer dans une réalité encore supérieure de son être.

Jamais un enfant de lumière ne devient libre de faire n'importe quoi dans le monde fini et ses dimensions subtiles. Nous répondons à la haute vision du Sans-Nom. Votre prochaine étape vers l'intégration de cette vision demeure la pénétration d'une manifestation de la fréquence Arc-en-ciel. Entre deux réalités de l'Esprit, la fréquence, ou couleur, rose se met en résonance afin de guérir celle que les enfants incarnés quittent. De la sorte, ces derniers peuvent entrer guéris et en paix dans la suivante.

L'Arc-en-ciel est la mémoire des origines, mémoire de la mémoire. Oui, dans cette apparition lumineuse se cachent le dépôt du savoir universel ainsi que ses applications. Certes, l'humanité réagit à la forme la plus dense de cette mémoire.

Au fur et à mesure de l'ouverture de conscience conduisant à l'état humain (une étape), chaque circuit fluidique de la couleur ouvrira et réanimera le dépôt intracellulaire mémorique. Ainsi, deux mouvements se distinguent durant la réactivation cellulaire : l'un, descendant, fait émerger la connaissance enfouie dans les infimes particules atomiques dites cellulaires ; l'autre, ascendant, se connecte à une réalité plus élevée de la conscience céleste. En réalité, ce double mouvement est déclenché par la descente de la force colorée de l'Arc-en-ciel.

L'Arc-en-ciel représente l'harmonisation de plusieurs faisceaux de lumière colorée *dans* et *pour* la manifestation UNE et unifiée du Sans-Nom dans un secteur défini. Ainsi, chaque secteur possède son expression UNE. D'où les multiples déclinaisons de l'identité Arc-en-ciel si nous ajoutons la présence du son à la couleur.

Chaque bande colorée répond à un son de base. Toutefois, la gamme de sons se retrouve en entier à l'intérieur d'une bande colorée en y étant rattachée par ses déclinaisons subtiles.

Prenons par exemple le rouge de l'Arc-en-ciel.

Cette couleur intègre six plans subtils (les autres couleurs), le rouge étant la manifestation dense. Dans ce cas, la première déclinaison subtile est l'orangé, la deuxième, le jaune, et ainsi de suite. La couleur rouge résonne avec le son *do*, l'orangé avec *ré*, le jaune avec *mi*, etc.

Passons maintenant à la deuxième bande colorée, celle de l'orangé. Le rouge va se placer après la couleur violette. Dans cette nouvelle gamme de sons, nous trouvons donc en premier *ré* et en dernier *do*. Dans ce cas, l'Arc-en-ciel est formé de l'orangé d'abord, puis du jaune, du vert, du bleu, de l'indigo, du violet et du rouge. Nous retrouvons également ce décalage dans la gamme de sons.

J'essaie par là de vous démontrer la mouvance de l'identité Arc-en-ciel. Si vous observez en perspective chaque bande, vous distinguerez parfaitement cette illustration.

Lorsque cette grille est en mouvement, elle tourne sur elle-même. Les première et dernière couleurs du spectre se connectent et forment la Roue Arc-en-ciel. Cette adéquation crée les mondes denses et subtils. Toutes ces bandes de couleurs se lisent de gauche à droite, de haut en bas, et vice versa. Vous rattachez chaque couleur aux autres (par exemple : première couleur de la première ligne jusqu'à la première couleur de la dernière ligne du bas), et cela donne : rouge-orangé-jaune-vert-bleu-indigo-violet.

Grille arc-en-ciel

Rouge-orangé-jaune-vert-bleu-indigo-violet
Orangé-jaune-vert-bleu-indigo-violet-rouge
Jaune-vert-bleu-indigo-violet-rouge-orangé
Vert-bleu-indigo-violet-rouge-orangé-jaune
Bleu-indigo-violet-rouge-orangé-jaune-vert
Indigo-violet-rouge-orangé-jaune-vert-bleu
Violet-rouge-orangé-jaune-vert-bleu-indigo

(Imaginez toutes les bandes connectées entre elles. Vous obtenez alors une sphère ou planète Arc-en-ciel)

Bientôt s'ajouteront cinq autres fréquences colorées : rose-turquoise-violet irisé rose-argent-or.

Vous êtes en pleine expansion. Aussi, dans ce qui se profile, les couleurs reprendront une place prédominante dans votre quotidien. La présence des Maîtres des couleurs et des Sages sera utile à cette intégration. Par ailleurs, l'élimination des sacs mémoriels entre dans la vision de la Vie universelle au sein de ce système solaire agrandi par le Sans-Nom. Une des possibilités réside dans l'agrandissement de ce système solaire.

Allez, je conclus ce chapitre par ces mots. À n'en pas douter, des questions seront de nouveau soulevées, induisant ainsi la création d'un autre chapitre… dans un futur livre !

À la relecture de ces précisions, j'ai rajouté ces lignes. Par un après-midi pluvieux, j'ai eu la joie de voir un arc-en-ciel se décliner avec les nouvelles couleurs. Je fus doublement heureuse car, à cet instant, deux autres personnes étaient présentes et en profitèrent aussi. J'ai remercié intérieurement les Maîtres Arc-en-ciel.

Une demi-heure plus tard, un autre apparut, nous laissant le temps de le détailler, de vérifier la présence des couleurs irisées annoncées. En outre, ces deux arcs-en-ciel sont nés dans le pré à côté de notre maison ! — Régine Françoise Fauze

7

Voyage sur l'Amour et ses portes

L e cœur attire les particules en mouvement en une spirale à rotation plus ou moins rapide. Je parle du cœur de toute chose, tant physique que subtile.

Ce déplacement spiralé ramène ainsi tous les germes de Vie vers l'origine.

J'aimerais vous instruire plus en profondeur sur les Lois cosmiques. Mais auparavant, je dois respecter vos réactions, celles soulevées par la transmission des mots donnés dans les livres précédents. Vous ayant déjà parlé du cœur physique, j'irai cette fois plus avant en induisant une ouverture supplémentaire à l'intérieur du monde de la conscience.

Les Lois cosmiques se déclinent selon un dégradé d'intensités. La même loi revêtira plusieurs réalités ; l'une d'elles sera dégagée afin d'accompagner la matérialisation de l'esprit dans la densité. Ainsi, la Loi cosmique respecte chaque degré d'ouverture de la conscience en mouvement sur un monde ou l'autre. La plénitude de l'intégration d'une loi oblige l'être, quand il l'a comprise, à modifier ses attitudes envers le Sans-Nom.

Dans un premier temps, une entité en incarnation ne peut honorer pleinement la loi dans son intégralité. À la fin d'un cycle, toutes les entités incarnées sont rappelées à cette nécessité. Les esprits-âmes vivant sur Vénus ou une planète plus ancrée encore dans la Lumière de Vie répondent pleinement aux Lois divines. Sur Urantia Gaïa, nous sommes en train de vous les rappeler.

En réalité, il s'agit simplement d'un écart vibratoire, d'une variation électrique de la lumière (à ne pas confondre avec l'électricité, qui demeure une autre approche de la Vie). Tout corps vivant se déplace sur un flux plus ou moins dense. Le monde physique offre trois niveaux de conscience :
— la mémoire cellulaire,
— la construction harmonique,
— l'expression de l'imagerie.

Développons le dernier point. Lorsque la mémoire cellulaire déclenche l'harmonisation physique, l'image correspondante se dessine, d'où l'appellation *émanation de l'imagerie*. Ici, ne pas confondre non plus avec l'imaginaire qui, lui, par une succession d'impressions, va induire une image et, ce faisant, entamer un processus de création qui amène rarement une harmonique divine.

Mais revenons sur la réalité du cœur et de ses lois, afin d'approfondir mes premiers enseignements.

J'avais justement commencé par ce sujet, abordant alors uniquement la partie physique. Aujourd'hui, je reprends ce thème en apportant un complément.

Voyons ce mouvement spiralé qui emporte toutes les particules infinitésimales au centre du cœur. Rappelez-vous que le petit Être intérieur étudie toutes les chimies, de manière à reconnaître le moment où il pourra grandir sans danger. À cette fin, il dispose de plusieurs sources :
— le sang, qui le renseigne sur le mélange harmonieux des flux intérieurs,

— la lymphe, contrepartie éthérée du sang, qui lui livre l'état d'équilibre des corps subtils,

— l'air, qui véhicule la pollution interne (ou l'absence de celle-ci),

— le mouvement spiralé, qui donne les informations sur l'approche de l'entité concernant la vie extérieure,

— les contractions du diaphragme, qui indiquent la tendance relationnelle avec la fraternité ou fratrie,

— et le plexus solaire, ce thermomètre précis de l'absorption de la Lumière de Vie.

Restons-en là pour l'instant. Plus tard, nous approfondirons davantage.

En l'occurrence, la chimie intérieure dépend de plusieurs données toutes regroupées dans le cœur physique, organe bien méconnu de la médecine actuelle qui ne l'aborde que de façon linéaire. Certes, la partie dense de son fonctionnement commence à être quantifiée ; pourtant, cela ne représente qu'une infime touche de sa réalité.

Naturellement, nous pouvons aisément observer deux mouvements : l'un dilatoire et l'autre, rétractif. Dans la phase rétractive, les lois de sa vie malmenée entraînent forcément une dégradation de sa plénitude. Avant d'en arriver à cet état, ses gardiens ont été déjoués (je reviendrai sur la présence de ces gardiens une autre fois).

Dans la phase dilatoire, l'expansion ainsi possible amène l'intégration des lois supérieures de l'expression. La spirale entraînant les informations sur la vie intérieure et extérieure passe par une zone très précise du cœur physique, comme dans un entonnoir.

Laissez-moi vous brosser une image, afin que vous puissiez mieux cerner ce mouvement. La partie large du bras spiralé se situe à plusieurs mètres du cœur, mais sa pointe le pénètre puis en ressort en formant de nouveau une spirale élargie plusieurs mètres plus loin. Cela permet de lire les informations ; toutefois, puisque cela ne reste qu'une lecture, les données sont rejetées en un temps ultérieur.

L'état maladif du cœur ne provient nullement de ce processus, mais bien d'une stagnation d'idées déformées par le mental, l'émotionnel, y compris de l'âme et de l'esprit. Nous pouvons parler ici de magnétisme humain.

Le cœur a plusieurs fonctions :

— naturellement, celle d'être le moteur physique de la circulation sanguine,

— d'assurer la lecture d'informations internes ou externes des chimies induites par l'émanation de la pensée,

— d'être la porte des mondes subtils,

— d'être aussi la demeure du petit Être en attente de sa réalisation dans la densité,

— et celle, peu connue, de détourner votre attention de la fonction du thymus, afin de lui garantir une paix complète jusqu'à l'émergence des émotions supérieures dont il est la centrale et le régulateur des chimies inhérentes à cet état.

Ajoutons ici que le thymus est le jumeau du cœur, mais que sa fonction est reliée uniquement aux émanations supérieures dites spirituelles.

Au moment où les chimies du corps physique deviennent harmonieuses et en syntonie avec celles des corps subtils, le cœur émet une vibration toute particulière, et le petit Être la lit. Dès cet instant, il émet un flux énergétique vers le thymus qui, lui, entreprend d'ouvrir les canaux supérieurs, livrant ainsi au corps communautaire toute la nourriture circulant dans la Lumière de Vie. Après cette mise en fonction, le petit Être continuera d'étudier vos réactions.

Cet apport complet de Lumière de Vie favorise son déploiement. Doucement, il profite de l'ensemble des canaux de circulation afin de diffuser son rayonnement et sa vie en vue de s'installer dans le corps communautaire puis de l'entraîner dans son expansion totale. La résonance magnétique concourt aussi à cette transformation entreprise.

La lymphe recueille le mouvement induit et le transporte au sein des canaux et des corps subtils. Ainsi, lors de la mise en résonance du thymus, tout le corps communautaire entreprend un grand nettoyage, et vous voilà temporairement entrés en phase déstabilisante. Vos valeurs et vos points de repère quotidiens s'effondrent. Vous pénétrez un espace où le temps ancien n'a plus cours et où le nouveau ne peut être encore. Instant délicat d'instabilité, il va sans dire, où le regard des autres sera votre *ennemi numéro un.*

Oui, ce regard cherchera à vous ramener dans l'ancienne réalité. Néanmoins, dans cette période de mouvance et de renouveau, le pâle éclat de la Lumière de Vie éblouit déjà votre entourage.

Sans oublier que par votre présence, vous induisez une instruction (sous forme éthérée) vis-à-vis de vos frères et sœurs relative à la transformation de l'état préhumain pour devenir enfin humains, en route vers l'identité universelle. Nous ne parlons pas encore du couronnement, qui représente une autre étape.

Certains d'entre vous entrent dans la phase où le thymus s'active, d'où leurs difficultés à demeurer en harmonie avec le reste de l'humanité. J'aimerais leur dire ceci : Si vous vous sentez concernés par cette étape de transformation, alors, surtout, ne cherchez pas à plaire. Attachez-vous simplement à *être.* Votre entourage sera forcément dérangé par votre nouvelle chimie et, pour cette raison, induira des réactions en vue de vous réattirer vers l'état inférieur dans lequel il se trouve et que vous quittez.

Sachez simplement que cela est normal à ce stade de la transformation. Si vous *êtes* à chaque instant, vous traverserez sans trop d'encombre cette phase qui constitue un test de volonté, d'ancrage dans un état de conscience supérieur à celui de l'humanité à laquelle vous êtes rattachés. Le regard-sentiment-pensée déclenchera des prises de conscience et de position durant cette période d'instabilité intérieure. Ne négligez surtout pas ces instants privilégiés qui vous offrent l'action pénétrante du thymus, agent de coordination entre toutes les glandes délicates : les glandes thyroïde, parathyroïde, pinéale, pituitaire (ou l'hypophyse), et le pancréas.

Quitte à créer des réactions, je vous instruis sur des fonctions subtiles pouvant se rattacher à celles des glandes corporelles situées au niveau du troisième œil et de l'oreille interne. Ces dernières sont également dépendantes du thymus, maestro de cette symphonie intérieure. La partition deviendra une note, la vôtre, sur laquelle vous prendrez votre envol pour vous ancrer dans la personnalité divinisée.

Oui, je vous offre une vue plus complète des relations chimiques du corps physique, déclencheur de l'harmonisation du corps communautaire. Cela vous paraît-il de trop ? Ou pas si utile ? Pourquoi donc tant d'informations ?

Tout simplement, vous avez appelé la Lumière de Vie, réclamant votre retour à l'état divin. Et voici les études correspondantes à cette volonté. Nous, Êtres ancrés dans la Lumière de Vie, n'ouvrons aucun chapitre sans une demande précise provenant de votre humanité, et cette demande, vous l'avez adressée ! Maintenant, à vous d'avoir le courage d'examiner cette création.

Aussi, au vu des réactions du genre *« c'est trop, je ne comprends pas »* et d'autres encore, je vous rappelle encore ceci : Avant de présenter une requête à la Vie, faites le tour des possibles qui en découleront. Aujourd'hui, des flux d'études vous sont proposés et descendent vers vous. Certains d'entre vous qui appartiennent au groupe dit *spirituel* trouvent ces semences difficiles à intégrer. Toutefois, un autre groupe, qui n'est pas de ce monde *spirituel,* se penche sur cette nouvelle nourriture et s'en réjouit.

Prenez l'information qui vous plaît en toute connaissance de cause et arrêtez-vous là où vous ne souhaitez pas aller. Cela permettra à chacun de suivre son rythme. Ainsi, encore une fois, nous enregistrerons des mouvements maintes et maintes fois répétés, à savoir que les premiers à parvenir dans l'identité divine ne seront pas forcément ceux et celles qui se donnent des titres et les prérogatives de se mouvoir dans le groupe *spirituel.*

Je n'œuvre pas pour un courant de pensée, mais bien pour l'humanité urantienne et universelle dans sa totalité, une humanité en mouvement dans cet univers local, sa référence. Un jour prochain, nous vous demanderons de la nommer.

En somme, l'étude des fonctions du cœur et du thymus permet de retracer la bonne porte d'accès à votre ascension. Mais auparavant, l'ancrage dans la Lumière de Vie et l'installation de sa personnalité supérieure sont nécessaires.

Je profite de cet ouvrage pour préciser un point : Les écrits *SORIA* représentent des manuels d'études universelles qui profiteront à cette humanité et, plus tard, à des étudiants venus visiter Urantia Gaïa. Rappelez-vous ! J'ai déjà souligné ce fait, puisque des élèves en provenance d'autres sphères viendront ici. Nous commençons donc ce dépôt.

Actuellement, ma voix offre un enseignement qui permet de rattraper le retard accumulé dans la compréhension des Lois divines. En leur temps, ces enseignements prendront un autre visage, de manière à offrir les terrains d'études donnant accès aux champs vierges.

Si vous vous révélez des étudiants studieux, vous éprouverez une grande satisfaction à vous asseoir aux côtés de ces visiteurs d'ailleurs et à leur démontrer votre faculté d'intégrer la connaissance universelle de base. La Vie cosmique revient vous rencontrer au plus profond de votre être, et ces études présentes sont le signe de ce retour. Alors, que le cœur universel vive pleinement à nouveau dans votre cœur physique !

Reprenons la vie multiple et importante de cet organe. Pourquoi se met-il à battre au vingt et unième jour de la procréation, soit après trois cycles de sept jours ? Le premier cycle correspond à l'impact de création sur la matrice, aux impulsions de lumière et au dépôt du modèle de Vie. Le deuxième appelle plus profondément les devas de la Nature et les forces cosmiques à descendre dans le plan de l'esprit humain. Quant au troisième, il favorise la pénétration des deux premiers cycles afin de créer le mouvement physique. Le Divin scelle alors la cellule sans air, et le cœur se met à battre.

Bien sûr, je résume en quelques mots seulement ce long processus de création qui a débuté bien avant l'étape physique.

Le cœur bat donc dès que le petit Être se love à l'intérieur de la cellule, le vingt et unième jour suivant la procréation physique. Aussitôt, ce dernier invite l'âme à pénétrer la cellule de Vie (le corps en cours de modulation). Ce vingt et unième jour proclame la vie dans la matière !

Puis, la personnalité investit peu à peu l'enveloppe corporelle, et c'est à partir de ce moment que les stigmates du passé peuvent avoir des répercussions sur le moule (corps physique).

Dès l'installation du petit Être, votre corps devient le temple divin, à l'instar du tabernacle dans vos temples religieux. Observez cette similitude. Dans la religion chrétienne, au cours de la messe le prêtre sort le calice du tabernacle avec précaution et *boit le sang du Christ* (heureusement, le vin se prête à ce rituel!). En fait, vous qui appartenez à cette religion ne connaissez pas la signification profonde de cet acte transmis par Jésus-Christ.

En réalité, les *médiums* conduisant le mouvement de renaissance de la pensée universelle expliquaient qu'ils portaient les lèvres à la Source divine. Oui, les premiers prêtres étaient bien des médiums! Aujourd'hui, vous employez le mot *channel*.

Médium, channel, médian des sphères d'information, tous ces termes traduisent le même état d'ouverture de service. Nous, nous préférons *médian des sphères d'information.*

Revenons à notre sujet.

Ainsi s'ébauche une vie humaine, avec un acte de haute science universelle. Pourquoi disons-nous *cellule sans air*? La première approche est simple puisqu'il n'y a pas d'air dans cette cellule. Le petit Être n'en a pas besoin; il est relié à la Lumière de Vie et cela lui suffit. Normal, non? Les quatre éléments — l'Air, l'Eau, le Feu, la Terre — n'interviennent pas dans sa vie.

Ces quatre éléments sont les outils à son service, non à l'origine de sa création. Pourtant, ces quatre *forces outils* lui servent à induire des chimies dans l'enveloppe humaine en cours de divinisation.

Le Feu communiquera au thymus l'induction du changement de polarité dans les glandes physiques et subtiles du corps communautaire.

La Terre fournira de nouvelles particules, de façon à reconstruire la matrice parfaite de la cellule.

L'Air nourrira les flux de sa contrepartie subtile (eh oui, vous pouvez analyser l'air; toutefois, lui aussi vit avec plusieurs dimensions!).

L'Eau transformera sa chimie de manière à accueillir la nouvelle biologie.

Vos scientifiques connaissent la première approche du corps humain, donc de l'Air, de la Terre, de l'Eau et du Feu. Pour l'instant, les six autres réalités de chacun de ces quatre éléments leur sont encore interdites à l'étude, leur moralité n'étant pas assez ancrée dans le service malgré l'émergence en cours. Tant que l'élite de cette corporation ne s'alignera pas sur les hautes notions du Service à la Vie, nous n'ouvrirons pas ces niveaux d'information.

Le petit Être attend donc l'harmonisation de la première approche de la densité. Une fois votre esprit parvenu à ce stade, il l'enregistre et impulse une étincelle vers le thymus qui, dès lors, entreprend une régulation des flux et la mise en fonction des glandes principales (pinéale, thyroïde, pituitaire ou l'hypophyse, etc.). L'âme-esprit pourra ainsi œuvrer à l'équilibre de la balance cosmique (les énergies féminine et masculine) et se consacrer à l'étude de la maîtrise de la création. Le Verbe sera un terrain privilégié, et bien des surprises sont tenues pour l'instant en réserve.

Mais pour cela, une série de tests sera effectuée sur le couple âme-esprit, du type : acceptation de l'autorité universelle sans condition, évaluation de l'état de conscience intègre envers les lois supérieures, maîtrise de ses sentiments de premier ordre (préhumains), acceptation de sa nouvelle autorité, de sa place au sein du cercle de compréhension prédivine.

Ces éléments recueillis, les portes de l'intégration du deuxième niveau de la personnalité s'ouvrent, et s'amorce alors cette approche sous la direction du petit Être.

Comprenez-vous pourquoi le cœur ne devrait pas être touché ? Et pourquoi, le cas échéant, cela entraîne des séquelles sur vos réalités à venir ? Il est maintenant nécessaire de prendre conscience de la Vie cosmique à l'intérieur de vous !

Le passage dans ce deuxième niveau de vie et la compréhension des fonctions du cœur vous conduiront au troisième niveau, soit à l'annulation des formes négatives de pouvoir des quatre éléments primordiaux (le poison, par exemple, n'aura plus de pouvoir destructif sur votre corps).

Quant au quatrième niveau de vie, il restitue la pénétration de l'Esprit sur la matière. Le cinquième, pour sa part, permet le retour de tous les pouvoirs suprahumains. Et le sixième ramène la dévotion cosmique du service.

Enfin, le septième verra le petit Être sortir de sa cellule sans air, grandir, prendre possession du corps communautaire et devenir UN avec lui, puis le corps physique disparaîtra à l'intérieur des cellules du petit Être et vous émanerez la beauté réalisée de celui-ci. Vous serez le petit Être, mais votre taille sera d'à peu près cinq mètres! Néanmoins, tout part du cœur!

Afin d'approfondir l'importance de cet organe, nous allons également visiter le thème de l'amour physique. Actuellement, le sentiment d'amour et l'acte qui l'accompagne sont entrés dans un état de conscience vulgarisant et dénaturant sa magie.

L'amour et l'acte physique dit sexuel demeurent la pierre d'achoppement de votre humanité car, présentement, vous en avez fait un acte de possession et non de partage. C'est aussi une des raisons de votre maintien dans des fréquences d'énergies basses.

Visitons ce concept sans le pénétrer totalement, de manière à ne pas vous effrayer!

L'acte physique sexuel offre un partage d'énergie et une création. Le phallus pénètre la vulve. Le contact ainsi établi, les muqueuses masculines et féminines génèrent une chimie commune. Des particules subtiles et physiques se dégagent par le toucher charnel du phallus et de la vulve.

C'est là le premier temps fort de l'acte sexuel compris et partagé et, à ce stade, la personnalité des deux partenaires s'ouvre à un échange d'informations ayant trait autant au passé de chacun d'eux qu'au présent.

Il y a danger quand l'acte sexuel devient ce que vous qualifiez de *tourisme sexuel*, car cet acte prend alors la forme d'une haute possession.

Il est intéressant ici de souligner qu'au cours de cet acte, un esprit *malin* peut ancrer ses énergies en un partenaire, devenir un vampire énergétique et le maître sur les plans subtils.

Deuxième temps fort de l'acte sexuel : le mouvement du phallus dans le corps. Le va-et-vient favorise l'expulsion d'un liquide chargé qui ouvre les barrières de protection de la femme. Quand celle-ci se trouve contrainte, ses portes sont violées, abaissées d'office, et il n'y a plus de partage à ce moment-là.

Dans l'étreinte consentie et partagée, la femme transmet à l'homme une somme de lumière reçue lors du frottement entre le phallus et la vulve. Au cours de l'acte, elle reste le canal où les énergies cosmiques adombrent l'homme de façon à équilibrer le don d'amour envers la Vie.

Au-delà du jeu physique se cache un partage cosmique de haute nourriture d'amour pour tous les règnes : minéral, végétal, animal, humain, suprahumain, angélique, devique et cosmique.

Troisième temps fort : le dépôt du sperme. Oui, bien sûr, l'émergence d'une nouvelle vie humaine peut découler de cet instant. Mais pourquoi y a-t-il autant de spermatozoïdes sacrifiés pour un seul ayant le droit d'accomplir l'acte de création ? En réalité, le très court temps de vie des *sacrifiés* génère une fertilisation des deux personnalités, les spermatozoïdes portant en eux une somme précise d'informations traversant les muqueuses.

Quand l'un des deux partenaires n'est pas mû par l'amour pour effectuer cet acte suprême, il ne reçoit pas la totalité de ces informations et l'autre partenaire les prend. C'est la raison pour laquelle je vous invite à avoir une sexualité consciente et habitée par l'amour.

Il n'y a pas de *séparativité* entre l'ouverture du cœur, du thymus, la pensée, le regard, les sentiments maîtrisés et l'acte sexuel qui, lui, apporte un surcroît d'énergie cosmique en vue de cette maîtrise. On ne possède pas le cœur ni le corps d'un être. La sexualité est un acte suprême ; malgré tout, cela peut mener à un acte de possession envers un être. Au cours de ces instants de partage, votre personnalité s'ouvre afin de recevoir et d'effectuer un don de soi.

En effet, vous envoyez alors des miniflux de votre énergie et, ainsi, transmettez une partie de vous-même à l'autre partenaire. Gardez donc en mémoire que des liens subtils se tissent et vous suivent de vie en vie, jusqu'au moment où vous devez volontairement couper ces liens, surtout s'ils vous entraînent dans une spirale involutive.

Au vu de l'attitude de vos jeunes gens, conduits à pratiquer cet acte juste pour l'acte et non pour l'échange des sentiments, le don de soi dans l'amour, il devient évident que nous devrons les accompagner dans la reconquête de leur corps et de leur personnalité. De grandes peines sont déjà enregistrées dans le corps communautaire. L'apprentissage de la responsabilité envers leur corps s'effectue dans une souffrance morale et sentimentale. Vos jeunes sont bafoués. Les baumes descendent en vue de favoriser la cicatrisation du corps émotionnel.

Venons également à la conscience de la relation entre l'acte d'amour, le cœur et le thymus. Pendant l'acte, les sensations tactiles intimes dégagent une chimie qui remonte jusqu'au cœur. Celui-ci l'analyse et recueille les informations données par la masse spermatozoïdale.

Le petit Être reconnaîtra la nature spécifique de cet apport à la personnalité et ouvrira les canaux correspondants. Si l'apport est totalement assimilable, il y aura élévation vibratoire, donc l'émission d'une chimie vers le thymus et l'harmonisation des glandes suprêmes. S'il est détérioré par l'origine de l'acte, le petit Être décidera de garder fermés les canaux ou, encore, induira une autre chimie de fermeture plus profonde des glandes suprêmes mais aussi de la personnalité en cours d'éveil.

Somme toute, l'acte d'amour dit sexuel vous entraîne vers l'élévation ou, au contraire, vers une descente de vibration du corps/âme/esprit.

En réalité, nous n'aimons pas du tout votre appellation *acte sexuel,* car cela souligne bien le fait de votre immersion dans une descente et non dans une élévation. Si, par exemple, vous utilisiez l'appellation *acte d'amou*r, votre conscience serait alors interpellée par cette vibration et, tout doucement, vous entreriez à nouveau dans une spirale d'épanouissement entre le corps physique pénétrant une extase cellulaire, l'âme se réjouissant du plaisir ressenti par le corps, et l'esprit s'élevant avec, dans son sillon, ses deux autres partenaires (le corps physique et l'âme).

Si la femme et l'homme vivaient pleinement cet amour suprême, le couple participerait alors à une ronde fusionnelle et des fontaines de lumières colorées émaneraient de leurs chakras, adombrant alors l'Éther. Voilà où nous espérons vous voir arriver dans cet amour de pure création dénué de destruction.

Je dois malheureusement ajouter que la majorité de cette humanité vit ces instants de manière mécanique et ne profite nullement de la régénération possible pendant l'acte créatif.

En lisant ces lignes, n'entrez pas dans une spirale d'autoculpabilisation ! Vous avez trop souvent visité cette spire. Reprenez plutôt conscience des inter-réactions entre le cœur, le thymus et votre intimité amoureuse.

D'ailleurs, comme il est étrange de trouver l'appareillage sexuel au premier chakra, dit *sacré,* et de savoir que les effets sexuels ouvrent les glandes suprêmes placées, quant à elles, aux chakras supérieurs! Quelle relation! Avez-vous songé que l'énergie sexuelle dégagée ouvre ou ferme tous les chakras? Qu'elle apaise la personnalité et agit ainsi sur chaque particule cellulaire? Même le thymus est sollicité par cette chimie!

Je vous le rappelle, vous devez maîtriser vos fonctions, vos chimies internes. Alors seulement, vous entrerez en fusion avec le petit Être intérieur.

Dans ce chapitre, il m'était impossible de passer à côté de l'importance engendrée par l'acte d'amour.

Je vous invite à reprendre votre intégrité cosmique en reprenant conscience de ce que vous engendrez.

Vous êtes des créateurs venus expérimenter le pouvoir de création en profondeur. Aussi, je me devais de vous rendre la relativité du module sacré : l'appareil sexuel avec les glandes génitales, le cœur, le thymus et les glandes suprêmes et sacrées.

Bon voyage dans cette énergie de revitalisation et de création!

8

Le visage de la nouvelle expansion

L'enfant intérieur repose dans la structure cristalline ; il prend forme avec la naissance de la personnalité. La mémoire, ou sac mémoriel, s'inscrit également dans cette structure cristalline. Partant, il devient aisé de comprendre que l'organe de pensée agit comme acteur, comme agitateur de la mémoire et de la forme géométrique intérieure.

Cette réalité, ainsi que le besoin actuel de transformation majeure et d'alignement sur les formes universelles, amène la visite d'enseignements visant au retour de la connaissance de la vie *Cristal* interne.

On vous parle de maîtrise, cela reste juste ; mais à quoi correspond-elle ? Au retour de la responsabilité des fréquences émises donnant à la structure cristalline un effet oscillant.

Vous vous référez au mot vibration sans vraiment en connaître le sens. L'état vibratoire sous-entend justement l'oscillation rapide ou non du squelette *Cristal*. C'est là une nouvelle approche de votre état divin. En vérité, je vous offre une image en vue de faciliter l'intégration de cette notion qu'est *la structure cristalline*. Quand j'emploie cette dernière expression, vous pensez ne pas cerner la matière cristalline en vous ; en usant du terme *squelette*, vous y apposez une image précise.

En associant les mots *squelette* et *cristallin,* je vous permets de mieux appréhender cette leçon.

Votre squelette osseux demeure votre bibliothèque vivante, celle où sont stockées toutes les informations relatives à votre trajectoire. Et vous voici maintenant propulsés vers une forme plus subtile de l'être. Certes, le squelette cristallin n'épouse pas la forme de son frère osseux ; pourtant, ces deux expressions ont un impact identique.

À l'intérieur de la forme cristalline, nous retrouvons des articulations souples assurant le mouvement et le déplacement. Chacun de ces points représente un carrefour important. Toutefois, la trajectoire des lignes ne correspond pas à celle des méridiens. Dans l'avenir, certains d'entre vous s'incarneront en ayant une connaissance parfaite de leur emplacement et des soins appropriés.

En ce jour, malgré le retour de cette conscience, vous n'êtes pas encore préparés à agir sur la structure cristalline. Nous ne faisons donc qu'ouvrir une porte. Pourquoi maintenant, si vous ne pouvez agir dessus ? Cela se déroule toujours ainsi, surtout dans la période d'accompagnement d'une transformation majeure d'une humanité. En ce moment, je dirige ce faisceau de connaissance nouvelle sur Urantia Gaïa. Nous descendons cette connaissance dans votre plan d'évolution, de manière à ancrer ces notions et à favoriser la venue des *Médecins Cristal* ou cristallins.

En effet, dans cet instant si particulier, de nombreuses portes majeures s'ouvriront afin d'accueillir dans un deuxième temps le réservoir d'énergie relié à ces réalités. Nous préparons ainsi graduellement les bases des futures écoles sur votre planète.

L'identité et la réalité cristallines voyageront au bon moment vers les champs vierges d'expression. Prochainement (bien que cela ne vous fournisse aucune échelle de référence), les écoles d'enseignement relatives à la naissance des cercles d'identité cristalline s'installeront sur les planètes relais (une par Super-Univers, donc sept écoles). Ces planètes recevront également les écoles en relation avec les cercles solaires. En ce moment même, nous lançons les racines de ces études.

Doucement, les énergies solaires et cristallines vous visitent. Certains d'entre vous sont déjà en syntonie avec elles. Quelques membres de votre humanité viennent nous voir, car ils se proposent d'incarner ces enseignements. Nous les préparons donc en dirigeant vers eux des tests, des épreuves spécifiques pour que leur véhicule physique puisse incarner ces informations.

Un autre groupe nous transmet son souhait de devenir, dans le futur, une équipe de médecins respectueux des Lois cosmiques. Là aussi, nous œuvrons dès à présent pour cette réalisation. Quant à nos maîtres d'information à venir, certains vivent actuellement parmi vous.

Revenons à la structure cristalline. Jusqu'à présent, nous avons canalisé vos visions intérieures sur la trajectoire des méridiens avec les points d'acupuncture. Le corps médical «officiel» tente l'approche de la réalité de la vie de la lymphe. Il ne renie pas cette vie, mais ne l'explique pas. Il a cartographié les trajets sanguins, nerveux et osseux. Toutefois, il a tendance à rejeter la chimie subtile du corps puisqu'elle est non quantifiable.

La connaissance acquise par le monde dit *spirituel* représente une véritable épine pour le monde *non spirituel*. Cet aiguillon l'oblige à démontrer que cela ne peut être. Pourtant, au bout des recherches, force lui sera de reconnaître le bien-fondé de cette connaissance acquise d'une manière non scientifique. En vérité, le corps spirituel amène le corps médical officiel à la nécessité de quantifier, de donner des images à la connaissance subtile.

Le monde spirituel *est le corps médical subtil ! Le corps* médical *est un corps dense donnant racine à la vérité subtile !*

Seul, le corps médical a la méconnaissance de son rôle dans cette humanité. Le monde d'en haut attend de vous l'acceptation des lois subtiles sur la matière qui, ne l'oubliez pas, sont inscrites en vous !

D'ère en ère, vous avez défini les Lois universelles comme étant des lois biologiques. Les premières lois fondamentales de la vie biologique sont en correspondance avec les lois terrestres. Vous voici parvenus justement au moment où vous allez pouvoir établir une cartographie primaire de la vie terrestre.

Une fois cela fait, il vous faudra approcher la loi de résonance entre la vie biologique et la vie subtile. Les portes des réalités des Lois cosmiques en relation avec la vie cristalline s'ouvriront ensuite. Dans la succession des naissances des Cercles de Vie à venir, notons que les cercles solaires viendront avant les cercles d'identité cristalline. Étrange, pourquoi les terrains d'étude ne correspondent-ils pas à la progression des cercles ?

Il nous faut revenir au destin de ce premier Cercle atomique de Vie. Celui-ci est appelé à devenir UN après le dépôt des barrières d'énergie entre les sept Super-Univers, barrières les maintenant dans une expression différenciée. Tous les germes d'expression sont expérimentés au sein de ce premier Cercle atomique de Vie. La Vie va donc épouser l'union de la différence lors de cette réunion cosmique.

Ainsi, des germes de Vie seront retenus afin d'être approfondis dans l'un ou l'autre des futurs cercles. Notre cercle initial (le premier) sera la référence suprême, la résidence des Êtres couronnés.

Les esprits créés désirant demeurer dans le moteur de l'ouverture seront dirigés vers ces nouveaux champs d'expérience.

Ainsi, les sept planètes relais se posent-elles comme planètes écoles des identités solaire et cristalline.

« Comment cela, Soria ? Ces identités ne sont-elles pas étudiées ailleurs ? » Je précise simplement que les écoles relatives à ces identités se déplacent sur le sol des planètes relais. Chacune d'elles créera elle-même des planètes satellites où les spécificités reliées à l'une ou l'autre de ces études pourront être approfondies. En osmose avec ce devenir, un groupe de votre humanité se prépare à être les gardiens, les gardes des portes d'accès de cette planète de référence et de ces satellites.

Le mot *garde*s ne se rattache pas à l'image généralement développée dans votre pensée. Seule la référence énergétique est ici évoquée. En effet, une fréquence vibratoire régnera en fonction du lieu. Les élèves en potentiel se préparant à l'un de ces lieux écoles devront hisser leur taux vibratoire afin d'être en concordance avec lui. Les inter-réactions solaires et cristallines seront exigeantes !

Votre personnalité se transformera radicalement en vue de s'aligner sur la modification de l'étoile solaire et de la structure cristalline universelle. Le plan universel s'aligne sur le plan cosmique qui, lui, se rapproche du plan du Sans-Nom.

Les chemins d'expérience mutent forcément. Les trajectoires et les jeux anciens meurent, car ils ne reçoivent plus d'énergie. Dans cette période si particulière, les réservoirs d'énergie sont renversés de manière à nettoyer la matrice de l'Éther, où reposent toutes les planètes, tout corps vivant.

Il s'avère intéressant d'aborder également l'Éther.

Cette matière impalpable, mais bien réelle, est le sang du Sans-Nom, son corps d'amour, et vous pouvez vous en nourrir en permanence. Voilà vraiment un sujet d'étude fort intéressant.

En employant le mot *sang,* votre esprit se focalise sur un liquide rouge. En temps voulu, vous étudierez pourtant que le sang revêt différents aspects, selon le corps évoqué. Le sang de la Terre est votre pétrole ; en utilisant ce liquide fossile, vous videz la planète de son sang. Le *sang du Christ,* par exemple, ne fait pas du tout référence au sang humain, car il est l'Amour vivant dans son cœur.

Le Sans-Nom, quant à lui, use d'un aspect extrêmement fluidique et subtil : l'Éther. En mettant en mouvement l'Air autour de votre planète, vous appelez ce sang éthéré à vous visiter et à vous nettoyer. Cela serait encore mieux si, à ce moment-là, vous pensiez à vous nourrir de cette sève nourricière et consolatrice.

L'élément sang ne prend la forme que vous connaissez que dans la réalité dense où évoluent les vies primaires. Désolée de vous ranger dans cette catégorie. En vérité, j'énonce une simple réalité universelle dépourvue de toute connotation négative.

Ainsi, les écoles relatives au langage solaire et cristallin arrivent sur votre planète. D'ailleurs, la planification des études est déjà effectuée.

Naturellement, attendez-vous à un remue-ménage interne sans mièvrerie. En tout premier lieu, nous aborderons la structure cristalline, sceau de la réalisation. Votre corps lumineux ressemble à un enchevêtrement géométrique. D'ailleurs, la Vie universelle se décline sur la structure géométrique. Aussi, rien d'exceptionnel dans cette approche. Pourtant, vous avez fait fi de cette connaissance.

De ce fait, nous voici dans la nécessité de créer une voie d'apprentissage sur un sujet étudié depuis l'aube des temps. Entendez cette phrase, je parle bien de *l'aube des temps,* une séquence où le temps n'existait pas encore, juste avant votre pénétration dans le moule du temps, un moule anesthésiant en totalité la somme de connaissances des cellules de Vie en vue de garantir sa propre forme d'existence. En réalité, le temps vous *moule* afin de conserver son mode de vie et son fonctionnement, ce qui sous-entend qu'il peut être à son tour annihilé.

Comment l'annihiler? Il vous faut d'abord vous réapproprier votre structure cristalline et la mettre en résonance. Puis, à partir de votre volonté, et en syntonie avec vos guides et vos anges, vous devez revisiter vos cellules cristallines. Rien de plus simple en vérité. Rassurez-vous, je ne vous donnerai jamais d'exemples ni d'exercices compliqués à faire.

Au cours de vos méditations, il vous est possible de demander à voir votre structure cristalline, puis de lui envoyer de la lumière, même si vous ne *connaissez* plus sa forme. Cela se fera tout seul. Prenez du plaisir dans cette reconnexion. Vos corps subtils vous en seront reconnaissants. Ils ploient sous votre tristesse, sous votre attitude trop sérieuse. Ils appellent un peu de légèreté dans les processus à venir. Car, n'en doutez pas, une fois les miasmes mentaux et affectifs les plus sclérosants déposés, vous retrouverez la joie d'*être*.

En outre, le retour de la connaissance de la vie cristalline et solaire vous redonnera le plaisir de vivre.

Je sais, aborder le plaisir de vivre dans ce temps où vous plongez dans la survie peu paraître déplacé. Malgré les difficultés apparentes, réelles, le moment viendra où vous rejetterez l'état de survie et réclamerez de toutes vos cellules la pleine Vie. Nous attendons ce moment-là dans la joie de vous revoir libres dans votre identité divine.

Ainsi, les chemins nouveaux traiteront des différentes structures internes vivant dans l'un ou l'autre de vos corps physique ou subtil. Par conséquent, nous vous emmenons doucement, mais radicalement, vers la maîtrise de la bioélectrothermie du corps communautaire.

Avant de vous lancer dans les créations universelles, vous contrôlerez les fonctions organiques physiques et subtiles. La mémoire revient en vue de restituer la connaissance cellulaire, mémoire de chaque structure constituant la vie du corps communautaire.

Ainsi, dans votre incontournable programme d'étude ou, si vous préférez, ces matières obligatoires que les Maîtres d'information ont prévues, s'inscrivent les sujets suivants : la constitution du corps cristallin, les inter-réactions solaires, l'approche de la matière atomique contenue dans les plus petites parties cellulaires, l'action des nouveaux rayons de l'Arc-en-ciel sur chacun des sujets énoncés et leur action commune, l'expansion du savoir universel, l'approche de la vie dans les six autres Super-Univers (enfin !), la composition précise des familles composant la hiérarchie de l'autorité et de la sagesse universelle, le mouvement dans les champs vierges, et d'autres sujets encore que nous vous révélerons en temps voulu.

La chimie du corps communautaire est toujours une harmonie délicate. L'étudiant de l'état humain a la compréhension de cette réalité par étapes uniquement. Aujourd'hui, nous portons à votre connaissance la présence de la structure cristalline. Nous vous rappelons la vie du Cristal dans chaque chakra. Ce cristal se teinte selon l'esprit et le but d'influence sur une zone précise et bien délimitée du corps.

Ce cristal, de constitution subtile dans le corps physique, n'en reste pas moins le témoin de votre santé spirituelle. Là aussi, nous vous restituons la connaissance de cet état de santé jamais pris en compte lors de vos bilans corporels. Une défaillance dans se système entraîne forcément une défaillance organique. Vous approchez de cette vérité par l'acupuncture, la chromothérapie et, nécessairement, vous devrez rapidement ajouter l'ouverture de l'esprit et son intégration des lois biophysiques. Ce sont là de belles ouvertures proposées à votre humanité.

Pour l'instant, j'aimerais emmener votre conscience sur la superposition de toutes les structures corporelles. Vous connaissez tous le squelette osseux, et certains d'entre vous sont instruits du trajet des méridiens, des nerfs, des vaisseaux sanguins.

À cela, vous devez désormais ajouter la structure cristalline, la lymphe découlant de la vie des cristaux liquides et la géométrie sacrée du corps communautaire. La structure cristalline se retrouve dans tous les corps permettant la constitution de la géométrie sacrée des corps, celle-ci représentant l'émission des faisceaux lumineux de vos cristaux. Ces rayons de lumière se croisent en des points précis et forment la base de la Merkaba. Je dis bien la base, car la Merkaba divine s'ancre dans la réalisation de l'allumage complet de votre géométrie sacrée.

Oui, nous employons le mot *sacré* pour l'illumination de ces formes (avec de la hauteur, vous pourrez y constater en temps voulu la présence d'une multitude de triangles de lumière). Comprenez que vous êtes parvenus à l'instant de l'ouverture de conscience relative à une construction géométrique intérieure, et non à la pleine réalisation de cette construction.

Attardons-nous quelque peu sur le mot *réalisation*. Souvent, il est question d'*Êtres réalisés* ; là, nous faisons allusion à la plénitude de leur géométrie dans le corps communautaire. Cependant, si ces Êtres ont bien illuminé leur corps, c'est qu'ils ont également maîtrisé les *inter-réactions* de chaque structure par la pensée.

Nous avons déjà abordé la présence des cristaux liquides à l'intérieur des fluides de votre corps. Il serait bon aujourd'hui d'aller plus loin. Individuellement, les cristaux liquides émettent une forme géométrique qui s'appuie sur celles du triangle, du cercle et du carré. De ceux-ci découlent le visage de chacun. Or, votre personnalité repose justement sur une géométrie précise.

Ainsi, avec la venue d'une pensée, vous animez la vie cristalline en vous. La pensée est déclenchée par un regard, soit une rencontre extérieure à vous. La vie externe vous pénètre donc par l'émission d'une pensée! Tant que cette émission reste naturelle, vous ne traversez aucune difficulté majeure. Toutefois, dès qu'une pensée extérieure est provoquée par une volonté de vous placer en situation de danger, nous, de notre côté du voile, rangeons cette pensée dans les actes de viol allant à l'encontre de la personnalité.

De ce fait, en examinant succinctement votre vie actuelle, nous constatons que votre personnalité est en permanence violée par votre société.

Une pensée extérieure à vous pénètre votre intimité. Celle-ci repose tout pareillement sur une structure géométrique qui vient s'appuyer sur une forme semblable à l'intérieur de vous. Si cette structure en vous est déjà bien stable et prête à s'allumer, vous n'éprouverez aucun désagrément. Dans le cas contraire, cela induira une période de trouble.

La pensée visiteuse devient un virus organisant une stratégie de déstructuration en vous. Dès lors, vous devenez *parasités*! Les virus informatiques illustrent parfaitement mes propos et offrent tout le loisir de mieux cerner ce qui se passe dans le corps quand il y a présence d'une pensée virus en vous.

Doucement, nous élargissons la connaissance de la vie des pensées. Tôt ou tard, vous retirerez malgré tout un bénéfice par la pensée visiteuse. Entre-temps, c'est toute une histoire. Certaines pensées posées sur une base mal expérimentée peuvent entraîner la mort du corps physique par voie de conséquence.

Or, voici que votre société de consommation a démultiplié par plus de dix mille les pensées virus, grande cause actuelle de vos faiblesses corporelles. Quand nous émettons une fréquence lumineuse plus forte, vos troubles physiques s'accentuent. Force nous est de constater que si nous espérons et souhaitons voir l'ensemble de cette humanité entrer dans la quatrième dimension, nous sommes dans l'obligation de suivre attentivement vos méandres intérieurs, de ralentir parfois la progression des ouvertures prévues, et ce, de manière à vous offrir des instants pour intégrer les nouvelles données et du repos pour ce bon vieux corps humain tant sollicité.

Votre structure cristalline, en partie composée de cristaux liquides, est sans cesse en mouvement. En effet, ceux-ci s'assemblent ou se séparent afin de répondre aux sollicitations mentales et affectives. En cette période, ce sont bien les corps mental et émotionnel qui sont en cours de réalisation, du moins tentent-ils cette approche.

Les cristaux s'articulent entre eux de façon à réharmoniser la vie interne au fur et à mesure des fluctuations. Ceci est une grande vérité ; toutefois, des cristaux fixes garantissent la structure cristalline. Ils prennent place dans les chakras principaux, au-dessus des organes physiques et subtils, sur quelques points de croisement des méridiens, et sur les glandes subtiles. Vous avez là, dressée rapidement, une cartographie de cette ossature cristalline formant toutes les dimensions de votre être.

Ainsi, dans le corps communautaire, les fluides ayant aussi leur contrepartie éthérée voyagent de porte en porte, dans les cristaux fixes. Une pensée passe aisément d'un corps à l'autre par ces points stratégiques.

Afin de comprendre la vie multiple de votre corps communautaire, vous devez maintenant vous réapproprier la réalité de la superposition des structures en vous. Votre élévation passera obligatoirement par une introspection sérieuse de votre vie intime.

Le changement inscrit dans la grille magnétique planétaire pousse votre structure cristalline à reprendre son tracé originel. La loi biologique demeure immuable, et le retour à votre pureté première donne lieu à des éliminations parfois contraignantes, car elles sortent souvent de la profondeur de la mémoire ancestrale. Nous avons conscience de ces états lourds, douloureux et incompréhensibles au premier abord.

Mes enfants, vos cellules travaillent à la restauration de ce magnifique édifice : votre corps dans sa globalité. Pouvez-vous entrevoir la splendide machine humaine dans laquelle vous résidez ? À l'intérieur existent un peu plus de 150 000 portes ou croisements de dérivation de l'énergie.

La superposition des circuits engendre une friction entre les plus petites parties atomiques du corps et détermine le taux de la bioélectrothermie. La friction atomique dans la cellule dégage une chaleur ; quand vous dites « avoir de la température », c'est là l'origine.

L'oscillation naturelle des atomes engendre une thermie de 37 degrés. En période de trouble, cette oscillation s'accélère, d'où une montée de température. En ce moment, la lumière visiteuse d'Urantia Gaïa provoque un déplacement rapide à l'intérieur des atomes, favorisant par ce mouvement centrifuge une expulsion de la mémoire ancestrale. Tout est calculé, le rythme donné déterminant une réaction. Avec la progression programmée dans l'intensité de la nouvelle lumière, nous agirons sur certaines fréquences et répondrons ainsi à vos demandes de libération des différentes mémoires cellulaires.

En connaissant cette réalité, il devient aisé d'intervenir sur la régulation de la bioélectrothermie du corps communautaire. La pensée créatrice agira comme régulatrice des processus en cours, d'où l'intérêt certain de connaître la constitution du corps et de ses chimies. Pour agir, il faut être sûr de son intervention.

En vous rendant doucement cette connaissance, nous vous restituons vos pouvoirs et la maîtrise de vous-mêmes. La quatrième dimension, pour sa part, vous amène à revisiter ce que vous avez déposé afin d'explorer le contraire de votre fluidité universelle.

Notre présence et notre radiance autour de votre planète, dans ses plans subtils tout d'abord, visent à solliciter vos énergies pour qu'elles s'alignent sur les nôtres. Nous sommes la référence vibratoire et, par le biais de la résonance magnétique, nous vous entraînons dans une élévation. Votre volonté étant axée sur une envie d'ascension, n'en doutez plus vous vivez dès à présent cette ascension, mais dans une forme atténuée, et ce, jusqu'au moment où ce bon vieux corps physique pourra recevoir les hautes fréquences lumineuses qui le sortiront de l'attraction de l'espace-temps.

Ces quelques mots vous permettent aussi de mieux comprendre les enjeux occultes visant à contrarier votre progression. En pénétrant les hauts champs vibratoires, vous sortez des mainmises sur la personnalité. Afin de vous attirer vers les champs de basse fréquence, un gigantesque plan est en place.

Comme vous le remarquez très certainement, tout ce qui vous procurait une liberté d'expression et de mouvement vous est progressivement retiré sous de fallacieux et grotesques propos. Tous riches, vos gouvernements auraient la possibilité de répandre avec facilité l'aisance matérielle tout en allégeant les obligations nationales. Malgré cette réalité actuelle, votre désir de retrouver un épanouissement familial sera honoré.

À cette fin, des épreuves sont déjà inscrites et vont survenir rapidement. Bien sûr, vous connaîtrez des jours où vous devrez maintenir votre vision de la liberté d'expression. Nous sommes des observateurs silencieux et très attentifs de ce passage incontournable. La friction dégagée durant ces moments-là provoquera de radicales prises de position dans l'humanité, ce qui amènera des hommes et des femmes à s'aligner sur les nouvelles fréquences, à occuper les postes gouvernementaux et à mettre en place un programme redonnant la parole à ce peuple humain si bafoué présentement.

Dans l'immédiat, l'éjection de vos mémoires ancestrales favorise la sortie des informations cellulaires tenues en réserve pour cette période. Certains d'entre-vous s'en tiendront à cela, d'autres installeront ces nouvelles informations dans la banque de données du quotidien terrestre, autre forme de mémoire. Sachez que la mémoire est sectionnée en plusieurs résonances. Il y a d'abord la mémoire dite immédiate, celle que vous utilisez journellement, puis la mémoire ancestrale accumulant des données transmises par la lignée familiale terrestre et céleste. Et s'ajoute la mémoire universelle, qui tient en réserve des informations et les laisse émerger sous les impulsions en provenance de Maîtres, des étoiles, des Sages universels ou, encore, des rayons descendant du cœur du *Soleil Central*.

La présente séquence d'action vient puiser des informations à l'intérieur de la mémoire ancestrale, et la présence du rayon direct du Sans-Nom sur cette planète en fait émerger d'autres en vue de vous nourrir et de vous soutenir tout au long de ces remises en cause permanentes.

Le monde des étoiles est en pleine activité. Chaque étoile, chaque constellation, chaque soleil influence les marées d'un corps. Nous soulignons souvent le fait que plusieurs systèmes solaires et univers sont bien concernés par la transformation. En mettant en lumière l'influence des différents champs célestes sur le corps humain, vous êtes à même de saisir le rapport avec la transmutation interne humaine. Ainsi, les astres et les corps célestes activent la géométrie spatiale et terrestre. Les figures en place depuis des éons s'estompent et organisent de nouveaux chemins d'énergie. Par conséquent, l'astrologie connue devient progressivement caduque.

Nous vous instruisons doucement de toutes ces réalités, de façon que votre pensée se repolarise et accompagne le mouvement induit dans la matrice de Vie.

En revenant sur un sujet et en élargissant son concept, ses inter-réactions, l'information trace un chemin et pénètre votre organe de pensée. Cette vérité est connue du gouvernement obscur, qui s'en sert sans vergogne. D'ailleurs, vous en faites autant, mais sans conscience, sans but défini. Ainsi, en ce qui vous concerne, vous devenez victimes de vos propres pensées et créations. En observant soigneusement l'émission de vos pensées et leur type, il vous sera possible de cartographier votre futur sans erreur possible.

Le firmament change et accompagne la mutation de l'Esprit et, par conséquent, celle des cellules et des atomes. La structure cristalline est traversée par des déferlements lumineux et fréquentiels. Elle vibre en fonction des influences reçues et transmet ces données à la lymphe qui, elle, les transportera jusqu'au circuit des méridiens. Puis les nerfs récupéreront ces données pour les acheminer aux cellules qui, à leur tour, informeront le cerveau de la stratégie à mettre en place.

En réponse à tout cela, un autre type d'information circulera dans le corps physique pour passer ensuite dans les corps subtils. Tout au long de ce cheminement, des sacs mémoriels s'ouvriront ou se fermeront. Voilà comment votre histoire s'inscrit depuis le premier instant de la naissance divine.

Ne l'oubliez jamais : tout est mouvement, information, réaction, ouverture, fermeture, élévation, descente, changement, et ce *tout* engendre la création permanente et impermanente. Le regard-sentiment-pensée demeure le moteur de cette Vie éternelle.

La structure cristalline représente la porte des étoiles, le passage d'un monde à l'autre des dimensions de l'Être. Si vous rejetez cette réalité, vous vous éloignez de l'instant de l'ascension de l'Esprit sur un cercle dominant de diffusion et de réalisation.

Je vous emmène maintenant à l'intérieur de vos atomes. Non, il ne sera pas question des électrons, des neutrons, des protons, etc. Toutefois, la vie atomique corporelle est soutenue par la présence d'infimes particules cristallines dans les éléments mêmes de chaque atome. N'oubliez pas que l'infiniment grand est identique à l'infiniment petit. Ces particules cristallines gardent le sceau de votre identité et celui de votre Père/Mère, ainsi que les schémas possibles de réalisation. Au moment où vous franchissez la révolution d'une spire et passez à une autre, les cristaux de la cellule se positionnent en vue de faciliter le nouvel alignement de réception d'informations stellaires. L'oscillation des cristaux est rapide et stable. Quant à leur alimentation en source lumineuse, elle a lieu de quatre façons :

- Par la diffraction de la lumière extérieure sur les cristaux du corps physique ; cette lumière chemine ensuite de cristaux en cristaux.
- Par la captation de la lumière effectuée par le sang dans la peau et qui se dirige ensuite vers les cristaux principaux.
- Par l'arrivée de la lumière avec le souffle. En effet, l'air est chargé de fines particules de lumière.
- Et, enfin, par votre propre source intérieure : le rayonnement du petit Être.

Les cristaux de vos atomes *se nourrissent* des géométries émises par votre regard-sentiment-pensée. J'ai retenu le mot *nourrir,* pourquoi ? Chaque construction géométrique s'appuie sur la lumière. Un mot, par exemple, est une forme précise de géométrie. Il en est le maître, et la géométrie émise possède ses lois interactives au sein de la vie, une vie identique à celle d'une galaxie, d'une planète, d'un univers. Chaque ligne de cette géométrie s'active et émet une fréquence sonore et lumineuse.

Si votre vue intérieure pouvait embrasser cette figure, vous la verriez bouger, s'étoffer au fur et à mesure des rencontres. La forme initiale en est simple, mais au fil du temps, les connotations engendrées parallèlement par le mental préhumain induisent une déformation.

Ainsi, si vos constructions ne sont pas alignées sur les hautes fréquences de la Vie, vous détournez un quota de lumière pour repolariser vos formes cristallines.

Le mot *amour,* par exemple, dessine une belle étoile parfaite. Le mental préhumain, ayant été volontairement conduit vers une impasse pseudo-affective, lui a construit de nouvelles lignes et en a détruit d'autres. Ainsi, à partir de votre compréhension actuelle du mot *amour,* la figure obtenue diffère de la construction initiale et s'avère nettement moins harmonieuse.

À ce jour, certains d'entre vous osent se détourner de ce réservoir *amour* empli de la compréhension déformée de ce pouvoir et se rebranchent au premier réservoir tenu par des Anges. En retrouvant l'énergie *Amour* non galvaudée, des guérisons s'accomplissent puisque la géométrie liée s'encastre parfaitement à la structure cristalline.

Les Anges ont gardé emplis tous les réservoirs d'énergie construits depuis l'aube des temps, cette énergie offrant un espace où le mental préhumain est déconnecté. Ainsi, l'être intérieur peut donc agir sans assujettissement temporaire au moteur espace-temps, déjouer les constructions mentales, et réinstaller l'harmonie corporelle.

Les mots font appel à une énergie, la mettant en mouvement et en résonance avec les autres énergies environnantes. Une fréquence sonore est alors émise, engendrant des créations puissantes. Au bout du compte, une réalisation physique se manifeste. Les mots représentent donc un secteur fréquentiel sonore (la musique appartient à un autre domaine).

Par conséquent, tout votre corps (organes, muscles, fonctions, pensées, etc.) exprime une sonorité, soit une autre forme du Verbe créateur.

Le Verbe créateur circule grâce à la fréquence cristalline contenue dans la lumière, et la lumière nourrit les cristaux en apportant des structures géométriques qui créent, par leurs frictions, une géothermie qui, à son tour, dégage de la bioélectrothermie.

Ainsi, le simple fait de contrôler l'usage des mots, de canaliser le regard-sentiment-pensée vers une expression élevée permet de parvenir sans faille à la maîtrise de toutes les fonctions du corps communautaire et, de là, à l'ascension d'un plan inférieur de l'expression préhumaine vers la hauteur de l'expression humaine, donc d'être reconnus aptes au couronnement.

Sur le chemin qui se dessine devant vous, vous avez rendez-vous avec la réalité cristalline, d'où découle la réalité solaire. En majorité, les entités s'engagent dans la voie ascensionnelle en abordant la vie solaire. Aujourd'hui, en restituant la présence de la structure cristalline dans tous vos corps, nous vous aidons à intégrer plus aisément les informations descendant par le rayon direct du cœur du Sans-Nom.

De la sorte, nous nous acquittons d'une charge karmique dégagée par d'autres frères et sœurs qui se sont fourvoyés dans les méandres d'une approche très élevée de la condition de Créateur. Ce faisant, ils ont l'occasion de reprendre leur chemin d'évolution, ce qui demeure une action possible car, en descendant dans les énergies pléiadiennes, j'en épouse leurs constructions. Par ma présence et ma vision agrandie du futur attaché à leur plan et au vôtre, ma conscience et ma connaissance transforment ces artefacts limitatifs en artefacts expansifs. C'est là un visage des possibilités que nous ramenons vers les plans à rotation lente.

La résonance magnétique joue un rôle prédominant à ce moment-là. Les cristaux résidant dans l'Éther enregistrent ces modulations de fréquence et les transmettent à tous les organismes concernés. Le changement de votre grille magnétique planétaire propage alors de nouveaux schémas ordonnançant la mutation de la vie cristalline sur Urantia Gaïa. Toutefois, ce sont les particules de fréquence solaire qui répondent en premier.

Le déferlement des rayons photoniques engendre en parallèle des transformations afin que l'ensemble cellulaire positionne correctement toutes les nouvelles données et suscite l'émergence de la forme cristalline adaptée au pas actuel. Cependant, les formes cristallines bougent et ne se stabiliseront pas avant 2025.

Ce que vous êtes aujourd'hui est très éloigné de ce que vous serez en ces temps futurs. Graduellement, votre conscience laissera émerger les idées germes et, de ceci, découlera le véritable progrès humain.

Êtes-vous intéressés par un véritable progrès ?

9

Les Créateurs et vous

J'observe vos couleurs, voyant l'ondulation de vos champs électriques colorés.

Par cette seule lecture, ou approche, nous pouvons identifier le corps qui vous cause le plus de soucis, celui qui génère le plus d'interférences. Comme suite logique, nous savons immédiatement où se logent vos blocages, vos incompréhensions, vos excès, dans un sens ou l'autre.

Vous avez tous envie de connaître vos Créateurs, de leur accoler un nom, une forme, de les rattacher, ou attacher, à l'un ou l'autre de vos chakras. Mais comment peut-on *attacher* un Créateur à une parcelle de soi quand, en réalité, il a fait don d'une partie de lui-même pour qu'aujourd'hui cette structure, cette forme, ce prototype vous serve de temple et que l'esprit le visitant y demeure en toute paix pendant ce voyage dans la densité ?

Vous vous êtes étonnés, au cours de la lecture des premiers tomes, de la réaction de vos Créateurs ; quant à nous, nous sommes toujours étonnés de vos réactions vis-à-vis de nous ! Vous désirez être autonomes et libres, jouir de la pleine maîtrise de ce corps, de ce prototype qui vous permet d'ouvrir ou de passer par toutes les portes, tous les espaces des étoiles, mais aussitôt que l'on aborde la connaissance ou reconnaissance de la science de vos Créateurs, la première de vos réactions consiste à les rattacher à un lieu.

Non, je ne me fais pas juge. Je souligne seulement votre réaction car, voyez-vous, si vous vous l'autorisez, vous devriez également être tolérants envers vos Créateurs et leurs réactions. C'est votre droit de penser et de réagir ainsi, mais accordez-leur le droit d'agir selon leur volonté. Dès lors, peut-être parviendrez-vous à cet instant où vous oserez créer une table ronde et inviter tous vos Créateurs à s'asseoir à vos côtés, afin d'engager une conversation consciente, respectueuse et aimante avec ces Êtres qui ont expulsé de l'intérieur d'eux-mêmes une partie vivante pour l'installer à l'intérieur de votre prototype. Il est temps, je crois, d'avoir un peu de déférence pour ces Êtres. à défaut de quoi vous n'irez pas plus loin dans le vis-à-vis dans lequel vous vous êtes engagés. Si vous rejetez l'un ou l'autre, ou si vous essayez de l'attacher, sachez qu'une partie de vous-mêmes recueillera votre pensée, votre réaction, par simple résonance, et que cela viendra se cristalliser dans l'une des parties de votre corps.

Vous cherchez à restaurer le partenariat avec la Vie, c'est heureux. Continuez, mais sachez que dans la voie sur laquelle vous vous élancez, il vous faudra beaucoup d'humilité. Vous devrez reconnaître que s'il y a des cristallisations à l'intérieur de vous, certaines appartiennent bien au fait que vous n'avez que peu ou prou d'amour envers vos Créateurs. Tout vous est dû, et cela est normal, dites-vous : ils sont vos Créateurs et vous doivent donc tout.

Moi, je vous dis qu'ils ne vous doivent rien, car ils ont déjà fait don d'eux-mêmes. Et vous, quel don leur offrez-vous en retour ? Oh oui ! je sais, vous allez encore penser que j'ai pris un bâton pour vous taper dessus. Je vous rassure, quand je m'exprime à l'intérieur d'un cercle, j'englobe l'humanité entière par voie de résonance, pas seulement vous. Et si je m'adresse finalement à toute l'humanité par ce cercle, ayez la gratitude d'accueillir ces mots.

Cherchez en vous ces racines qui vous empêchent d'être harmonieux, d'être amour et de vous glisser à cette table où vous pourriez échanger d'égal à égal les informations recueillies ; pour vous, durant cette exploration et ce temps où vous êtes demeurés à l'intérieur de ce prototype. Car, comprenez bien que votre esprit a voyagé d'un prototype à l'autre. Et si, présentement, vous êtes à l'intérieur de ce que vous appelez un corps humain, ça n'a pas toujours été le cas et ne le sera pas encore demain ni dans un futur éloigné. Aujourd'hui, vous visitez *ce* prototype.

Oh! vous aviez bien des velléités quand vous vous êtes présentés. Vous avez affirmé, certains du moins : « Moi, je vais le faire fonctionner, j'y arriverai ! », et nous avons répondu : « Mais va, mon enfant, que cela soit ! » Y êtes-vous parvenus ? Pas encore. Vous vous êtes appuyés sur les expériences vécues à l'intérieur d'autres prototypes. Forts de l'expérience d'une connaissance acquise dans chaque forme déjà visitée, vous vous êtes dit : « Je vais pouvoir accumuler toute ma connaissance et, ainsi, réveiller ce prototype qui a bien du mal à cheminer avec tout son potentiel ; c'est chaotique en bas, je redresserai la barre. »

Oui, vous vous êtes engagés sur une voie peu facile semée d'embûches et de fausses croyances.

C'est vrai, vous avez accompli de belles choses et ouvert des portes à un futur que l'on croyait encore établi dans un avenir lointain.

Pourtant, je le soutiens, vous n'avez pas encore exploré la plénitude de ce corps ; des portes sommeillent encore, grinçant sur leurs gonds. Mais vous avez été les créateurs de votre choix.

Enfants de la lumière, je vous invite à retrouver ces talents qui vous ont menés sur ce chemin. Souvenez-vous, lorsque vous êtes venus visiter le laboratoire où se trouvait ce proto-type… Oh! les Créateurs se penchaient pour voir comment rétablir les circuits harmoniques de sa chimie intérieure. Et vous les connaissez, vous les avez tous vus; vous vous êtes assis ensemble à leur table afin de discuter de ce qui allait ou non! Pourquoi, installés aujourd'hui dans la matière et ce prototype, rejetez-vous une partie de ces Créateurs alors que vous avez mangé à leur table et partagé avec eux des instants d'espoir, de connaissance? Pourquoi rejetez-vous l'un ou l'autre de ces dépôts? Pourquoi fuyez-vous ces pouvoirs qui appartiennent à cette famille et qui ont été justement déposés pour côtoyer d'autres pouvoirs? Et ce, afin de démontrer que l'on pouvait employer plusieurs pouvoirs sans que l'un ou l'autre ne soit éteint!

Ce que je vois pour l'instant, ce sont toutes ces couleurs éteintes qui ne brillent ni de cet éclat cristallin ni de cet éclat solaire, qui ne réagissent pas à l'éclat atomique et ont bien du mal à intégrer la dimension christique. Quant à la pluralité, n'en parlons même pas!

Vos faisceaux lumineux souffrent de vos rejets et de votre orgueil, de ce besoin de supériorité, car vous voulez être *supérieurs* à vos Créateurs!

Ce que la Vie vous demande, c'est la reconnaissance de qui ils sont. Ensuite, vous pourrez vous installer à côté d'eux d'égal à égal afin de vous libérer et de vous élancer dans la création depuis la matière, en tant que maîtres. C'est aussi simple que cela. Rien de plus, rien de moins.

En vérité, tout fut compliqué sur cette planète, car aucune des séquences prévues ne s'est déroulée dans l'ordre. Mais justement, si le désordre s'est installé, n'y a-t-il pas un grand enseignement à offrir à la multitude?

Pourquoi êtes-vous installés dans le bruit à l'heure actuelle? Pourquoi avez-vous besoin d'en faire autant? Pourquoi vivez-vous par le bruit, si ce n'est pour vous créer un écran, une illusion afin de voiler cette simple reconnaissance? Il est tellement facile de se diminuer, de se renier, de se présenter en victime, puis de dire : «Je n'ai pas le droit de me saisir de mes pouvoirs.» C'est d'une aisance totale et vous êtes tous passés maîtres dans cet acte. Il est bien plus difficile de s'asseoir à même le sol de cette planète et d'accepter qui l'on est dans sa totalité, d'accepter ceux qui nous ont permis d'arriver dans ce corps et de fusionner dans cette grande conscience.

Oui, je sais, c'est beaucoup plus difficile, car plus vous avancerez à l'intérieur de cette conscience, plus vous déposerez vos velléités et revêtirez le vêtement de l'humilité (dans le bon sens du terme), plus vous deviendrez désarmants de simplicité.

Oui, plus vous vous engagerez dans l'usage parfait du Verbe, plus vous vous éloignerez du bruit, qui vexe l'Esprit. Et plus vous descendrez dans la simplicité, plus vous irez à l'intérieur de votre véritable identité et vous tiendrez droits à l'intérieur de vos lumières. Cela étant, vous pourrez ouvrir les unes après les autres vos portes d'accès aux étoiles car, n'en doutez pas, vous n'avez nul besoin de fusées, de rampes de lancement pour atteindre ces astres. Tout se fait de l'intérieur avec légèreté, humour et amour.

Un jour, vous irez vous placer devant vos portes et oserez enfin poser la main sur la poignée, puis la tourner, vous apercevant alors que de l'autre côté il y a tout bonnement la lumière et que c'est dans cette lumière que vous baignerez pour entreprendre ce voyage. Vous découvrirez un à un tous les petits secrets qui le permettent et guérirez de vous-mêmes, puisque vous vous rappellerez le temps où vous avez cheminé dans la complexité pour tenter de décrocher les étoiles alors que tout était déjà à l'intérieur de vous, comme l'avaient souhaité vos Créateurs!

Et je vous le déclare, avant de vous élancer dans les airs, d'entrer dans votre maîtrise, votre réalisation et votre couronnement, vous vivrez un tête-à-tête avec tous vos Créateurs. Serez-vous capables de soutenir la force d'Amour qui réside dans leurs yeux ? Car, n'en doutez pas, au premier face-à-face vous serez peut-être tentés de plonger encore une fois dans l'autoculpabilisation en vous rendant compte que votre force d'amour est bien amoindrie en croisant simplement leurs regards.

Mais les Créateurs attendent... Ils attendent uniquement le premier rayon d'amour, le premier regard d'amour que vous lancerez jusqu'à eux. Pas n'importe quel amour mais le vrai, celui qui ne triche pas, qui exprime tout spontanément, celui qui ne revêtira pas de conditions, de vêtements, de formes et qui ondulera en une belle lumière. On ne triche pas avec ces Êtres ; c'est chose impossible.

Vous pourrez toujours tricher avec vous-mêmes, puisque vous serez seulement sur le point de découvrir la profondeur des mots de ces instants, mais avec eux, cela ne sera pas possible.

Si mes mots vous semblent durs, peut-être parlent-ils des *maux* qui sont bien cristallisés à l'intérieur de votre corps. Et si, d'un coup, une douleur se réveille ou vous pensez à un endroit spécifique de votre corps, eh bien, visitez donc ce réveil, écoutez donc ce langage.

La paix entre tous les mondes est à ce prix.

Osez aller voir ce qui fait mal, osez déposer un regard dans ces blessures. Oui, acceptez ces petitesses puis découvrez que derrière celles-ci se cache un grand langage encodé.

Tout cela est juste et bien, car, voyez-vous, vous vous présenterez chacun à cet important rendez-vous avec vous-même. Ce jour-là, personne ne vous accompagnera. Vous croiserez d'abord cet ancien vous-même, et peut-être cherchera-t-il encore à vous entraîner, mais si vous arrivez à traverser ce rendez-vous, vous croiserez ensuite le regard de vos Créateurs de l'autre côté.

D'ici là, nous vous préparons en vue d'autres rendez-vous, d'autres visions, d'autres rencontres avec des frères des étoiles, des êtres simplement installés à l'intérieur d'un prototype, explorant un autre chemin que le vôtre, mais en cheminement au même titre que vous. Dans ce parcours, ils n'ont pas à ce jour rencontré leur maîtrise. Qu'allez-vous faire? Comment vous présenterez-vous? Car, croyez bien que nous ne serons pas à vos côtés dans ces instants.

Peut-être ces visiteurs viendront-ils à l'intérieur de vos corps subtils, ou vos pas physiques vous amèneront-ils jusqu'à un lieu où vous pourrez les rencontrer! Tout est possible dans ce qui vient.

Mais je vous le précise : si vous demeurez dans votre plan mental, ne vous attendez pas à rencontrer des êtres installés dans l'Amour. Si vous nourrissez toujours le peu de besoin de paraître, de possession et de pouvoir qui vous reste, eh bien, ces êtres vous renverront un magnifique miroir.

Essayez plutôt de vous tendre comme un arc, de comprendre qu'à chaque instant de cette vie vous devez tenter de vous installer à l'intérieur de votre cœur, de réapprendre à vous présenter à cette vie, de bien saisir que tout ce que vous croisez, sous un aspect ou un autre, est habité d'une forme d'esprit, et qu'il est inutile de se nourrir de mots si ceux-ci ne conduisent pas à une action bien engagée de tout votre être.

Ne vous faites aucune illusion : tant que seul le mental agira, votre quotidien demeurera un terrain cahoteux. Si c'est votre ego, je dirais préhumain, qui agit, alors là il y aura bien des remaniements à apporter. Pourtant, ne croyez pas que le mental et l'ego sont à bannir; il faut juste passer de la forme préhumaine de ces deux corps à l'état supradivin.

Vous constaterez quelques mini-ascensions avant l'ascension complète. En ce sens, vous devrez réaliser une ascension à l'intérieur de chaque corps, du corps physique aux corps subtils. Et chaque fois que vous alignerez l'ascension d'un corps, vous retrouverez le droit de vous installer à l'intérieur de votre Merkaba.

Ici, je vais vous transmettre un enseignement susceptible de ne pas faire plaisir à certains, mais il en est ainsi et je me dois de le donner. La Merkaba est un véhicule de Lumière, et quand celui-ci descend, vous ne pouvez rester dans l'attraction de la Terre.

Aussi, une fois engagés dans ce cheminement, vous rencontrerez plusieurs paliers de descente de la Merkaba afin que tous vos corps subtils et votre corps physique s'alignent pour en pénétrer une à une les portes. Le réalignement total de l'un de vos corps s'effectuera à chaque porte, et lorsque tous vos corps seront alignés et que vous aurez ascensionné par la pensée à l'intérieur de chacun, nous ouvrirons la dernière porte, celle par laquelle la Merkaba descendra entièrement. Et je vous l'annonce, ce jour-là une boule de feu viendra vous chercher.

Je sais, ces paroles risquent de ne pas plaire à tout le monde, mais sachez que là aussi il y a tout un savoir, des degrés de connaissance et donc de réalisation.

Parfois, je me rends impopulaire, car j'ose mettre le doigt sur une vérité, mais certains groupes humains laissent entendre que la vérité n'est pas bonne à dire. Pourtant, je vous l'affirme, lorsqu'une grande vérité descend, venant déstructurer des cristallisations, la possibilité vous est offerte d'ascensionner à l'intérieur d'une conscience rattachée à un corps subtil ou à votre corps de densité. Et si l'on ose ainsi vous donner une grande vérité qui dérange vos conceptions, acceptez de la recevoir avec amour et humilité, et de voir son potentiel.

Il nous faudra déjouer tous les pièges les uns après les autres, et d'autres grandes vérités viendront. Je ne suis pas *la* grande vérité, je suis celle qui bouscule par son travail à l'intérieur de votre grille magnétique. Et il y a tant de cristallisations dans cette grille ancienne! Par conséquent, bien des remaniements sont nécessaires en vue de les déloger. Il me faut parfois user de mots délivrant une force calculée, afin d'en déloger les racines. Bien sûr, je me rends impopulaire à ce moment-là, mais à vous de choisir. Dois-je passer ma main pour flatter votre réalité, ou préférez-vous que je vienne agir à l'intérieur de vous afin de changer cette grille magnétique et d'y induire de justes réactions par des impacts stratégiques importants?

Il en est ainsi. Parfois, il y a de la douceur, parfois, du dérangement. Néanmoins, quand vous connaissez un tel dérangement, nous vous offrons toujours un moment de douceur, comme si nous voulions vous cajoler, vous bercer afin que l'intégration des énergies déstructurantes puisse se dérouler correctement.

Voilà, je ramène tout doucement vos couleurs dans un flux plus harmonieux.

Tout doucement, j'use de mes dons et de mes pouvoirs par le biais de la résonance du Verbe. J'induis des réactions dans vos émanations électriques, et cela est beau à voir! Oui, beaucoup de petites étoiles s'allument peu à peu; elles sont encore timides, mais bien présentes, et, bientôt, vous serez aussi beaux que votre Voie lactée, que votre ciel reflétant la vie des étoiles...

La paix va descendre en vous; vous ne pourrez échapper à cela. L'harmonie s'installe, car c'est la volonté du Grand Créateur.

L'amour viendra vous chercher au plus profond de vous-mêmes, et on vous prendra un à un par la main pour vous placer devant chacune de vos cristallisations.

Par groupes aussi de temps en temps, pour vous faire comprendre que vous n'êtes pas seuls, que vous n'avez nul besoin de vous culpabiliser, mais bien plutôt d'accepter simplement qui vous êtes.

Oui, bien des carrefours seront modifiés à l'intérieur de votre corps, bien des réactions chimiques se déplaceront. Et, dans ce lointain passé qui a vu la fermeture de certaines de vos portes intérieures, ces êtres qui ont cru être forts et dominer la Création toucheront alors leur petitesse du doigt. Tout est bien, tout est juste.

Accueillez la Vie, accueillez l'amour, la joie, la simplicité.

Comprenez que l'être assis à côté de vous a autant d'importance aux yeux de la Création et que son chemin ne vous regarde pas.

Oui, vous devrez travailler à l'acceptation de toutes les erreurs — les vôtres et celles de vos Créateurs par rapport à leurs choix —, puis vous serez amenés avec beaucoup d'humour à remercier ces mêmes Créateurs de les avoir commises, car vous saisirez alors qu'autrement vous n'auriez pas réussi pleinement les paris que vous aviez lancés à la Vie.

Là aussi, vous allez découvrir un jeu installé entre vos Créateurs et vous-mêmes.

Restez dans cette paix, demeurez à l'intérieur de votre cœur.

10

Visite chez les Créateurs

La Vie s'avère un terrain d'étude fort intéressant.
Qu'est-ce que la Vie, sinon le mouvement! Mais ce mouvement, comment peut-il se mettre en marche si nous ne lui fournissons pas l'occasion d'investir une forme ou une autre?

La Vie se décline sur tellement de paliers! Aussi, vais-je maintenant vous emmener dans la conscience d'un Créateur. Oh! rassurez-vous, nous ne ferons qu'effleurer ce sujet, car il nous faudrait des années pour en faire le tour. Par ailleurs, nous savons que votre mental a simplement besoin d'être canalisé pour commencer à glisser à l'intérieur de cette compréhension. Nous ne ferons donc qu'aborder le début de l'alphabet.

Nous voilà à un rendez-vous, le grand rendez-vous de la Vie. En effet, nous avons reçu une invitation à nous présenter à une réunion entre Créateurs, car une information transitant par les grands Sages des Univers nous a révélé que Celui qui Est a décidé d'inaugurer, de visiter un nouveau chemin.

Nous nous rencontrons donc dans un lieu bien précis où tous les Créateurs, toutes les familles de Créateurs, sont là. Et Dieu sait comme nous sommes heureux et fiers d'appartenir à ce secteur! En outre, nous sommes nombreux, chaque Créateur détenant une énergie qu'il a su maîtriser au fil de son expérience. En fait, il est *créateur* parce qu'il est le maître de ce type d'énergie.

Le Grand Créateur, le Sans-Nom, Celui qui Est, le JE SUIS de tous les Je Suis (peu importe le nom que vous lui donnez, il est tout cela à la fois) nous a donc envoyé une énergie contenant tout un programme, tout un secteur à développer et nous nous présentons ensemble pour étudier notre apport comme matrice d'expansion à cette énergie.

Ayant étudié ce projet, nous repartons après avoir reçu toutes les informations. Dans nos secteurs respectifs, là où nous sommes à l'aise à l'intérieur de nos propres énergies, nous entreprenons l'élaboration d'une matrice susceptible d'offrir l'expansion, la reconnaissance, puis la maîtrise de cette exploration, car tout plan est d'abord et avant tout une exploration. Dès la première réunion, nous nous étions fixé un temps pour nous retrouver à nouveau. À cette deuxième rencontre, les grands Sages vinrent accueillir nos propositions.

Nous allons maintenant descendre dans le type de véhicule que vous portez : le corps physique dans sa forme actuelle. Nous nous glisserons dans cet espace-temps où, en fait, devant la grande aventure qui se profilait, sept Créateurs se réunirent et eurent l'idée d'associer leurs connaissances, leurs maîtrises afin de les installer à l'intérieur d'une forme. Ils ont travaillé à l'élaboration de ce projet, puis se sont présentés et ont offert leur création à l'état d'étude. Les grands Sages accueillirent toutes les propositions, mais le plan prévu était si immense que, nous le savions, le prototype retenu devait d'abord aller en expérimentation dans des zones particulières.

Finalement, les Créateurs — tous Maîtres généticiens — s'en retournèrent chez eux et les grands Sages compilèrent les propositions, examinant et étudiant ensuite tous ces prototypes.

Puis ils se réunirent, et le groupe des sept Créateurs fut appelé. Ces derniers surent alors que leur prototype était celui qui correspondait le mieux au projet final.

Nos sept Créateurs se retirèrent donc ensemble, puis apportèrent quelques améliorations et travaillèrent à déposer ce savoir, cette compilation dans des endroits bien précis du prototype. En dernier lieu, le souffle de Vie vint adombrer la forme afin qu'elle puisse partir en exploration et nous donner les informations relatives à son contenant.

Sept Créateurs ont pris une partie de leur connaissance, de leur maîtrise, de leur identité et l'ont encodée à l'intérieur d'une mémoire commune.

Cette mémoire commune agit sur des centres particuliers du corps, et c'est ainsi que ce prototype que vous appelez *corps humain* est parti dans une bulle de Vie, soit une planète d'un système solaire, pour tester sa viabilité.

Puis, après des ajustements, il fut ensemencé un peu partout dans l'Univers. Et quand vint le temps de développer une des phases principales du plan du Grand Constructeur, cette forme prototype fut amenée sur votre planète Urantia, un lieu tout à fait exceptionnel, rare, très beau, portant la beauté dans ses gènes.

Par conséquent, ce corps humain a abrité bien des vagues d'esprits et tout s'est bien déroulé, jusqu'au moment précis où des êtres sont venus à leur tour tester la fiabilité de la conscience accumulée à l'intérieur de ce prototype. Alors des portes s'ouvrirent, devant induire des réactions. Ces réactions eurent bien lieu, mais toutes ne furent pas favorables au développement. Ainsi, ce qui était connu fut oublié d'un coup et la conscience de l'instant se voila. Un grand trouble s'installa.

Imaginez! Cette *forme unique,* créée pour un *destin tout aussi unique,* était en train de provoquer une réaction qui l'éloignait totalement de sa réalisation, causant de la sorte bien des perturbations à l'intérieur de la vision de ses sept Créateurs. Pour certains, ces troubles devaient être vécus, apportant à coup sûr une connaissance supplémentaire. Pour d'autres, il n'était pas question de libérer le prototype pour expérimenter quelque chose qui n'était pas au programme. Au sein du groupe des sept Créateurs l'unité fut brisée, pour un temps du moins. Certains pensaient que, de toute manière, ce prototype leur appartenant, ils étaient en droit d'induire des réactions particulières, des redressements précis. Quant aux autres, ils comprirent qu'en laissant faire, toute une somme d'informations s'ajouterait, qui représenterait un plus dans le plan initial.

Ce schisme, ce trouble installé dans le cœur et l'esprit du groupe de Créateurs entraîna finalement une réaction à l'intérieur même du dépôt inscrit dans le prototype. Voilà pourquoi, dans la mémoire de certains d'entre vous, des formes de créatures suscitent du dégoût et un refus de côtoyer certaines formes.

Ce corps que vous connaissez, puisque vous l'habitez, a été créé par des Maîtres généticiens qui ne ressemblent en rien à votre aspect physique. Oui, certains appartiennent à la famille des Dragons. Oui, une autre partie relève des Reptiliens. Et une autre encore, des Pléiadiens.

Toutefois, essayez d'élever quelque peu votre regard, de vous placer dans la conscience de ces Créateurs qui ont accepté de travailler ensemble à une création commune. Qui sont-ils, sinon les enfants d'autres Créateurs primordiaux ou un aspect du grand JE SUIS de tous les Je Suis ? Et qui êtes-vous pour décider si tel ou tel Créateur fait partie de l'Ombre ou de la Lumière, s'il est *positif* ou *négatif,* puisque vous n'êtes ni parvenus à l'état de création, ni des créateurs, ni des maîtres ? Toujours dans un secteur d'étude, vous n'êtes pas arrivés encore à votre propre couronnement.

Je ne dis pas cela pour vous amener à la culpabilité ; j'essaie simplement de vous replacer dans le bon contexte.

C'est vrai qu'on a tenté, quelque part, de vous limiter à l'intérieur de cette forme de corps, que le libre arbitre a bien failli vous être finalement retiré, non pas parce que le temps était venu de réintégrer les Lois divines mais parce que vous niiez cette approche.

Tout cela a bien existé par le passé, mais reportez-vous en conscience à la première impulsion, où tous ces Créateurs ont réagi pour s'asseoir autour d'une table, mettre en commun leur connaissance, leur maîtrise et offrir, ensemble, une matrice digne de remplir le rôle suprême de ce grand Plan.

Je vous l'annonce ici : Un jour, vous irez aussi vous asseoir autour de ces tables ; un jour, vous émettrez des idées, proposerez à votre tour votre maîtrise, et peut-être deviendrez-vous des Maîtres généticiens.

Cela sous-entend que le groupe des Maîtres généticiens est ouvert à tous sur un point : la maîtrise de l'énergie. Nous verrons alors si vous avez toujours les bonnes réactions, car vous pensez trop avoir fini d'évoluer une fois installés dans la maîtrise de soi, ce qui est totalement erroné.

Une fois parvenus à l'état de maîtrise de vos énergies, vous en êtes seulement au premier palier de maîtrise. Autrement dit, on reconnaît que vous avez atteint ce degré de conscience et de reconnaissance. Et cela signifie qu'à partir de là vous cheminerez à l'intérieur de la Création dans le but d'apprendre ce qu'est la création et de tester le degré de votre maîtrise. Ainsi, selon votre lieu d'origine, selon le chemin qui vous a conduits à cet état de maîtrise, vous pouvez forcément comprendre que ce n'est pas la maîtrise de toutes les énergies, mais bien la maîtrise de la seule énergie qui vous a permis de cheminer jusqu'à cet état.

Et là, vous serez en quelque sorte devant une porte, vous la franchirez, mais, de l'autre côté, la lumière que vous rencontrerez sera bien plus grande que ce que vous avez jamais connu. Et, à l'intérieur de cette lumière nouvelle, vous cheminerez comme si vous veniez de naître et vous apprendrez encore. Voyez-vous, vous reconnaîtrez, à un degré beaucoup plus subtil, tous les passages erronés de la pensée qui vous auront amenés jusqu'à votre maîtrise. Si vous avez flanché dans un secteur, celui de l'affectif par exemple, ne vous y trompez pas : lorsque vous arriverez à l'intérieur de la Lumière création, au moment même où vous refranchirez la connaissance liée à ce secteur, vous risquez grandement de flancher une fois de plus, car ce trouble vous permettra encore et encore de mieux intégrer ce nouveau pas. Puis, dans un lointain futur que vous ne pouvez même pas imaginer pour l'instant, vous serez déclarés aptes à la maîtrise de cette partie de la création. Vous passerez ainsi à un autre état de conscience de la création et, là, vous serez maîtres de vos énergies, car vous aurez démontré votre capacité à les diriger. On vous donnera un peu plus de responsabilités, vous vous engagerez dans un autre secteur de création, et vous apprendrez encore, à titre de nouveaux apprentis.

Alors, je vous en prie, accordez à ces Créateurs le droit d'aller visiter une partie d'eux-mêmes. Ces visites n'ont sûrement pas de résonance avec ce que vous connaissez dans la matière ; pourtant, tout ce que vous y rencontrez est le reflet de ce que vous rencontrerez dans un plan supérieur.

Si vous êtes incapables de maîtriser la plus petite partie de la Création dans la matière, ne vous attendez pas à aller visiter la grande partie de la Création.

Si vous êtes incapables d'avoir un peu de tolérance, d'amour et d'acceptation ici, dans cette matière, vous ne pourrez pas franchir les portes du divin.

Pourquoi est-ce divin ? Parce que *tout l'est.* Un jour, votre humanité a décidé que tout ce qui était en haut était divin et que ce qui demeurait en bas ne l'était pas. Vous avez créé la séparativité, la dualité à l'intérieur même de la divinité.

Ainsi, vous décidez que tel ou tel Créateur n'est pas divin et que, de toute façon, il y a le divin et ce qui ne l'est pas ...

Je m'étonne toujours que des êtres divins incarnés puissent engendrer une pensée si éloignée de la Création, de la Lumière, de l'état d'Amour.

Je m'étonne, sans plus, car il y a beaucoup trop d'amour en moi pour renier la moindre parcelle de Création, et vous êtes une parcelle de Création.

Vous êtes, à notre échelle, bien plus petits peut-être qu'un millionième d'une tête d'épingle, mais, pour nous, aussi petits que vous soyez dans la matière, vous représentez la porte la plus importante puisque c'est dans cette matière que nous pouvons réellement toucher la validité de nos créations.

Bien sûr, si on revient sur la création de votre prototype, on ne peut encore affirmer que celui-ci est réussi. Peut-être pensiez-vous être la merveille des merveilles ! Pour moi, vous êtes une création, et je ne trouve pas qu'elle est parfaitement réussie.

Ce qui me surprend en vous lorsque j'ouvre mon cœur, ce sont les formes de créations qui reposent déjà à l'intérieur de votre mental, de votre pensée. Ce que j'y vois détone tellement que je me dis que le jour où vous allez les extérioriser, leur donner vie, eh bien, on va rire un peu ! Pour des êtres qui se disent installés dans quelque chose de non divin, vous avez la fantaisie et l'audace de tous les Créateurs. Si vous pouviez voir ces formes qui transitent à l'intérieur de vous, s'y sont déjà inscrites, et qui, pour certaines, prendront vraiment vie, je peux vous certifier que vous en ririez ! Non pas intérieurement, mais par un véritable rire sonore.

À force d'avoir souffert dans la matière, sans doute avez-vous compris le sens de la joie et du rire, car il y a beaucoup de fantaisie en vous!

Ce qui serait bien, ce serait de l'appliquer aux bases mêmes de la création : vous êtes une des créatures engendrées par sept Créateurs.

Aussi, essayez de vous installer confortablement dans votre fauteuil, puis d'imaginer que vous accueillez les représentants de ces créateurs... Ne pouvez-vous pas rire d'eux un petit peu? Ou leur dire : «Franchement, vous n'avez pas vu qui vous êtes? Bah! vous n'êtes pas plus que moi!» Mais sans doute que vous n'oserez pas, convaincus que ces créateurs sont à mettre sur des piédestaux. C'est d'ailleurs à force de croire cela que vous avez créé dans votre quotidien ce que vous appelez des sectes, que vous avez placé des hommes et des femmes bien plus haut que vous ne placez vos dieux, ces Créateurs.

Vous vous accordez le droit de rejeter ou de repousser vos Créateurs, de les renier et d'avoir du dégoût pour eux. À leur place, vous avez installé des hommes et des femmes qui ne sont même pas à l'intérieur de leur énergie d'amour et vous en avez fait des dieux.

Peut-être est-il temps de prendre ces individus et de leur redonner leur statut d'hommes et de femmes qui, comme vous, sont en recherche, en étude et non dans l'état de maîtrise!

Peut-être serait-il également bon pour vous de regarder vos Créateurs avec un peu d'amour pour l'acte qu'ils ont réalisé, même si celui-ci n'est pas parfait et, qu'en effet, des révisions restent à faire. Car, je vous le confirme, votre corps n'en est pas à son état de maîtrise : c'est pour l'instant un prototype.

Savez-vous ce que sous-entend le mot *«prototype»* dans vos créations humaines? Vos créateurs de voitures, par exemple, créent un prototype qu'ils vont ensuite tester histoire de relever ses forces et ses faiblesses. Et parfois, dans ces entreprises, on met un prototype au garage en se disant : «Celui-là, c'est un essai raté!» Essayez de transposer cette image chez vos Créateurs.

N'est-il pas temps pour vous de démontrer que leur création n'est pas un essai raté, afin qu'on ne vous remise pas *au garage*? Car il est l'heure de replacer les choses comme elles le doivent.

Il est peut-être temps d'appeler les actes par leurs noms et de cesser de fabuler à propos de quelque chose qui n'existe pas!

Il est peut-être temps de vous adresser à ces Créateurs en leur disant : «Bon, ça suffit, passons aux choses sérieuses!» Pourquoi ne pas leur envoyer le message suivant : «Vous avez su vous asseoir une première fois à une table pour créer un corps qui allait véhiculer un type d'entité. Il est sûrement temps pour tous les sept de vous installer de nouveau à cette même table et de vous réentendre pour que ce véhicule fonctionne à merveille. D'ailleurs, voyez ce que nous avons déjà réussi à faire dans l'état où nous sommes!»

Car moi, je vous le dis, dans l'état actuel de votre corps, vous avez su accomplir de grandes choses.

Oui, parmi ce groupe de sept, des Créateurs acceptent de vous libérer, de vous voir grandir, de vous rendre votre autonomie. Mais d'autres se font tirer l'oreille pour l'instant. C'est exact.

Mais vous, comment vous présentez-vous à eux? Avec dégoût, avec rejet, parce que l'un d'eux n'a pas entièrement rempli son rôle? Croyez-vous que cette attitude l'incitera à venir s'asseoir à cette table et à recommencer à travailler avec les autres? Si vous lui envoyez un rayon d'amour, peut-être ce Créateur dira-t-il : «Oh! il est capable de m'envoyer cette fréquence ! » Peut-être irez-vous ainsi le chercher à un endroit en lui qu'il ne soupçonne pas ! Chose certaine, vous êtes des créateurs du possible, de la réconciliation.

C'est juste, ce prototype n'est pas réussi, on le sait, ils le savent. Mais lorsque vous l'avez revêtu, non seulement vous le saviez aussi, mais, en plus, vous avez lancé un pari. Laissez-moi vous révéler de quoi il en retournait. À un moment, vous vous êtes tous réunis : « Faisons une gageure. Montrons-leur que nous pouvons travailler ensemble, main dans la main. Rappelons-leur leurs devoirs. » Vous souvenez-vous de cet instant ? Probablement pas. Pourtant, il est inscrit à l'intérieur de vos cellules. Et je ne vous dis pas ça pour susciter en vous une réaction, mais dans le but de vous le rappeler puisque vous êtes les créateurs de ce rendez-vous que vous avez fixé avec vous-mêmes et ces sept Créateurs. Au début, vous avez réussi à attirer l'attention de deux, de trois d'entre eux, puis de quatre. Il n'en reste plus beaucoup à convaincre que c'était possible et que, même si ce prototype n'a pas donné l'envergure escomptée, il est un temps dans l'état actuel des choses où le meilleur peut tout de même arriver encore. Même si ce prototype n'est pas totalement réussi et que ses fonctions sont altérées, le plus beau de la création peut naître malgré tout.

Les difficultés rencontrées sur cette planète sont dues la multitude de races. Avez-vous songé que s'il en existe une pareille, c'est bien pour vous rappeler que ce prototype a été créé par la multitude de Créateurs ? Interrogez-vous sur la multitude de vos races, au nombre de sept. En tout cas, vous avez un rendez-vous important et vous êtes déjà au pied du mur, puisque l'heure de ce grand rendez-vous a sonné.

Voyez-vous, par le passé, ceux et celles qui ont fait leur ascension ont accepté la rencontre avec leurs Créateurs et l'impact et les sceaux de plusieurs d'entre eux dans leur sang, leurs cellules et leurs os. Ils ne les ont pas reniés ; ils les ont au contraire aimés, transcendant ainsi ce dépôt.

Vous parlez tous d'ascension, mais lorsque nous commençons à évoquer l'une ou l'autre de ces familles de Créateurs, ce que nous enregistrons n'est pas de l'amour. Vous leur jetez la pierre ! Mais que faites-vous là, sinon qu'engendrer l'erreur.

Dans les temps qui viennent, il y aura de la place sur cette planète pour tous ceux et celles qui oseront déposer de l'amour là où ils étaient incapables jusque-là. Oh ! c'est bien par le chemin de l'amour que vous unirez, réanimerez la flamme multiple de qui vous êtes.

Votre Je Suis a été créé par sept groupes de Maîtres généticiens. Aussi, est-il multiple par son origine et vous ne pouvez devenir UN dans votre réalisation sans unir cette multitude. Réfléchissez bien, car cela engage votre avenir sur le plan de l'esprit.

Il fut un temps où le savoir de chaque famille de Créateurs se déposait sur votre planète pour vous rappeler une partie de votre origine. Ainsi, vous ne pouvez prétendre que l'une ou l'autre de ces origines est meilleure, cela n'aurait pas de sens.

Sachez simplement qu'il vous faudra, durant cette réunification de qui vous êtes, regarder ces sept aspects de vous-mêmes.

Vous ne pouvez rejeter un seul os de votre squelette car, le cas échéant, ce dernier ne serait plus harmonieux.

Vous ne pouvez rejeter un muscle plus qu'un autre, sinon vous sauriez vite que vous êtes en dysharmonie.

Vous ne pouvez rejeter une cellule ou une autre, car toutes vous sont nécessaires pour évoluer.

Votre identité a été construite par sept germes qui ont accepté de s'autofructifier, non de se diviser. Quand vous verrez cette grande vérité, puis l'accepterez et l'intégrerez, vous pourrez, au gré des instants, franchir un chemin plus qu'un autre et retrouver tous vos dons pour les utiliser au moment opportun. Pour l'heure, même si vous possédez un don, vous n'êtes pas complets. Comprenez bien cela.

Vous avez largement visité le non-amour, la dualité. Quand vous pénétrerez la Lumière de Vie, vous retrouverez ces sept parties de vous-mêmes, sept cartes principales qui, mises ensemble, en syntonie, vont engendrer des portes parallèles, des réactions chimiques vous assurant de glisser de sous-chakra en sous-chakra. À l'intérieur même de votre corps communautaire, toutes les inter-réactions induites par ces sept Créateurs ont créé ce véhicule cristallin dans lequel vous allez rayonner, tous vos triangles sacrés étant reliés à l'un ou l'autre des sept Créateurs. Quand votre Merkaba se mettra à vivre, ce sera le signe que vous aurez accepté la fusion des sept énergies principales des Créateurs. Cela activera tous les triangles de votre corps, toutes les énergies secondaires et, ainsi, vous pourrez glisser, fluides, à l'intérieur de toutes les réalités de votre Je Suis.

Ne croyez pas que vous pourrez passer de l'état dans lequel vous êtes à celui de *maîtres ascensionnés couronnés* sans intégrer les sept parties de votre corps, de votre personnalité. Et c'est bien pour cette raison que nous vous invitons à entrer en vous, à vous mettre en état de réception ou, pour ceux qui y parviennent, à méditer. Cela afin d'accueillir, de recueillir une connaissance liée à l'une ou l'autre de vos réalités, à l'une ou l'autre de ces parties de conscience et d'identité.

Je vais m'arrêter ici, car je viens de soulever en vous des interrogations ainsi qu'un regard que vous n'aviez pas encore osé observer.

Je pose donc mes mots, mes énergies. Par ce qui vient d'être soulevé au fur et à mesure des mots prononcés, sachez que je travaille, grâce à la résonance, sur le corps de l'humanité et sur sa mémoire. Je vois, aussi bien à l'intérieur du corps communautaire qui vous appartient que dans celui de cette humanité, qu'une grande déstructuration vient d'avoir lieu et qu'une large ouverture s'est faite.

Je me retire doucement, désireuse que cette déstructuration poursuive son œuvre afin que, demain, vienne se poser la connaissance, du moins une autre partie de celle-ci.

Sachez que votre personnalité est septuple. Ceci est une grande vérité, la vôtre, et votre connaissance.

11

Reconnaître la féminité

J'ai décidé de vous cueillir là où cela vous blesse, là où vous m'attendez, et c'est la manière dont je vais m'y prendre qui vous inquiète encore.

Parfois je suis douceur, parfois, fermeté, et le groupe précédent n'a pas tout à fait apprécié la fermeté à laquelle j'ai fait appel.

Quand vous sollicitez une connaissance, espérant qu'un Être de lumière viendra vous éclairer sur qui vous êtes, sachez que celui-ci choisira le meilleur chemin dans l'instant présent. Pour les participants de cet atelier, j'ai donc pris l'Épée de lumière. Ah! désireux de connaître toute l'information sur les Créateurs, vous avez été satisfaits! Les Créateurs sont également votre reflet.

Ce matin, quand vous avez pénétré ce cercle en vous présentant d'abord les uns les autres, la communication était au cœur même de vos mots. Les *mots* prononcés, mais également ces *maux* intérieurs qui vous détruisent, tous ces mal-être attachés à la communication. Comme ce terme est mal connu ou mal utilisé! Combien d'entre vous pensent que pour se faire entendre, ils doivent parler d'une grosse voix, montrer qu'ils sont forts? Le malaise est tellement grand intérieurement que si l'on ne recourt pas à la force, au bruit, on a l'impression de ne pas exister.

Le bruit, vous connaissez, mais avez-vous évalué à quel point il vous éloigne de qui vous êtes au quotidien ? Je réfère ici au bruit entendu en prenant une casserole, en tirant une chaise, en vous déplaçant dans la maison, au bruit de vos bouilloires sifflantes indiquant que l'eau est chaude, de l'eau qui coule dans votre baignoire ou votre douche, de votre téléviseur en marche, et celui que vous faites en montant dans votre voiture... Je vais m'arrêter là, car déjà vous pouvez constater qu'en réalité vous baignez en permanence dans le bruit. Cela ne vous rappelle-t-il pas justement que le silence existe, que l'on peut être à l'intérieur même du silence ?

Vous avez vu comme vos repas deviennent harmonieux et agréables quand ils sont silencieux, pris en commun dans un ermitage ! La parole n'étant pas, vous êtes davantage attentifs au contenu de votre assiette, et concentrés sur l'instant présent, où cette nourriture accueillie par votre cœur et votre corps remplit son rôle. Ne sentez-vous pas que vous êtes mieux nourris simplement par un repas pris dans le silence ? Et ces aliments sont-ils *bio* ? Ont-ils été *énergétisés* ? À cette dernière question, je répondrais oui, en partie du moins, par le lieu, les êtres qui les ont touchés, par l'amour qu'ils y ont mis. Mais vous, qu'avez-vous fait au juste ? Chacun a pénétré cette pièce en silence et pris délicatement un plateau, une assiette, essayant de respecter le silence de l'autre, c'est-à-dire la bulle de vie de son voisin ou sa voisine.

Et ainsi, dans ce silence, dans cet acte anodin, vous vous êtes tous centrés sur la force qui réside en vous, la douceur, la féminité. Mais pour glisser dans cette sorte de féminité, vous avez dû faire appel à une autre force intérieure : votre masculinité. Vous vous êtes obligés à rester ancrés, centrés dans ce silence, mais cela ne veux pas dire que vous devez être dans le silence à longueur de journée. Non, je désirais surtout mettre l'accent sur le fait que vous avez ainsi accordé un peu d'attention à vos actes.

Cela n'a pas duré longtemps, mais ce peu de temps a nourri votre corps physique et tous vos corps subtils. Là se trouve la grande différence. Puisque, aujourd'hui, ayant rejeté votre corps physique dans ses forces, dans sa présence, vous ne faites précisément qu'apporter de la nourriture à ce corps, mais laquelle? Eh bien, quels que soient les aliments qui pénètrent votre espace intérieur, leur qualité en est dénaturée par votre approche et ceux-ci perdent dès lors toutes leurs énergies.

En effet, la manière dont vous avez avancé la main et posé votre regard, dont vous allez vous approprier les aliments fera en sorte que ceux-ci perdront ou non leur énergie. À quoi vous sert de vous asseoir et de mettre vos mains au-dessus de votre nourriture pour lui transmettre de l'énergie si, auparavant, vous lui avez ôté celle qu'elle avait à vous offrir?

La féminité se cache aussi dans cet acte très simple au quotidien.

Vous cherchez bien loin ce qu'est la féminité. Je vous le dis, si vous voulez reconnaître la féminité à l'intérieur même de votre corps, réappropriez-vous votre vie au quotidien. Réapprenez à bouger dans l'espace qui vous entoure, à pénétrer l'énergie de l'autre en douceur et avec respect. Si vous parvenez tous à vous réapproprier cet acte au quotidien, à respecter vos gestes au jour le jour, vous constaterez qu'une somme considérable d'énergies agressives disparaîtra. En d'autres mots, toute l'agressivité entourant la planète vous appartient puisque vous ne savez plus précisément ce que vous faites au quotidien. Vous ignorez que les énergies féminine et masculine coulent en vous en permanence.

Vos gestes sont saccadés, vous ne savez plus vous nourrir, vous êtes toujours attentivement à l'écoute de l'extérieur, en train de l'appeler pour recevoir des énergies afin de cacher, de murer la vision de qui vous êtes.

Alors, je vous le dis, devant ce qui se présente au quotidien, vous vous rendrez compte que plus le temps passe, plus nous vous inciterons à réinvestir vos gestes à chaque instant et à reprendre possession de vos pensées.

Vous avez le droit de penser et de réfléchir, mais selon votre ressenti. Avez-vous remarqué comment, chaque jour, les images transmises par vos médias, sous une forme ou une autre, amusante ou non, viennent vous chercher au cœur même de vos réactions? D'ailleurs, beaucoup parmi vous mettent en marche leur téléviseur à seule fin de créer un bruit de fond. Comment voulez-vous penser en toute liberté durant de telles journées? Vous en êtes au stade où vous avez besoin d'avoir *un bruit de fond,* tant vous ne pouvez plus supporter ce silence qui vous appelle à tourner votre vision à l'intérieur, à accueillir votre féminité et votre masculinité.

Ces deux pôles ont été tellement galvaudés que vous associez immédiatement le *masculin* à *voiture, arme, autorité, argent, pouvoir.* Et quand il est question du *féminin,* vous souriez, y accolant l'image de la femme soumise, celle qui lavera vos affaires, vous servira de bonne à tout faire et acquiescera par un *amen* à toutes vos pensées! Car, après tout, on peut acheter la femme et celle-ci n'a aucun droit de parole. Pourquoi aurait-elle un pouvoir? D'ailleurs, il y a très peu de temps, on ne lui reconnaissait même pas le droit *d'avoir une âme.*

Ce que vous avez fait à la femme, vous l'avez appliqué à votre pôle féminin. Aujourd'hui, nous vous invitons à regarder au-delà de ce que vit la femme dans son quotidien, dans sa souffrance, sa misère, car, présentement, vous l'avez rendue à cet état de misère pas toujours physique mais aussi morale avec, parfois, des sévices très subtils. Sachez donc que lorsque vous vous conduisez ainsi vis-à-vis d'elle, vous le faites à vous-même ; si vous êtes un homme, votre pôle féminin est en bien triste état.

Oh, je ne prononce pas ces mots pour vous culpabiliser, car vous n'avez pas besoin de moi pour cela, ayant su jouer ce rôle sans l'aide d'un conseiller. Cela vous donne en outre si bonne conscience : « Je me culpabilise tant d'avoir fait cela ! » Et où vous mène donc cette culpabilité, sinon dans le retranchement, la peur et, en somme, l'inaction !

Je vous exhorte à déposer tout cela, à regarder d'abord la femme évoluer tout autour de vous, à lui reconnaître cet état de victime, car elle est victime de l'homme au quotidien. Je ne veux pas dire par là que je suis *féministe,* Dieu m'en garde ! Je vous demande uniquement de reconnaître ce qui est afin que la femme et l'homme puissent se donner la main et se réapproprier leurs droits divins.

Aujourd'hui, nous en sommes là ; c'est un constat, rien d'autre. Ce n'est pas un jugement, car je suis loin de vouloir vous juger. Je suis venue spécifiquement pour vous rendre votre autonomie, votre responsabilité et votre honneur car, voyez-vous, autant l'homme que la femme ont perdu leur honneur.

J'aimerais, au vu de ce qui est véhiculé par vos médias sous une forme ou une autre, que vous puissiez vous asseoir, homme ou femme — car en ce moment je ne m'adresse pas qu'aux hommes —, regarder ce qui est et faire le bilan d'un jeu que vous avez joué à deux. Ce bilan est tel, que ce ne sera pas chose facile, mais vous avez relevé bien d'autres défis déjà.

Aussi, messieurs, je vous prie réellement de regarder ce qu'est devenue la femme, soit pas grand-chose, parfois même tout juste une serpillière.

Quant à vous, mesdames, observez ce que vous avez fait de l'homme, car il est votre miroir. Si vous n'aimez pas son comportement dans cette séquence de temps, des choses demandent sans doute à bouger à l'intérieur de vous. Le masculin comme le féminin sont à revisiter. Toutefois, dans la phase qui se présente en se déclinant à vous, c'est par la douceur, le rayon d'amour que vous pourrez réintégrer la valeur et l'honneur de la femme et de l'homme.

Il vous faut travailler en commun et oser vous parler. De son côté, l'homme devra oser avouer qu'il n'en peut plus de tout ceci ou cela. La femme, quant à elle, devra pouvoir exprimer en toute sérénité qu'elle ne supporte plus le comportement de l'homme sous telle forme ou telle autre. Il faudra vous créer un espace où vous pourrez vous rencontrer, dialoguer, et pas forcément en couple, mais avec des hommes et des femmes qui ne craindront pas d'échanger car, n'ayant pas de lien en commun, il leur sera plus aisé de déposer les mots qui font mal. En outre, il serait intéressant que les membres du groupe alors constitué se rencontrent plusieurs fois. En effet, comme les hommes parleront certainement plus fort au début, ce sera ensuite au tour des femmes de vomir ce qu'elles auront à vomir. Une fois tous les mots prononcés, reconnus, vous pourrez induire des réactions en vous pour le bien de la communauté.

Ce matin, nous vous avons invités en silence, par un simple geste, à descendre dans la force de l'Amour. C'était simple, puissant, et c'est venu vous chercher très loin dans votre féminité et votre masculinité : un seul geste dans le respect, dans l'amour, sans rien attendre, en donnant !

Le bien-être quotidien va être revisité puisque ce qui vit en vous, ce sont les pôles féminin et masculin, soit les énergies yin et yang, celles de la lune et du soleil. Un jour, ces deux énergies s'épouseront pour que la porte s'ouvre et emmène les époux à l'intérieur de leur demeure nuptiale. Oh ! voilà une bien jolie phrase, pourtant je vous révèle une grande vérité : ces deux pôles doivent s'unir et ouvrir une porte qui attend d'être poussée.

Et là, tout à l'heure, quand je tournais mon regard et vous observais en silence, je suis allée recueillir les énergies qui vous bloquent encore à l'intérieur de votre féminité et de votre masculinité, et même vous, messieurs, qui avez revêtu un corps d'homme, n'êtes pas installés dans ce pôle divin. Vous singez seulement cette réalité, tout comme la femme, dans sa robe féminine, effectue le même tour de force.

Vous vivez une illusion, vous vivez l'Illusion. Par les énergies qui descendent—je ne parle pas des miennes mais bien de l'ensemble des énergies visitant cette planète et qui sont redistribuées par tous les Maîtres afin de toucher toutes les couches de conscience, toutes les religions, tous les aspects de la vie—, on vous convie à revisiter ce que sont la féminité et la masculinité.

Quand vous poserez enfin un regard d'amour et demanderez à sentir ce que sont ces deux pôles, vous rencontrerez une force d'une telle puissance que cela génèrera des séismes en vous qui se traduiront peut-être par des cris, des larmes, et ce, aussi bien chez l'homme que chez la femme car, ne l'oubliez pas, les deux pôles existent l'un et l'autre chez chacun. Oui, vous aurez sans doute des crises de larmes, des tremblements, et même le besoin de hurler, de crier ou de vous coucher en position du fœtus. Puis d'un coup, sans savoir pourquoi, la paix s'installera puisque, tout simplement, vous aurez osé demander à toucher de l'intérieur ces deux pôles d'énergie. Ne croyez pas que c'est à l'extérieur de votre quotidien que vous trouverez la porte pour pénétrer les énergies féminine et masculine ; ce serait là une grossière erreur.

Par contre, vous pouvez induire des rencontres vous amenant à plonger en vous et, quels que soient les sujets abordés, nous irons vous cueillir dans votre dysharmonie, dans votre besoin de vous expanser à l'extérieur, de vous éparpiller

n'importe comment. Nous le ferons en prenant vos énergies
afin de les réimplanter à l'intérieur de vous-mêmes. En réalité, nous saisirons vos mains, qu'elles soient physiques ou de
lumière, et c'est en les tenant que nous attraperons vos faisceaux de couleur, vos énergies et que nous dirons à chacun :
«Tu vois, il faut que tu les tiennes correctement, que tu pren-
nes tout cela et que tu oses déposer tes lumières en toi.»

Vous êtes tous fragiles! Et vous l'êtes parce qu'il y a longtemps que vous n'avez pas communiqué correctement. Quand,
aujourd'hui, vous tentez de le faire, la plupart d'entre vous
cherchent encore à plaire à l'autre. Chacun se dit alors : «Si
j'emploie des mots contrariant, l'être devant moi n'osera peut-
être plus m'écouter.» Si cela survient, ne vous lamentez pas ;
sachez que votre guide, votre ange ou un Être de lumière
viendra et guidera l'autre personne jusqu'au moment où vous
pourrez tous les deux échanger de cœur à cœur. Vous avez
tous acquis une incroyable souffrance dans la recherche de la
masculinité, sans rien trouver, du moins rien de satisfaisant.

Nous vous annonçons que l'énergie féminine revient vous
visiter. Vous imaginez ce que cela veut dire? Que votre pôle
masculin, résidant autant à l'intérieur de l'homme que de la
femme, est en souffrance, déséquilibré. Ayant été grandement
mésécouté, il hurle afin de se faire entendre. Vous vous êtes
piégés à l'intérieur de cette reconnaissance, mais il vous est
possible, grâce à la descente de l'énergie de la féminité, d'apaiser votre regard sur la masculinité.

Ainsi, si vous avez l'audace de déposer des regards de paix,
vos pensées évolueront et, doucement, vous serez éclairés de
l'intérieur ; vos pensées seront habitées, ce qui vous amènera
à éprouver de nouveaux sentiments. Vous n'aurez plus besoin
d'avoir une mainmise sur un être puisque vous saurez que
vous ÊTES.

Oui, l'énergie féminine revient vous visiter de l'intérieur, et il faudra réapprendre à la côtoyer. Et dans l'énergie féminine se cache le pôle masculin. Imaginez-vous ? Vous n'avez pas su reconnaître la force réelle, la vie authentique du masculin et vous allez retrouver cela à l'intérieur du pôle féminin ! Vous êtes en train de comprendre que ce que vous essayez de fuir va être placé de façon démesurée sous votre nez, devant vos yeux, afin que ces yeux physiques ne puissent même plus dire : « Nous ne voyons pas. »

Subtilement, vous avez épousé tous les subterfuges possibles pour en nier l'évidence. Toutefois, avec le retour de la féminité, vous serez placés dans le monde de la densité, ce monde physique, devant la force, la beauté et la richesse du pôle masculin.

Une fois l'énergie féminine dévoilée dans toute sa splendeur, elle éclairera, enrichira le pôle masculin. Et cela étant, deux serpents vont s'épouser, un blanc et un noir. Qui est le blanc ? Qui est le noir ? Tout dépend si vous cherchez le serpent noir à l'intérieur du masculin ou du féminin, ou le serpent blanc et le serpent noir à l'intérieur du pôle féminin ou masculin. Dans les deux pôles, vous rencontrerez les deux serpents ; ainsi, vous pourrez les rééquilibrer en les mariant, car il s'agit des deux serpents de la Connaissance.

Ils formeront une très belle spirale, s'épousant et laissant émaner leurs couleurs. Cela se verra autant dans l'énergie féminine que masculine, et lorsque vous aurez effectué ces deux mariages, vous les prendrez pour les marier de nouveau et former l'unité. Ce n'est pas simple, pourtant c'est bien par la simplicité que vous retrouverez vos forces intérieures, vos pouvoirs.

Mais ces pouvoirs consisteront peut-être à oser regarder un être avec de l'amour sans lui parler, à étendre une main pour caresser un animal en lui envoyant un peu d'amour, ou à poser tout simplement votre main sur vous-même en vous disant : «Je reconnais mon bras, ma main, ma tête et mon visage, je reconnais mes jambes, mes pieds, mon ventre, ma poitrine, mon dos.» En effet, vous êtes tout cela, et chaque élément qui constitue votre corps porte les deux serpents, le blanc et le noir, le féminin et le masculin, la force solaire et la force lunaire.

Vous n'échapperez jamais à cette réalité; tout doucement, nous vous demandons de porter votre regard à l'intérieur de vous. Sachez que ce n'est là que le début, car tous les grands enseignements vont vous apprendre à pousser les portes de votre être intérieur. Ainsi, vous reconnaîtrez une à une ces portes qui délivreront leurs messages, leurs parfums, leurs connaissances. Puis, quand vous aurez fait le tour de tous vos possibles, vous vous apercevrez qu'il n'y a, en réalité, qu'une seule et même porte : le cœur. Que du cœur émanent toutes les couleurs de l'arc-en-ciel et que, dans le verger du Grand Constructeur ou Celui qui Est, abondent tellement de variétés de pommes, de poires, de tout fruit que l'on ne peut affirmer que *la* pomme, *la* poire, *la* cerise, ou *le* raisin existent...

Chaque fois, il s'agit d'une famille, et dans chacune se trouvent de multiples déclinaisons. Cette multitude réside en vous, à l'intérieur de votre cœur, de votre regard, de votre pensée, de votre sentiment et, quel que soit l'endroit où vous vous placerez, vous retrouverez la féminité et la masculinité.

Il y aura des situations où vous devrez faire appel à un pôle plutôt qu'à un autre, et cela sera juste, mais vous ne pouvez continuer à museler l'un des deux en faisant porter le chapeau à l'autre. Vous êtes *MULTIPLES* à l'intérieur de votre réalité unifiée, comme l'ont voulu les Créateurs, et *UN,* puisque c'est votre but suprême et que votre réalisation passe à l'intérieur des énergies féminine et masculine pour ces multiples possibles de vous-mêmes.

Regardez la voûte étoilée : elle est merveilleuse, et lorsque vous pouvez l'apercevoir dans sa globalité se dévoile un nombre infini d'étoiles qui, toutes, occupent actuellement la même place et, ce faisant, viennent vous chercher à l'intérieur de vous-mêmes. Il y a autant de portes que d'étoiles dans la voûte céleste, mais, voyez-vous, quand on passe d'un champ de conscience à un autre, les étoiles bougent et les forces à l'intérieur du corps également. Aussi, les champs d'énergie qui passaient à l'intérieur d'une porte seront-ils déplacés afin d'accueillir de nouveaux champs qui laisseront couler les énergies dans leur réalité. Mais tout demeure à l'intérieur ; seules les inter-réactions de tous ces champs changeront.

Il vous faut dès à présent retrouver qui vous êtes, et ce *qui vous êtes* est bien au-delà de votre apparence, de ces misères rencontrées dans votre corps physique. Vous êtes le Tout s'exprimant sur des milliers de voies avec des carrefours à chaque instant, des feux qui clignotent de l'un à l'autre. Vous avez oublié de décrypter cet itinéraire, le vôtre, ayant au préalable oublié que cela EST, et qui vous êtes.

Je vous le répète donc, les expériences qui vont venir à vous n'auront d'autre objectif que de vous rappeler votre véritable personnalité ; votre but suprême sera enfin d'identifier la force masculine et la force féminine.

Vous verrez qu'on vous donnera des outils pour le faire, que ceux-ci, quelles que soient leurs formes, seront tous employés à des fins de responsabilisation, de tolérance, de fraternité, d'amour, et que chaque fois un bouclier bien luisant vous renverra tout ce qui appartient au contraire de ce qui vous visitera. Aussi, réinvestissez votre regard, votre pensée, votre sentiment ; détachez-vous progressivement de ces influences extérieures qui vous poussent à emprunter un chemin vous menant encore vers une impasse. Cependant, vous êtes les seuls créateurs de votre réalité.

Nous déposerons encore et encore la connaissance, l'habillant tantôt d'un vêtement tantôt d'un autre, de façon à répondre à votre instant présent et aux fluctuations de vos pensées, mais cela s'arrêtera là. Puis, quand à l'intérieur d'une porte, d'un cercle de connaissance, vous sentirez l'étroitesse en vous, sachez que vous serez en train de quitter un mode de fonctionnement pour vous ouvrir à un champ plus harmonieux.

Soyez doux envers vous ; vous avez oublié ce qu'est la douceur. Accordez-vous un peu de temps sans penser ni parler, pour vous immerger dans la nature ou réapprendre à apprécier l'Eau, la Terre, le Feu, l'Air en étant simplement assis dans un fauteuil chez vous, c'est important.

Jamais, je ne vous entraînerai dans des actions compliquées. Et toujours, je vous inviterai à vous réapproprier votre corps, vos portes intérieures, vos lumières, votre connaissance, votre identité, et ce, par des actes simples, si simples en définitive que même un enfant pourra vous rappeler ce mécanisme. Il est tellement facile de respirer avec juste un peu de conscience ! D'étendre la main et d'aller chercher un objet en y mettant de l'amour, même si ce n'est qu'une tasse et, qu'en apparence, elle ne peut vous répondre !

Réappropriez-vous chaque geste, chaque expansion de votre être. Comprenez surtout ce qui suit. Chaque fois que vous étendez le bras et écartez la main, il s'agit bien d'une expansion de votre être. Chaque fois que vous tournez la tête, vous déplacez vos énergies. Chaque fois que vous utilisez vos pieds, vos jambes, vous vous déplacez sur la force de la Terre.

Vous devez réapprendre des fonctionnements simples : comment poser un pas, comment vous mouvoir à l'intérieur des énergies. Des actes simples, forts simples visant à déjouer tous les mécanismes compliqués que votre mental a su construire chaque fois que vous avez fait appel à lui. Votre mental est aussi fatigué que votre corps physique. Aussi, en toute simplicité, retrouvez qui vous êtes à l'intérieur de chaque geste quotidien.

Réapprenez à entrer avec douceur et respect dans la bulle d'énergie d'un autre être. Comprenez que rien ne vous est dû, que tout vous est accordé si vous y mettez de l'amour, et que tant que vous n'êtes pas installés à l'intérieur de l'amour, les portes restent fermées et le mariage suprême sera bien d'amener les deux pôles féminin et masculin à l'intérieur de votre cœur.

Nous allons nous quitter afin que cette énergie de douceur que j'ai déposée autour de vous pénètre votre réalité. Ce que je fais en ce moment à l'intérieur de ce groupe touche également l'humanité entière. Chaque fois que je secoue la conscience d'un petit nombre, c'est l'humanité dans son ensemble qui est travaillée par le biais de la résonance. Pour moi, il n'est pas question d'ignorer l'un ou l'autre de vos frères et sœurs, qu'il soit noir, jaune, rouge ou blanc, petit ou grand, beau ou laid. Ici, nous nous moquons de tout cela.

Si un petit nombre de personnes s'assoient à l'intérieur des *Cercles de paroles SORIA*, c'est qu'elles ont décidé d'être actives pour le bien de l'humanité, et je les remercie de jouer ce rôle. Je leur accorde toute ma haute vision de qui vous êtes tous.

J'ai un immense respect pour chacun de vous, présent ou non, et j'aimerais que vous vous réappropriez la force et l'énergie de la fraternité.

Votre humanité est assez exceptionnelle par tout ce qu'elle a vécu, par toutes ces souffrances, ces distorsions, et sa propre réalisation dépassera le cadre de ce qui était imaginable.

Mais auparavant, elle doit entrer à l'intérieur de la fraternité. Je vous invite donc à reprendre ce vêtement de frères et sœurs des étoiles, du Soleil, de la Lune, de la Terre, de l'Air, de l'Eau, du Feu, d'en haut et d'en bas.

Vous êtes tout simplement frères et sœurs, et cette vision vient vous revisiter.

12

Le choix dans la gestion des énergies

Dans ce retour de la mémoire cellulaire se distinguera un instant où vous devrez regarder un endroit en particulier, et ce sera votre matrice, votre ventre, là où la Vie réside, où s'est logée la personnalité. Quand vous aurez rendez-vous avec vous-mêmes en ce lieu, essayez de vous y présenter avec douceur, tendresse et respect, respect pour celui ou celle que vous fûtes car, n'en doutez absolument pas, vous avez été autant homme que femme. Si l'un de ces deux pôles vous attire davantage, c'est certainement en souvenir d'instants plus harmonieux vécus dans un type d'énergie plutôt que dans l'autre. De toute manière, vous avez eu autant de vies d'homme que de femme.

Des images vous révéleront votre passé. Celles-ci ne seront pas toutes harmonieuses ni idéales ou à idéaliser, mais quand cela sera, souriez, car, dans ces instants-là, sachez que vous aviez décidé d'expérimenter tel ou tel type d'énergie afin de faire un choix. Peut-être avez-vous été un assassin, une femme qui a enlevé la vie à des bébés venant au monde ! Ou bien un roi, une reine, peut-être aussi un mendiant, mais je vous rassure, vous avez été cela et tout le reste, car il faut bien finalement choisir en connaissance de cause. En effet, comment savoir qu'on ne restera pas un assassin, si on ne l'a pas été déjà ? Comprenez-vous ? Il faut l'avoir vécu pour savoir ce que c'est que d'enlever la vie, jusqu'où cela nous plaît, si un autre choix s'offre à nous. Il faut avoir servi la Vie pour avoir envie de servir la Vie. Connaître tout est possible quand on descend dans le monde de la densité et qu'on visite un secteur ; toutefois, précisons-le, tout cela n'est pas forcément concentré en un lieu. Sur votre planète, tout est là ! Rien ne manque, tout est possible.

C'est pourquoi vous avez l'extrémité du choix et l'envers de ce décor, la souffrance qui a accompagné tous les types d'expérience jusqu'à maintenant. La souffrance a été omni-présente dans toutes les études. En fait, il fut un temps dans le passé de la Terre où un groupe d'êtres a décidé de retenir la souffrance comme moteur d'évolution. Si vous regardez toute la palette d'hommes et de femmes installés ici en ce moment, vous verrez qu'il y a autant d'expériences que d'êtres, et autant de souffrances que d'expériences. Cela signifie qu'à l'heure actuelle, mis à part les maîtres installés dans leur centre et qui vous servent de guides, tous les êtres évoluant à l'intérieur de votre humanité sont immergés dans la souffrance, certains plus que d'autres, en fonction du cheminement engagé. Mais sachez qu'il y avait dans cette vie, celle qu'ont portée tous les hommes et toutes les femmes, un quota ou degré de souf-france requis pour passer au-delà de ce système. Et nous nous demandions quand cette humanité allait décider de délaisser ce moteur d'expérience.

Nous avons ressenti une joie, une montée d'amour excep-tionnelle envers vous quand, enfin, nous avons reçu vos mes-sages télépathiques ou que nous avons vraiment enregistré des mots bien énoncés nous priant d'annuler la souffrance comme référence de progression. Et nous ne nous sommes pas dit alors : « Certes, cette terre est arrivée à son rendez-vous, mais ce n'était pas forcément l'heure encore pour enregistrer une telle requête. Nous aurions pu encore attendre quelques décennies.» Non! cela s'est fait immédiatement, révélant une accélération de la prise de conscience de la divinité à l'intérieur de cette humanité, et le fait que vous êtes en train de préparer le chemin que parcourront les êtres qui viendront dans l'avenir. Vous demandez que cette voie soit aplanie, plus lumineuse et qu'une aisance descende dans ce mouvement intérieur. Et nous sommes vraiment heureux de ce pas franchi par votre état de conscience, car cela indique que certains d'entre vous ont capté les messages que nous avions placés dans l'éther de votre planète.

Bien d'autres enseignements y reposent, et nous ne savons pas dans quel ordre tous ces dépôts vont émerger les uns après les autres. Nous l'ignorons, mais nous attendons, ayant déjà fait notre part de travail. En tout cas, sachez que nous avons ouvert plusieurs accès à la conscience et à la reconnaissance de l'Identité divine sacrée qui repose en vous. Je voulais vous signaler un point : Chaque fois qu'un groupe d'hommes et de femmes émet une telle volonté, un tel progrès de conscience, un tel rapprochement de l'état divin, il y a obligatoirement des changements à l'intérieur de la cellule humaine, soit au sein même de l'humanité telle que vous la concevez. Certes, des progrès se déclareront forcément, mais également des ouvertures de nouvelles zones de conscience et de mémoire à l'intérieur de vos cellules. Imaginez une cellule divisée en des milliards de petites particules, chacune étant une banque mémorielle renfermant plusieurs millions d'informations! Ainsi, chacun d'entre vous peut, par le biais de ces ouvertures de mémoire, créer son chemin à venir, sa destinée, son futur, selon ce qui lui convient.

Dans le cas présent, en émettant cette volonté de voir abolir la souffrance, vous venez d'ouvrir des zones de mémoire jusque-là fermées, mais d'autres, attendues, ne se sont pas encore ouvertes...

Vous êtes donc invités à aller cueillir ces ouvertures par le moyen qui vous conviendra et à vous rendre compte des progrès immédiats pouvant être réalisés. Naturellement, je pourrais encore induire des réflexions vous amenant à ces ouvertures, mais je pense qu'il est plus sage pour moi de vous signaler que des portes sont prêtes à s'ouvrir, mais que vous devez partir en reconnaissance dans le but de les découvrir.

Vous avez demandé l'abolition de l'esclavage ; vous demandez cette fois l'abolition de la souffrance. D'autres prises de conscience restent toutefois à effectuer. Par exemple, vous ne voulez plus être esclaves de l'argent et, par conséquent, nous avons pu induire des réactions dans votre système économique. De la sorte, le système économique tel que vous le connaissez est en voie d'effondrement. Et ceci sous-entend aussi que nous allons ouvrir des secteurs de relations humaines où vous pourrez enfin vous réconcilier avec l'énergie *argent*. Car, n'en doutez pas, l'argent est une énergie avant tout. Ainsi, si une poignée d'hommes et de femmes ont pu mettre la main sur elle, c'est que quelque part, en amont, vous aviez rejeté cette énergie. Il vous a donc fallu émettre une volonté pour vous réapproprier ce terrain d'échange. Bien sûr, il est possible d'évoluer sans argent, mais si l'argent venait à disparaître à l'instant, seriez-vous pour autant guéris de cette énergie ? Auriez-vous cicatrisé toutes les plaies enregistrées dans vos mémoires ? Non. Aussi, la sagesse réclame-t-elle d'abord la guérison d'une énergie et son apaisement avant de fermer certaines portes. Nous allons donc pénétrer une période où vous pourrez apaiser votre mémoire, guérir ce moteur intérieur d'action. Vous devrez redonner leurs lettres de noblesse à cette fonction et ne pas usurper son but premier : faciliter l'échange entre les humains. Tout cela n'a jamais été conçu pour engendrer une mainmise sur une collectivité. Vous le verrez, bien des fonctions attachées à cet argent vont tomber et, je tiens à le signaler, tous les scandales attachés à cette énergie seront révélés. Oui, bien des secteurs vont vous faire frémir.

Nous allons vous tracer un portrait de ce qu'ont été les travers de l'argent, un portrait couvrant une période de dix-huit mois de votre temps. Vous aurez ainsi de grandes révélations. Et au fur et à mesure que ces informations vous visiteront, elles réveilleront peut-être en vous des mémoires pas si anciennes ayant trait à certains de vos travers. Souriez alors, car si révélations il y a, c'est aussi pour dévoiler ce qui est en vous, non pas pour pointer du doigt qui vous avez été par le passé mais pour vous convier aujourd'hui à la guérison et à l'amour envers vous-mêmes.

À l'évidence, vous avez connu les travers de l'argent, et peut-être êtes-vous aujourd'hui du côté des humains spoliés. Cependant, comme vous fûtes aussi des spoliateurs à un moment de votre histoire, vous avez désormais une vision complète de cet acte et pouvez, en toute conscience, décréter si le temps est venu pour vous de cesser ce jeu d'un côté ou de l'autre du miroir. Personne ne peut vous juger, sinon vous-mêmes.

Lorsque vous êtes prêts à recueillir toutes les informations relatives à une séquence de vie, d'où vient ce retour de connaissance, si ce n'est de l'intérieur de vos cellules ? Une chimie naturelle ou une remontée mémorielle entre alors en action, qui va vous livrer le déroulement de votre vie. Personne pour vous juger alors, sinon vous-mêmes en vis-à-vis de ce film qui remonte. Et, voyez-vous, généralement, les sentences, d'une extrême violence, sont données par vous-mêmes, allant même à l'encontre de votre personne. Jamais un autre Être de lumière et d'amour ne viendra vers vous en disant : « Eh bien, on va te couper la tête ; ainsi, tu sauras ce que c'est ! ». Non, c'est chose impensable, car il sait que sans tête, il vous sera impossible d'analyser. Il ne va pas non plus vous amener à une autre somme de karma, ni vous le proposer, car il sait que si vous êtes écrasés par ce karma, vous ne pourrez renverser la tendance.

Ainsi, quand vous vous présentez devant les Seigneurs du karma, ils examinent simplement l'énergie que vous êtes aptes à transmuter, je dis bien *aptes à transmuter*. Autrement dit, ces êtres emplis d'amour vous écoutent, et voilà bien ce qui les fait frémir parfois, car ils savent parfaitement combien vous êtes ignorants de la relation entre le jugement que vous avez émis en arrivant de l'autre côté et les sentences que vous exigez pour vous racheter, vous punir. Lorsque chacun est devant ce Conseil karmique, ils lui expliquent ceci : «Tu vois, en voulant agir de cette manière, cela appellera telle ou telle énergie encore tapie à l'intérieur de tes cellules, mais cette énergie n'est pas vraiment prête à revenir. Une fois là-bas, les souffrances que tu endurerais seraient bien trop fortes.» Généralement, pendant ces séances, ces êtres viennent ainsi vous instruire sur vos choix, vous invitant à accepter une réduction de charge afin que l'équilibre cosmique soit parfait, car ils savent bien que si vous partiez avec une charge d'énergie trop lourde sur vos épaules, cela irait à l'encontre du désir souhaité.

Je vous demande aujourd'hui d'être un peu plus conscients de ce qui se passe là-bas, de l'autre côté, et de ne pas vous charger d'une énergie qui ne vous appartient pas ou qui n'est pas prête à être transmutée. Je vous prie encore une fois de vous installer à l'intérieur de l'instant présent où, précisément, des portes sont prêtes à s'ouvrir et à divulguer leurs secrets. Sachez que lorsque tout se déroule naturellement, les Guides, les Anges viennent vous aider au cours de cette séquence. Par contre, si vous allez fouiner à l'intérieur de vous alors que ce n'est pas l'heure, vous vous retrouverez avec une expulsion de mémoires trop lourdes, malsaines, encombrantes, et ne saurez comment vous libérer de cette surcharge. Pour certains, des années seront alors nécessaires, mais d'autres pourront y laisser leur vie ou recevoir le contraire, c'est-à-dire qu'au lieu de se libérer, ils s'enfonceront à l'intérieur de cette mémoire. Il n'y a aucune sagesse dans cet acte.

La sagesse, c'est reconnaître quand il est temps pour vous d'aller explorer un type d'énergie ou un autre. C'est aussi de savoir qu'une bulle de remontée mémorielle va accompagner chaque énergie revisitée et que vous connaîtrez donc des jours harmonieux, mais d'autres où vous serez en état de faiblesse. L'important, c'est d'équilibrer ces deux plateaux où la faiblesse côtoiera l'harmonie et la force ; il n'est pas souhaitable que le plateau de cette faiblesse vienne empiéter sur celui de la force harmonieuse. Soyez très prudents par rapport à vos choix ; installez, invitez la sagesse.

Des choix, vous en aurez à foison dans les mois qui viennent, car l'heure est venue. Sachez que si vous en retenez un qui n'est pas équilibré, cela peut laisser place à une chimie déstabilisante pour tous les autres choix. Alors, si vous êtes incapables d'émettre un choix clair pour vous dans l'instant présent, ayez la sagesse d'appeler vos anges, vos guides, les Êtres de lumière célestes ou les êtres à l'intérieur de la Terre et de leur dire : «J'ai besoin de votre lumière afin d'effectuer ce choix en conscience.» N'essayez pas d'aller vers un autre choix tant que celui-ci ne sera pas résolu. Avancez un pas après l'autre, en conscience, avec amour et beaucoup de respect et de douceur.

Tout ce que vous vivrez et entendrez à l'extérieur de vous fait partie de la mémoire de cette humanité. Dans tous ces retours, une part est pour vous, une autre est à l'humanité, une autre encore se rapporte à votre famille biologique, puis une dernière appartient à votre famille céleste ou à la famille qui vit à l'intérieur du centre de la Terre. Et il vous faudra avancer en toute connaissance de cause, puis vous poser, vous asseoir, reconnaître, sentir, dialoguer, oui dialoguer avec vous-mêmes. Comprenez bien que ce qui vient vers vous représentera un terreau, un ferment exceptionnel. Mais plus ce terreau sera présent, plus vos portes intérieures s'ouvriront. Et ce que vous trouverez alors, ce sera autant des images de vous dans des phases harmonieuses, équilibrantes ou socialement épanouissantes, que vos facettes ombre ayant voyagé sur terre.

Je vous encourage fortement à ne pas tomber dans la culpabilité. À avoir assez de grâce et de légèreté envers la Vie pour accueillir la vision de vos maîtres et de vos guides. Sachez que si vous avez plongé dans une énergie appartenant à l'ombre, bien sûr qu'il faudra remédier à vos attitudes, mais si cette énergie revient, c'est peut-être aussi pour vous transmettre une connaissance. Alors, avant d'entrer dans une *correction* de votre être, accueillez d'abord la connaissance liée à cette facette et élevez votre regard, votre sentiment, votre pensée afin de ne pas plonger dans vos vieux travers. Élevez-vous dans la connaissance de la Lumière de Vie qui, elle, vous a offert deux moteurs importants : la visite de l'Ombre et celle de la Lumière. Si, aujourd'hui, vous tentez de sortir de l'ombre de gros travers, c'est bien avant tout ceux créés par l'humanité incarnée et non par les deux moteurs proposés par le Divin. Vous devrez, là aussi, avoir le courage de regarder ce que représente le moteur de l'Ombre divine et tout ce que vous avez créé, vous, comme *ombre*. Et voir tout ce que vous avez conçu comme *lumière* et qui n'appartient pas au moteur de la Lumière divine. Vous vous rendrez compte que vous avez aussi ouvert des portes dans ce pôle d'interaction. En effet, vous avez créé l'ombre de l'Ombre, mais également la lumière de la Lumière, et ce, pour que cette planète ne sombre pas. Par ces ouvertures, vous êtes en train de retrouver aujourd'hui les deux moteurs principaux de la divinité que sont l'Ombre et la Lumière.

Vous acceptez fortement que l'humanité, du moins un groupe d'hommes et de femmes, ait créé ce que l'on appelle un gouvernement obscur, mais il ne vous est pas encore venu à l'idée que vous avez su concevoir une autre cellule, de lumière celle-là, qui n'est pas attachée au moteur divin de la Lumière. Et là, j'aimerais doucement vous voir glisser de cette autoflagellation des créateurs du moteur de l'ombre vers un peu de joie et de fierté, celles d'avoir su créer un moteur de lumière que seule l'humanité incarnée a engendré. En d'autres mots, si un groupe d'hommes et de femmes a su manipuler le reste de l'humanité, il s'en trouve un autre parmi cette humanité en incarnation qui a su prendre des décisions visant à créer une bulle de lumière, une fraternité, préservant ainsi l'équilibre de cette planète afin de rappeler un jour à toute l'humanité qu'il est temps de rentrer dans sa conscience divine.

Il est vrai que nous avons grandement fait allusion au gouvernement obscur, mais nous étions alors confrontés à une période où il fallait dégager la force d'inverser le mouvement. Maintenant il sera question de vous, surtout de ce que vous avez réussi à faire, à contrebalancer. Je vous le dis, bien des hommes et des femmes, voyant où la Terre s'en allait, ont créé des fraternités, de petites confréries et, de génération en génération, se sont transmis leur savoir. Et ce savoir a pu grandir, car ils ont travaillé à chercher d'autres êtres pour faire grossir et augmenter cette lumière. Il s'est passé de très jolies choses, et de très noires aussi ; désormais, vous êtes invités, car vous ne pourrez faire autrement, à regarder l'histoire de votre planète, de cette humanité et de tout ce qui a été fait. Vos oreilles vont écouter, et il y aura des jours où ce que vous entendrez ne vous fera pas plaisir, puis des jours où une mélodie viendra réconforter votre cœur blessé. Mais pourquoi voulez-vous absolument être blessés, alors que nous pourrons cette fois chanter d'allégresse ? Cette planète est en train d'inverser la tendance. J'aimerais sincèrement, durant toutes les remontées mémorielles qui auront lieu à l'intérieur de vous et de votre groupe humain, que la joie explose, qu'elle remplisse le cœur de chacun et forme une rivière de lumière multicolore afin de guérir et d'apaiser toutes ces mémoires.

L'heure du bilan est arrivée, celle de regarder et d'entendre, non de juger. Celle où il est temps d'induire un mouvement du cœur et d'installer non pas l'amour humain mais l'Amour divin.

Bien des informations viennent vers vous. Aussi, j'aimerais vous convier durant cette séquence particulière à entrer en vous, à chercher le but, la vision de vous-mêmes puis de cette planète, et à les maintenir ainsi tout au long de cette traversée, qui sera parfois douloureuse. En effet, il y aura peut-être des larmes, de l'incompréhension. Mais si vous êtes installés à l'intérieur de votre cœur, de votre vision, de votre but, vous pourrez en vérité vivre ces sentiments sans en être dépendants, sans porter sur vos épaules une charge qui ne vous appartient pas, sans rentrer dans l'inacceptable que représentent la culpabilisation et l'autoflagellation.

Les êtres des étoiles et ceux de l'intérieur de la Terre vont encore et encore vous aider. Ils se révéleront de plus en plus à vous, vous parleront, se feront sentir puis, un jour, ils seront là.

Mais, en attendant, vous êtes encore seuls avec vous-mêmes, votre passé, dans ce présent, à faire en sorte que le futur devienne une source de joie et d'amour installée dans le plus beau fleuve multicolore que vous puissiez offrir à l'Univers.

Aussi, glissez sur cette vision sans vous arrêter à cause des remontées nauséabondes de cette humanité. Sachez que vos frères et sœurs des étoiles et de l'intérieur de la Terre vous aiment en raison de tout ce que vous avez accepté de vivre, osé entreprendre et réussi à faire, pour ce changement que vous êtes en train d'induire.

Soyez en paix, car notre cœur déborde d'amour, de paix et de reconnaissance pour nous permettre de ramener cette planète au sein de l'Amour et de la Vision du Sans-Nom.

13

Les portes intérieures

Tout doucement, nous sommes descendus vers vous, jusqu'à votre planète. Tout doucement, nous avons essayé de vous approcher, de vous familiariser avec notre radiance.

Tout doucement, nous vous avons habitués à accueillir des énergies qui, jusqu'à présent, n'étaient pas encore venues sur cette planète.

Je ne vais pas vous dire que ce que nous avons donné, depuis notre entrée officielle au service de cette planète, représente la totalité de nos énergies, car cela serait un grand mensonge. En réalité, et je tiens à vous l'annoncer, nous avons à peine entrouvert leur flux. Nous commençons simplement à les laisser couler vers vous, mais de façon amoindrie. En effet, la force qui réside en vous est tellement dénaturée par le passé de vos histoires et les besoins égotiques de pouvoir et de mainmise de certains, que nous ne pouvons pénétrer votre espace en déversant immédiatement la qualité de nos énergies. En outre, dans l'avenir qui se présentera à vous, vous serez tous rééduqués en vue de ressentir, d'identifier les qualités des énergies mises à votre disposition, ainsi que leurs types. Cela réveillera des mémoires en vous et vous rappellera un temps où, justement, vous pouviez avoir un accès direct à ces forces. Une fois ces mémoires cellulaires réveillées, vous vous rendrez compte que vos pensées et vos actions quotidiennes changent. Car lorsque cette somme de mémoires émergera, vous saurez également que ce que vous faisiez avant n'était pas aligné sur la volonté solaire ou lunaire, ni sur l'énergie de Mercure, d'Uranus, de Vénus ou d'autres sphères.

Puis, progressivement, quand vous aurez reconnu les champs d'influence de toutes ces planètes agissant dans votre quotidien à titre de gardiennes, de guides ou de grandes sœurs pour la reconnaissance de qui vous êtes, vous devrez réintégrer la connaissance des constellations, des galaxies, des univers petits et grands. Placés devant les champs de force, vous vous apercevrez que chacun a sa puissance, sa détermination, ses portes, et suscite donc des réactions sur votre corps.

Au fur et à mesure que nous vous amenons à cette reconnaissance, vous redécouvrirez des passages dans vos cellules et vos organes, dans vos planètes intérieures, et plus vous élèverez votre regard vers les étoiles, plus vous verrez celles qui sont en vous. Plus votre regard prendra de la hauteur, plus il plongera à l'intérieur de votre identité. Car vous souffrez autant de l'amnésie de vos sœurs célestes que de tout ce qui est en vous. Chaque fois que vous revêtiez un voile sur la connaissance des étoiles, vous en posiez un sur les pouvoirs de votre corps.

Aujourd'hui, si vous avez le courage de regarder la vérité et de l'accepter, vous devez admettre que la connaissance de vos étoiles et de ces forces universelles est devenue une méconnaissance. Et si vous poussez plus loin et tournez votre regard à l'intérieur de vous-mêmes, vous décelez aussi une grande méconnaissance des pouvoirs de votre corps. Bien sûr, on commence à vous enseigner que telle planète porte tel nom, et tel organe tel champ d'action, mais soyez honnêtes, avez-vous la profondeur des interréactions entre chaque organe, entre chaque champ de force tellurique et cosmique à l'intérieur de votre corps?

Bien sûr, vous êtes incapables de répondre, car vous avez été spoliés de cette connaissance. Voyez, dans votre quotidien d'aujourd'hui, comme on vous retire votre pouvoir de décision, comme vos choix sont de plus en plus restreints et comme on vous accule à un mur infranchissable. Et enfin, comment on essaie de vous faire croire que la technologie actuelle est le remède universel.

Il va falloir oser regarder et reconnaître que ce que vous connaissez n'est, en réalité, qu'un moyen simple de vous rendre esclaves. Mais esclaves de qui et de quoi? À l'évidence, un groupe d'hommes et de femmes manipulent dans l'ombre. Mais pourquoi le peuvent-ils, si ce n'est que vous les avez appelés à cette fin. Alors, si vous êtes manipulables, c'est peut-être que vous avez oublié qu'une porte s'ouvrir, certes, mais se fermer aussi. Et que derrière une porte il peut y avoir des énergies positives ou négatives ou, si vous préférez, des énergies masculines ou féminines, donc des énergies lunaires, solaires, terrestres ou universelles. Vous ne savez plus poser la main sur cette poignée qui permet l'ouverture ou la fermeture de la porte, ni même d'ailleurs qu'il y a une poignée.

Vous êtes manipulables parce que l'on vous a fait croire qu'il n'existe plus de porte et que vous ne pouvez étendre votre main pour ouvrir, fermer, puis franchir, d'un côté ou de l'autre, les paysages que cache cette porte. Vous allez devoir réapprendre que l'on peut naviguer d'un côté comme de l'autre et qu'il y a de l'ombre et de la lumière des deux côtés de la porte. Vous reconnaîtrez, quel que soit le chemin emprunté, que vous serez toujours placés vis-à-vis de ces deux pôles : l'Ombre et la Lumière. À coup sûr, on y trouve la forme dense, celle que vous connaissez, mais également les formes subtiles.

Dans le passé de cette planète, encore assez récent, des hommes et des femmes ont combattu l'esclavage sous sa forme la plus terrible, la plus physique. Eh bien, je vous le déclare, dans l'avenir — pas dans mille ans ni deux mille ans ou plus, oh non je parle de l'avenir qui est proche, qui peut être demain, dans un mois ou un an —, vous allez devoir également vous élever et reconquérir cette liberté subtile que vous avez perdue, déposée.

Vous reprendrez ce bâton de pouvoir qui est le vôtre et vous vous apercevrez que, finalement, au bout du chemin, de cette lumière, c'est vous-mêmes que vous rencontrerez. Chaque fois que vous reconnaîtrez les forces qui vous empêchent d'être libres, vous rencontrerez l'une ou l'autre des facettes de votre personnalité qui a engendré ce vis-à-vis. Et plus vous accepterez de regarder, plus vous tournerez votre regard en vous car, pour vous envoler vers les étoiles, il vous faut retrouver tous ces passages intérieurs qui sont là, à votre disposition, mais que vous n'utilisez plus.

Au début, peut être cela sera-t-il difficile, car la poignée d'une porte qui n'est plus employée depuis longtemps est rouillée, et ce que l'on rencontre d'abord, c'est cette rouille installée. En accomplissant quelques actes pour lui permettre de s'effacer, vous verrez les serrures fonctionner enfin à merveille et pourrez alors passer d'un sas à l'autre, d'une énergie à l'autre pour voyager à l'intérieur ou à l'extérieur de la planète. Mais imaginez, un grand voyage vous attend, qui est en vous-mêmes, à l'intérieur de votre conscience !

Là réside le plus grand piège, car il est vrai que par le passé vous avez vécu certaines situations qui furent ce qu'elles ont été. Mais si vous les avez vécues, c'est qu'elles étaient en quelque sorte nécessaires à votre compréhension. Ayez tout simplement le courage et l'honnêteté de regarder les situations vécues dans le passé. Et assez d'amour envers vous-mêmes pour avoir osé emprunter de tels chemins, de tels passages. Puis, une fois cela fait, franchissez encore un pas, celui de remettre tout ce passé dans l'Amour incommensurable de la Vie qui ne juge pas car, s'il y a un juge, il n'y en a qu'un, et c'est Vous.

Il en a toujours été ainsi. Lorsque vous revenez de l'autre côté du voile, vous ne vous rendez pas devant un *tribunal* mais allez tout simplement voir défiler le film de votre vie. Vous analysez ces séquences qui vous ont fait souffrir, les mots — ou les maux — qui ont engendré des réactions dans le futur. Vous êtes tels des scientifiques analysant une banque de données. Dès lors, vous pouvez avoir un regard scientifique et recueillir toute la quintessence de votre passé, ou bien agir encore et toujours comme un juge, un bourreau et vous appliquer des sentences.

N'êtes-vous pas fatigués de tous ces jeux égotiques qui vous entraînent de vie en vie à oublier un peu plus qui vous êtes ?

Pourquoi ne pas démontrer assez d'amour à votre égard pour vous laisser enfin regarder ce film défiler et accueillir l'enseignement qu'il vous réserve ?

Je vous entretiens de ces choses, mais savez-vous que dans votre vie, votre quotidien, il y aura d'autres films, dont le film familial et celui des religions ? Une pierre d'achoppement se présente à votre humanité. Vous allez découvrir que les religions n'ont pas du tout tenu le rôle annoncé. Vous constaterez, si ce n'est déjà fait, que toutes ont conseillé, il est vrai, mais avant toute chose, qu'elles vous ont tendu une carotte pour vous inciter à avancer. Et vous avez marché longtemps !

Vous avez interminablement plié l'échine, mais, voyez-vous, vous pouvez continuer à marcher ainsi un long moment encore, car cette carotte, vous ne l'attraperez jamais ! Par contre, si vous osez vous asseoir (et là aussi, observez bien ce qui va se passer dans toutes les religions), ne devenez pas leurs juges. Nous vous demandons d'avoir assez d'amour envers vous-mêmes pour vous regarder, pour estimer comment vous avez évolué au sein de ces religions, comment vous avez osé déposer votre identité, vos pouvoirs entre leurs mains, comment vous avez mandaté ces religieux pour faire ce qu'ils ont fait. Car tous ces crimes qu'ils ont commis—et il s'agit bien de crimes au sens pur, au sens physique comme subtil—, comment ont-ils pu les commettre si ce n'est avec l'énergie que vous leur avez donnée ! Non, je ne vous annonce pas cela pour que vous vous exclamiez « Mon Dieu, j'ai fait ça ! », mais pour que vous soyez assez honnêtes envers vous et la Vie. Afin d'accueillir simplement cette reconnaissance, de cesser d'alimenter ces réservoirs et que les énergies mal qualifiées que vous y envoyez puissent enfin servir au bien de tous. Pour que ces religions entrent en introspection et comprennent que le temps est venu pour elles de changer d'attitude puisque toutes ces énergies de soutien ne sont plus là, que celles qui viennent désormais les visiter leur demandent au contraire d'être honnêtes, de délivrer la vérité, car il s'agit bien de *vérité*.

Vous vous êtes menti tant d'années durant sur toutes les manières possibles d'être au sein de l'humanité, de l'Univers, de vous-mêmes, de votre famille biologique et même de vos Pères/Mères universels ! Il faut comprendre que ce mensonge s'est inscrit comme une chimie à l'intérieur de vos cellules et que les énergies que nous allons peu à peu diffuser vers cette planète iront le chercher en vous. En d'autres mots, lorsqu'elles parviendront jusqu'à vous puis feront ce petit nettoyage, eh bien, vous retrouverez des images, des impressions, des odeurs, des couleurs. Cela ne sera pas forcément agréable, et si, encore une fois, vous vous attardez à cet aspect en entrant dans l'autoculpabilisation et l'autoflagellation, le travail d'épuration, d'amour que nous vous proposons ne sera pas entrepris et vous entretiendrez plutôt ce système, descendant alors un peu plus dans cet engrenage qui vous éloigne de votre vérité, de qui vous êtes. Si vous voulez découvrir l'identité de votre JE SUIS, la raison pour laquelle il est venu au monde, sachez qu'un passage incontournable existe : la lecture de ces informations encore disséminées à l'intérieur de vos cellules.

Heureusement, il y a une bonne nouvelle. Jusqu'ici, ces lectures n'étaient possibles qu'au travers de la souffrance, un autre jeu de cette humanité, mais quelques-uns d'entre vous ont appelé l'Esprit de Vie et lui ont dit : « Nous avons beaucoup souffert individuellement, au même titre que l'humanité et la Terre ; toutefois, nous pensons pouvoir commencer à évoluer sans passer par la souffrance et demandons que ce moteur d'expérience soit éloigné de nous.» À votre avis, que s'est-il passé ? Les Anges, prenant cette requête, l'ont portée jusqu'au cœur du Sans-Nom, qui s'est réjoui : « Enfin, mes enfants bien-aimés comprennent que je n'ai jamais voulu qu'ils souffrent, que je détiens dans mon cœur et mes mains la réalisation dans l'harmonie, l'amour, la plénitude et l'abondance. Ô combien cette demande me fait plaisir !»

Et les Anges sont revenus à leur poste avec la réponse suivante : « La souffrance va partir ; elle ne sera plus un moteur de l'expérience. Autrement dit, pour ressentir en vous la connaissance qui vous manque, d'autres chemins vous seront présentés. Cependant, vous avez encore un acte à effectuer. Puisque la souffrance a été votre moteur, vous devez comprendre qu'elle a été finalement une énergie positive puisqu'elle vous a rendu service, vous offrant les situations qui correspondaient à cette vue que vous cherchiez à acquérir. Vous allez donc remercier et aimer cette souffrance que vous avez traversée. Quand vous oserez accomplir cela avec votre cœur, la coupe de la souffrance vous sera retirée. Avez-vous bien saisi ? *La coupe de la souffrance vous sera retirée !*»

Si quelques-uns d'entre vous osent, ils créeront ces nouveaux itinéraires par lesquels l'humanité pourra s'engager si elle le souhaite. Bien sûr qu'individuellement, vous ne pourrez obliger l'un ou l'autre de vos frères et sœurs à quitter ce chemin pour emprunter le nouveau, mais sachez que vous pousserez une nouvelle porte que la mémoire collective de l'humanité pourra enregistrer pour se servir de cette nouvelle création. Vous comprenez la différence ? Par le cœur, vous permettez de guérir l'humanité ; par amour, vous allez reconnaître le bien-fondé de ce moteur qu'est la souffrance. Comme il sera reconnu, aimé pour ce qu'il a pu vous offrir, cette coupe s'éloignera et tout le cheminement suivi au travers de ce moteur s'intégrera à l'intérieur de vos cellules puis deviendra un acquis sans condition. Ainsi, vous vous rendrez compte que demain peut-être, un seul osera le faire, que dans deux jours il y en aura trois, et qu'au bout d'une semaine ils seront dix ! Et ceux-là ensemenceront ; de dix, on passera alors à cent, de cent à mille, puis à deux mille, à un million, et l'humanité entière glissera doucement de l'état de victime à l'état de créateur, de la souffrance à la plénitude.

Mon cœur déborde d'amour pour vous, et j'avais le choix de recourir à la douceur ou au tranchant du Verbe. Lorsque j'ai accepté d'entrer au service de votre humanité, j'ai analysé les deux aspects. Savez-vous ce qui en a ressorti ? Vous n'étiez pas prêts à recevoir de la douceur, celle que je porte, cette douceur solaire. Non, vous aviez besoin de l'autre aspect. Parfois donc, je suis tranchante et j'utilise même l'Épée de lumière afin de couper sous vos pieds ou au-dessus de votre tête tous ces liens qui vous rattachent encore à la méconnaissance de vous-mêmes. Parfois encore, *je tape du poing sur la table,* ce qui ne me fait pas plaisir, non plus qu'à ma partenaire et son compagnon. Mais je le fais pour déjouer les pièges dans lesquels vous voulez nous entraîner, le Collectif et moi. Voyez-vous, ce que vous nous faites, vous l'avez déjà fait à d'autres groupes. Il est temps que cela cesse.

Oh! je ne m'adresse pas ici à ceux qui sont présents à l'atelier de trois jours. Je sais seulement que certains lecteurs ont encore un tel besoin de reconnaissance, que de s'approprier le nom *SORIA* à côté du travail que certains font, représente pour eux une garantie d'acceptation de leurs frères et sœurs. C'est comme porter un badge, l'air de dire : « Oh! mais moi je fais partie de *SORIA* ; et donc, tout m'est accessible et dû.» Nous avons déjà vu plusieurs de vos frères et sœurs réagir de la sorte. Cela nous a peinés, car nous espérions ne plus observer ce genre d'attitude, sans toutefois nous étonner davantage, car c'est tellement inscrit dans les éthers de cette planète.

Alors oui, je tape du poing sur la table ; oui, je me fais tranchante et je coupe, oui!

Oui, je ne serai peut-être pas populaire puisque, voyez-vous, quand on fait appel à l'Épée de justice, de lumière, d'amour, c'est le fil tranchant qui se présente avant tout.

Pourtant, lorsque j'emploie cette épée, mon intention est de déblayer le terrain pour que se dépose dans les cellules de cette planète une qualité d'amour non encore inscrite. Et sachez que, me faisant tranchante, je viens simplement déverser une grande quantité d'amour.

Je vous le dis : À l'intérieur de vous se trouvent encore des énergies qui vont nourrir de telles réactions. Parfois, cela est minime, sinon indiscernable, mais cela reste encore là. Aussi, puisque vient sur votre Terre une qualité d'amour, de rayonnement que vous n'avez pas encore connue, nous sommes obligés de chercher dans vos cellules des informations cosmiques bien cachées qui n'appartiennent pas à la mémoire de cette planète.

En l'occurrence, je vous mets en garde. En effet, devant des remontées cellulaires, n'essayez pas d'accoler toujours une image terrestre ; élevez plutôt votre regard et osez identifier dans votre mémoire universelle l'instant qui a fixé une telle énergie dans vos cellules. Certains d'entre vous ont bien nettoyé la mémoire rattachée à cette planète. Néanmoins, ils devront également regarder les énergies qu'ils ont nouées sur d'autres sphères, dans ce système solaire comme à l'extérieur. Peut être verront-ils des images en pensant : « Mais ce n'est pas possible, qu'ai-je donc pu imaginer ? Je n'ai jamais vu de telles formes. » Si cela se produit, peuvent-ils accepter de s'asseoir dans un fauteuil et de visiter *ces formes* ? Pourquoi ne pas interroger ces dernières et leur demander de délivrer cette part d'information qu'elles cachent ? Car, voyez-vous, à l'intérieur de vos cellules est inscrite toute la compréhension acquise lors de vos expériences dans l'ensemble des univers. Aussi, si vous croyez que les évacuations que vous vivrez n'auront trait qu'à la connaissance de cette planète, je vous arrête tout de suite. L'heure actuelle vous contraint à aller plus loin et à nettoyer la conscience cosmique qui dort dans vos cellules. Et si vous n'avez pas réussi à dépasser ce moteur de souffrance, si vous l'acceptez encore comme tremplin d'expérience, je peux vous garantir que ces remontées mémorielles vous feront souffrir.

Je vous invite donc à réaliser ce travail de reconnaissance avec la souffrance, puis à vous séparer de ce moteur avant que les énergies qui coulent jusqu'à vous ne viennent soulever la mémoire universelle qui demeure cachée à l'intérieur de vos cellules. Cela serait sage et bénéfique pour votre avancée personnelle, mais également pour l'avancée de l'humanité.

Comprenez-vous ! cette planète est restée longtemps dans l'ombre, isolée de ses sœurs. Pendant plusieurs millénaires, la visite de vos frères et sœurs n'a pas été portée à votre connaissance, sauf à un petit groupe d'initiés. Je voulais ajouter aussi que lorsque ces visites vont survenir—que vous le vouliez ou non—, eh bien, si vous avez travaillé ce moteur de la souffrance, vous aurez effectué un grand pas vers la guérison. Étant donné que ces visites entraîneront l'ouverture d'un voile déposé sur votre mémoire, vous retrouverez peut-être des actions faites au sein d'un groupe ou d'un autre qui allaient à l'encontre de la Vie. Si cela vous arrive, ne tombez pas dans le piège de la culpabilisation. Reconnaissez, acceptez ce jeu du passé et essayez d'identifier vos acquis actuels et de vous y appuyer. N'oubliez jamais que les acquis de cette présente vie représentent l'arc que vous allez tenir dans vos mains pour envoyer cette flèche qui dessinera une trajectoire sur laquelle vous poserez vos pas dans le futur. Soyez un arc solide, celui qui allie tout l'acquis de votre passé, votre flèche étant le futur et vous-même, le présent. Au moyen de l'arc et de la flèche, vous transmettrez ce présent dans votre futur afin qu'il vous accueille et vous renvoie les images ou les informations dont vous aurez besoin à ce moment-là.

Nous vous prions sincèrement de cesser vos jeux égotiques, car les énergies qui viennent ne peuvent s'y appuyer.

Nous vous demandons de bien vous asseoir à l'intérieur de votre présent et de votre acquis intérieur, car ces énergies vous visitant trouveront là l'assise, le ferment dont elles auront besoin. Comme elles sont fortes, elles ne s'arrêteront pas à vos réactions émotionnelles. Tout le travail de reconnaissance que vous aurez effectué vous servira à pénétrer une qualité de paix non connue de vous encore. Sachez que vous avez oublié ce que sont la Paix, l'Amour, la Connaissance et la Fraternité. Aujourd'hui, vous tentez de vous aligner sur ces qualités divines, de vous centrer sur ces énergies, mais dites-vous que vous n'êtes qu'à ce passage de tentatives pour *être* et que ces qualités symbolisent l'état d'être auquel vous tentez de répondre. Comprenez que, pour l'instant, vous n'êtes pas ces qualités qui SONT de tous temps et vont vous attirer tels des aimants, puisqu'elles sont inscrites là, en vous. Par le biais de la résonance magnétique, elles vous attireront afin que vous puissiez vous immerger à l'intérieur d'elles-mêmes. Cela suggère ceci : chaque fois que ces énergies vous appelleront d'un millimètre, d'un mètre de plus, elles délogeront au sein de vos cellules cette mémoire qui vous empêche d'être au centre de ces qualités. Par conséquent, ne vous attendez pas à être installés à l'intérieur de la paix, de l'amour ou de la fraternité dans votre futur immédiat, soit dans les jours, les mois ou les années à venir. Bien sûr, vous tentez d'être placés au centre de ces qualités. Toutefois, dans l'immédiat, la force d'attraction de la Paix, de l'Amour, de la Fraternité va d'abord déloger tout ce qui ne correspond pas à cette fréquence et vous aurez le choix de vous laisser arrêter par ce qui va sortir, ou de le reconnaître, de l'aimer et de faire la paix. Chaque fois que vous ferez la paix dans la compréhension de ce passé, ces qualités d'Amour, de Paix et de Fraternité vous attireront un petit peu plus au centre, au cœur de ce qu'elles sont. Et vous verrez alors qu'au centre de ces qualités, il n'y a ni argent, ni pouvoir, ni religion, ni habit, ni couleur raciale. On EST la Paix, on EST l'Amour, on EST la Fraternité. Lorsque vous voudrez faire passer ces qualités par vos paroles, votre regard ou vos énergies, forcément, vous ne pourrez garder ce qui ne correspond pas à cet état pour rester dans cette petitesse du regard, du sentiment et de la pensée. Ce qui vient vers vous sera intransigeant, car la Paix, c'est la Paix, l'Amour, c'est l'Amour, et la Fraternité, c'est la Fraternité. Ils ne pourront être autre chose que ce qu'ils SONT, mais de votre côté vous allez devoir vous aligner, franchir un pas de temps en temps pour rentrer un peu plus dans cet alignement, cette résonance, cette fréquence. Vous pourrez glisser en douceur, ou faire un pas, tomber, vous relever, puis faire un nouveau pas, tomber encore et vous écorcher. Une fois de plus, vous pourrez vous faire mal aux mains, aux pieds, à la tête, au cœur, ou même y laisser une partie de votre corps physique. c'est votre choix, votre trajectoire personnelle pour aller jusqu'au centre. Nous savons que certains déposeront leur corps parce qu'ils ne voudront pas aller jusqu'au bout. Ils ne sont pas prêts, ou disent ne pas l'être.

Là aussi, quand vous verrez partir des gens que vous connaissez et que vous sentiez capables de franchir cette connaissance, ayez assez d'amour, de paix en vous-mêmes pour
accepter leur choix, même s'il est contraire à celui que vous
vouliez qu'ils investissent. L'amour, c'est aussi accepter que
l'être qui en est rempli ne s'en serve pas. Selon votre expression, *ce n'est pas grave* ou, alors, *c'est correct*. Quant à moi, je vais
ajouter autre chose : **c'est la tolérance** dans sa forme la plus
grande. C'est l'acceptation de votre Identité divine, universelle.
C'est ÊTRE, et vous ÊTES. Ainsi, je vous le déclare, dans les
jours, les semaines, les mois, les trois ans qui viennent, vous
rencontrerez autour de vous des êtres que vous aimez, que
vous reconnaîtrez comme prêts à pouvoir investir ces énergies
nouvelles. Et eux vous souriront puis déposeront leur corps,
ou se dirigeront tout bonnement à l'opposé, tel l'enfant espiè-
gle faisant un grand pied de nez à son frère aîné. Cela arrivera.
Vous souriez aujourd'hui, mais peut-être des larmes coule-
ront-elles dans ces moments-là. Si cela survient, dites-vous
que vous allez pleurer uniquement sur vous-mêmes parce que
vous n'aurez pas compris ce qu'est la tolérance. Si de telles larmes s'échappent de vous, c'est qu'à l'intérieur de votre cœur
une petite parcelle d'énergie s'en ira en vous rappelant qu'il
fut un temps où vous étiez intolérants. Il n'y a ni paradis ni
enfer.

Bien souvent, j'emploie le mot *planète* pour vous parler
de votre corps, de cette identité pleine que vous avez investie,
de ces lois, de ces interréactions, de cette lumière véhiculée à
l'intérieur. Là où doivent régner l'amour, la paix, la tolérance,
la fraternité, entre autres, car bien des qualités viennent investir votre planète personnelle.

Vous cherchez à l'intérieur de la Terre et du Ciel, mais moi
je vous rappelle qu'à l'intérieur de votre corps se trouvent

la Terre et le Ciel. Vous pouvez retrouver ces éléments dans chacune de vos cellules, dialoguer avec la Terre comme avec le Ciel qui vous habitent, puis avec le Soleil, l'Air et l'Eau... Avez-vous tenté cette reconnaissance à l'intérieur même de votre corps, de vos cellules ? Avez-vous essayé d'aller dans vos cellules, puis de rencontrer ces infimes petites parties qui s'y logent ? Et avez-vous osé les investir ? Le cas échéant, vous vous rendrez compte à nouveau qu'il y a encore la Terre, le Ciel, l'Air, l'Eau, le Soleil... Et que dans ces infimes particules, il en existe d'autres où d'immenses planètes vous attendent. Où il y a des sommes de connaissances extraordinaires, des bibliothèques complètes à faire rêver les plus grands lecteurs de ce monde ! Tout est inscrit à l'intérieur de vous, dans la plus petite parcelle contenue, la plus petite partie de la cellule. Et ne croyez pas que je vous raconte tout cela pour vous faire sourire, car je vous révèle ici une grande vérité. Mais je vous le dis, seuls l'amour, la paix et la fraternité peuvent vous aider à lire toute cette connaissance. Les rencontres dans votre quotidien ne sont créées que pour en débloquer une part, et chaque connaissance qui se réveille, aussi infime soit-elle, est une grande chimie guérisseuse qui vient repolariser vos corps. Dans cet avenir proche, des flots d'énergies vont venir déloger des fleuves et des fleuves de connaissances contenues là en vous. Ce sont bien des fleuves, des mers, des océans, des raz-de-marée de chimie intérieure qui viendront polariser votre corps afin qu'il puisse glisser sur l'Esprit venant vous visiter.

Ayez confiance en vous, comprenez que tout est à l'intérieur de vous et que si nous sommes nombreux à élever notre voix pour vous parler, si certains d'entre nous vous atteignent au moyen de livres ou de conférences, c'est dans le but de vous transmettre une dose d'énergie qui viendra vous chercher de l'intérieur pour faire ressortir la connaissance universelle qui vous englobe et vous entoure.

Nous ne vous apportons rien, nous venons simplement réveiller l'être que vous êtes. Et si l'un de nous osait vous dire : «Suivez-moi, je vais vous prendre par la main et vous conduire là», ce serait une erreur de sa part. Je vous l'assure, nous ne pouvons que venir vous chercher à l'intérieur de vous pour réveiller la mémoire déposée en vous, afin que celle-ci vous livre la connaissance que vous portez. C'est vrai que nous sommes nombreux à vous avoir créés, que vous êtes nos enfants et que l'on peut aussi vous prendre par la main, mais nous avons joué ce rôle bien trop longtemps. Aujourd'hui justement, nous venons vous chercher de l'intérieur pour pouvoir vous lâcher, pour que vous puissiez vous tenir droits, être solides comme le roc, fluides comme l'air et l'eau, et rayonnants comme le Soleil.

Nous avons besoin désormais que vous, nos enfants, puissiez venir vous asseoir à nos côtés pour qu'ensemble nous puissions aller plus loin dans l'ouverture de conscience, de réalisation que le Sans-Nom nous demande. Nous venons bien sûr vous entretenir de liberté, de maturité, d'autonomie, et en dehors de cela, tout est faux! Le passé est faux, car il ne vous a pas apporté l'autonomie; le présent l'est aussi, car vous n'êtes pas autonomes. Mais c'est pourtant bien dans votre présent que nous devons induire ce mouvement d'autonomie en vous, afin que vous soyez des êtres autonomes à l'avenir. Sachez que la Lumière ne peut parler aujourd'hui que d'amour et d'autonomie. Si l'un ou l'autre des frères universels l'aborde autrement, ne l'écoutez pas, je vous en prie!

Demain, il vous faudra être autonomes, responsables et conscients des Lois universelles.

Et demain, je m'attarderai un peu plus sur cette énergie qui repose en vous.

Soyez en paix, soyez en amour avec la Vie. Comme nous aimons cette expression *« être en amour »* ! Elle est poétique, et nous apprécions cela !

Nous vous invitons à conserver cette poésie de l'âme et de l'esprit.

14

Le jeu duel

La mémoire dans vos cellules va vous transmettre bien des informations qui traiteront autant du pôle masculin en vous que du pôle féminin, et vous constaterez autant de souffrance dans les deux pôles. Dans tout ce que vous avez traversé, autant de maltraitance fut enregistrée sous la forme masculine que sous la forme féminine de votre vêtement de chair. Oh! cette souffrance et ces maltraitances ne sont pas identiques en apparence mais, dans les inscriptions, je peux vous certifier que ces sommes sont égales et qu'il n'y a guère de différence entre l'une et l'autre. Vous êtes aujourd'hui à l'intérieur d'un corps féminin ou masculin, mais que vous soyez dans l'un ou l'autre, c'est qu'une de ces deux énergies demandait à être nettoyée en premier lieu. Et si l'une est nettoyée, il faudra rééquilibrer la balance cosmique non pas dans la prochaine vie, mais bien dans celle-ci. Jusqu'ici—jusqu'à ce moment où vous vous êtes réveillés, où vous avez repris conscience de votre grandeur, de votre divinité—, vous avez vécu dans un pôle, oubliant l'autre, croyant souvent que, finalement, étant *un homme*, il fallait se plier aux lois des hommes ou, étant *une femme*, aux lois des femmes. Et vous vous êtes pliés à toutes ces lois qui ont aliéné votre liberté, votre expansion et votre épanouissement. Cela a été, cela fut, et cela appartient au passé. Comprenez qu'en vous éveillant aujourd'hui à qui vous êtes, non pas à un homme ni à une femme mais à un être universel, divin, à un Être de lumière, vous quittez le jeu duel des pôles masculin et féminin.

Assurément, en allant à l'intérieur de la mémoire de vos cellules, il vous faudra participer au nettoyage de vos deux pôles dans les formes duelles. Et ceci n'est qu'une préparation, car ne croyez pas qu'en retrouvant votre grandeur, votre identité de lumière, vous allez négliger l'homme et la femme.

Il n'en est pas question puisqu'il vous faudra bien, dans l'état actuel de votre corps, faire la paix avec ce que vous êtes avant d'aller voir l'androgynat. La paix de l'homme : être un homme, c'est beau, mais qu'est-ce que cela signifie ? Cela suggère que l'homme, dans sa forme apaisée, est aussi sensuel, doux, sensible que la femme. Il est créatif, inventif et peut également atteindre les profondeurs de l'affectif, qui n'est absolument pas réservé à la femme. Dans les années à venir, vous verrez que les deux pôles homme/femme vivront finalement des situations pas forcément en relation avec le groupe auquel ils appartiennent. La femme revêtira tout l'aspect masculin de l'homme, son autorité, son besoin de prendre des décisions, puis l'homme utilisera les stratégies de la femme pour déployer tout l'éventail de la créativité. Ainsi, dans ces années qui se présentent à vous, il vous sera bien difficile d'affirmer que l'homme est *homme* et que la femme est *femme*.

Je vous invite à accepter ce remaniement des deux pôles dans ce que vous allez rencontrer, car cela permettra à toute cette mémoire mal qualifiée enfouie en vous de s'évacuer et de vous rendre un peu plus légers. Vous pourrez alors aller vers le côté harmonieux des deux pôles masculin/féminin à l'intérieur de l'homme, de la femme ou, si vous préférez, dans un corps d'homme comme dans un corps de femme.

Dans l'une des conférences que j'ai données, j'ai suggéré aux participants de redéfinir leur quotidien, soit d'oser s'asseoir en présence de leur compagne ou compagnon et d'échanger des souhaits du genre : «Finalement, je n'ai plus envie d'aller travailler, je préférerais m'occuper de la maison ou me mettre à peindre, à élever les enfants.» Quelles sont les tâches quotidiennes dont vous allez oser vous départir ? Et celles à partager ? Puisque rien *n'appartient* à un groupe ou à un autre, la vie de tous les jours est faite d'un ensemble de tâches nobles. Parfois, dans l'histoire de l'un ou de l'autre, il y a des moments où l'on se sent plus attiré vers une palette de tâches, sans discussion possible. C'est chose acceptable, car cela fait partie de l'expérience à faire, à redécouvrir afin que l'homme et la femme désireux de se diriger vers l'androgynat dans la forme présente puissent comprendre tout ce qu'est le quotidien.

Oui, je sais, je vais déranger en soulignant que si un homme désire un jour cesser de travailler, il a peut-être raison. Et probablement m'écrira-t-on : «Attention, Soria, tu ne te rends pas compte de ce que tu dis ! Si on veut équilibrer un ménage, il faut bien que l'homme aille travailler.» Oui, dans votre société, sans doute. Mais cette société que vous connaissez est-elle épanouissante ? Est-elle le gage d'un vécu heureux ? Votre âme chante-t-elle ? Vivez-vous dans l'allégresse ? Ce que vous faites au quotidien vous plaît-il ? Pouvez-vous me répondre par l'affirmative ? Non, vous êtes peu à oser dire *oui* parce que je sais, après vous avoir tous interrogés les uns après les autres, que vous êtes en souffrance. Peut-être est-il temps de quitter l'état de souffrance et d'oser réclamer la joie, l'allégresse de faire les tâches du quotidien.

Pour un moment, il vous faut sans doute un temps de pose afin de pouvoir revisiter justement dans l'avenir la forme que vous avez vécue et ce qui s'y rattache. Bien sûr, préparer à manger, composer ce repas qui va nourrir la famille, est davantage attribué à la gent féminine. Mais est-ce à dire que l'homme n'a pas le droit de créer un repas afin de nourrir les siens ? Savez-vous que lorsque vous préparez un plat, vous y

glissez vos énergies ? Saisissez-vous la tâche qui vous est con-
fiée, à vous les femmes, puisque vous êtes pour l'instant en
plus grand nombre à vous activer devant vos fourneaux, vos
poêlons et vos casseroles ? Cet acte est-il empli de l'amour
qui nourrira ceux qui vont s'asseoir à votre table ? Si vous
n'êtes plus capables d'y déverser de l'amour, n'ayez aucune
honte à le déléguer à votre compagnon si celui-ci souhaite,
un temps, offrir ce qu'il a dans son cœur. Si tel est le cas,
acceptez avec humilité que vos fourneaux soient temporairement sous l'autorité de l'homme. Rien n'est statique, tout
est mouvement. Pourtant, je vous le dis, l'homme aussi bien
que la femme se sont installés dans leurs devoirs de manière
trop fixe.

Je n'aborderai même pas les *devoirs conjugaux*, qui sont d'une
grande tristesse. Je parle ici de ces devoirs qui font qu'un
homme et une femme acceptent de partager leur intimité
pour créer une bulle de Vie à offrir à la multitude. Oui, j'ose
affirmer que vos devoirs conjugaux sont d'une grande tristesse,
et cela fait peine. Mais c'est là un autre sujet.

Dans ces instants que vous allez vivre et partager, dans ces
remontées de mémoire, je souhaite surtout que vous acceptiez
de regarder ce qui est, de voir combien vous êtes tristes et
déplorables dans vos tâches quotidiennes. Aussi, je vous invite
à vous asseoir, à partager cette tristesse, à oser la reconnaître
et dire : «Voilà, en ce qui me concerne pour l'instant, je peux
offrir simplement ceci…» Ce que vous ferez ensuite sera de
nouveau empli par cet acte d'amour et de partage. Si certaines
activités n'ont pas suscité l'envie d'être partagées, cela néces-
sitera donc un effort commun, alors autant les faire ensemble ! Prenons l'exemple du nettoyage de la maison. La femme,
rompue à cela, commence à en être fatiguée. Imaginons donc
un couple s'asseyant, osant partager ce qu'il aime ou non, et
la femme confiant à son compagnon : «J'en ai assez ; je n'en
peux plus du ménage !», et l'homme, de lui répondre : «Je n'ai

pas suffisamment d'amour dans mon cœur pour pouvoir assumer cette tâche». Est-ce à dire que l'entretien ne doit plus être fait? Non. C'est plutôt là un défi qui appelle les deux participants à relever cet état de chose. En somme, au lieu que l'un assume totalement la tâche, tous les deux peuvent s'y engager, mais ensemble, au même moment. Le premier commencera peut-être le ménage par un bout et le deuxième, par un autre. De la sorte, tous deux savent qu'ils n'ont plus assez d'amour pour effectuer cette tâche, mais s'y donnant en même temps, ils ont assez d'amour l'un envers l'autre pour s'épargner une part de cette *corvée*—ainsi que vous appelez une chose qui vous pèse. Oui, bien triste mot dans votre langage.

Je préférerais vous entendre dire : «C'est un manque d'amour momentané et cela signifie que je peux retrouver l'amour; aussi, je vais me mettre au défi d'en retrouver assez pour que ces instants redeviennent légers.»

Aussi, je vous le répète, seul l'amour des deux partenaires permettra que cette tâche soit réinvestie d'amour et redevienne un instant noble et sacré. Comment peut-elle être associée à un acte sacré?

Mes enfants, mes enfants! Vous avez oublié que vous êtes divins, mais pouvez-vous comprendre que chacun de vos gestes est divin, donc sacré? D'ailleurs, comment avez-vous pu oublier cet état d'être sacré, puisque vous êtes nés divins?

Je vous le rappelle : «Étant donné votre état d'êtres divins et sacrés, tout acte effectué, en conscience ou non, est sacré.»

Préparer un repas, partager un instant avec quelqu'un ou s'acquitter du ménage représente un acte sacré, comme tout le reste. Aucun acte, ni aucun être, n'est plus sacré qu'un autre. Et si l'un d'entre vous vient prétendre que vous n'êtes pas sacré, ou ose rire de vous quand vous affirmez le contraire, eh bien laissez-le et envoyez-lui de l'amour, car il a oublié qu'il est né divin et, par conséquent, sacré. Et surtout, si vous avez déjà retrouvé cette conscience, ne la mettez pas de côté pour faire plaisir aux autres. Je vous l'annonce, et c'est là une grande nouvelle, un grand secret : dans les jours, les mois qui viennent, vous serez nombreux à comprendre que vous êtes véritablement des êtres divins et sacrés.

Laissez-moi vous le répéter encore une fois, cette remontée de mémoire de l'intérieur va vous révéler qui vous êtes, vous parler de ces sentiers parcourus qui, tous, ont entretenu chacun de vous de la même chose : tu es né du divin, tu foules le divin, tu vas à la rencontre du divin et tout ce que tu fais est divin.

Vous pouvez jouer encore un temps à ce jeu contraire qui vous incite à penser que vous n'êtes pas divins. Toutefois, laissez-nous sourire doucement, non pas pour nous moquer de vous mais parce que nous savons à l'intérieur de notre cœur que cette connaissance refleurira bientôt dans votre esprit. Vous allez retrouver cet acte divin, et ce n'est pas parce qu'aujourd'hui je prononce ces mots, mais bien parce que vos cellules vont laisser émerger cette connaissance. Elles vous souffleront : «Voilà de qui tu es né et d'où tu viens, voilà le chemin que tu as parcouru et où tu te rends, et où que tes pas aient pu te mener ou te mèneront, tu ne rencontreras que la seule et même Énergie du Sans-Nom, le Père des pères, l'Origine de l'origine, l'Essence de ton état divin et sacré.»

Il n'y a pas de formidable révélation ici ; je ne fais que déclarer un état de fait. Ne croyez pas que, dans les révélations que vous pensez lire et découvrir par le biais de tous les chemins, de tous les langages en provenance des Cieux, nous faisons de *grandes* révélations. Si telle est votre pensée, je tiens à vous préciser en ces instants qu'elle est erronée car, jamais au grand jamais, nous ne faisons vraiment de *grandes révélations*.

Nous avons simplement la possibilité d'aller chercher au cœur même de vos cellules une partie des informations prêtes à émerger dans votre conscience, puis de les apporter juste là, à fleur de connaissance.

Jamais au grand jamais nous ne vous révélons de grandes choses, car même si l'un d'entre nous venait vous révéler les Lois de Vie du Sans-Nom, tout est déjà inscrit à l'intérieur de vos cellules. En effet, le Sans-Nom, ayant accepté votre naissance, y a tout déposé. Et c'est ainsi que de remontées de mémoires en remontées de mémoires, vous retrouvez ces inscriptions, ces dépôts. Voyez-vous, même si je viens moi-même vous parler de choses parfois incroyables à votre sens, jamais au grand jamais je ne révèle quoi que ce soit.

J'ose prononcer des mots qui avivent la somme de connaissances déposée dans la plus petite partie de votre cellule, rien d'autre, car je suis aussi née du Sans-Nom.

Certes, je n'ai pas le même devenir ni une trajectoire identique, et je n'ai pas eu à poser de voiles sur cette connaissance.

Alors oui, mon unique tâche consiste à vous entretenir de qui vous êtes et à vous permettre d'oser enlever vous-mêmes les voiles de l'oubli qui, déposés sur vos connaissances, vous laissent croire que vous n'êtes pas des êtres divins et sacrés. Et dans cette seule phrase, je vous ai dit toute la vérité.

J'ai eu l'audace de me mettre à nu et de vous affirmer que je n'avais rien à vous apporter, rien à vous dire, sinon que, venant cueillir en vous un bouquet de fleurs d'informations, je vous livre son langage.

En réalité, cette humanité m'a offert ce bouquet et, au fur et à mesure, j'en lis les inscriptions.

Voilà ce que je fais. Le problème, néanmoins, c'est que mes frères et sœurs universels font de même, car en réalité vous permettez ou non à tous les visiteurs des univers, petits et grands, de pénétrer votre intimité. Les portes qui s'ouvrent dans votre quotidien ne sont rien d'autre que des informations que vous nous offrez en lecture.

C'est dire aussi que si, un jour, vous rencontrez un être qui est davantage ancré dans le non-amour, vous lui aurez tendu ce bouquet d'informations qu'il aura simplement décrypté, y lisant le message : «Tu m'autorises à venir, m'accordant le droit de te faire ce dont j'ai envie.»

Vous saisissez mon propos? Vous seuls ouvrez les portes de tous les possibles, toutes les révélations, tous les vécus en offrant des bouquets d'informations à des visiteurs potentiels.

Aussi, dans l'avenir immédiat, faites bien attention à ces bouquets d'informations que vous allez tendre à l'Univers, car c'est à partir de cela que vous rencontrerez des visiteurs.

S'ils sont ancrés dans l'amour, tant mieux pour vous. Mais s'ils évoluent encore dans la dualité, le besoin de possession, le non-amour, surtout ne les blâmez pas et comprenez que vous-mêmes avez ouvert vos portes intérieures à ces rencontres. Tout est juste.

Tout est juste puisque vous seuls êtes les auteurs, les créateurs de ces rencontres. Et surtout, ne jetez pas la pierre à votre voisin, ou votre voisine, cheminant sur des sentiers lourds et pesants. Il fut un temps où vous l'avez fait aussi, où cette lourdeur était plus que lourde. Il fut même un temps où vous avez joué au massacreur, au destructeur, et si vous êtes là aujourd'hui pour aider cette planète à s'ancrer dans sa réalité, eh bien, je vous l'assure, vous avez su jouer le rôle contraire sur d'autres sphères. Certains sont d'ailleurs allés jusqu'à participer à la destruction totale et physique d'un astre céleste. C'est sans doute pour cette raison que des êtres plus *virulents* que d'autres convient cette humanité à rentrer dans l'harmonie de la conscience universelle.

Quant à moi, je vous invite tout simplement à être un homme, une femme pleinement heureux au quotidien là où ils vivent.

Je vous invite aussi à identifier vos mécanismes intérieurs, afin de vous restituer votre part de responsabilité. Non pas que je veuille ajouter de la lourdeur sur vos épaules, mais pour vous faire comprendre que la vie vous place à chaque instant devant des choix. Et chaque fois, vous ouvrez ou fermez des portes, et ce, sans l'aide de personne.

Nous sommes vos parents, vos grands frères et sœurs qui viennent, simplement par amour, vous parler de vous-mêmes, de tout votre potentiel. Et je vous l'affirme, vous êtes aussi grands que nous ; il n'en a jamais été autrement et n'en sera jamais autrement.

Vous voulez toujours jouer à ce jeu dans lequel vous croyez finalement n'avoir aucune valeur. Un jour, pourtant, vous vous en lasserez et nous appellerez une fois de plus. Quand ce jour viendra, avec autant d'amour et de joie nous viendrons vers vous et essaierons encore et encore de vous parler de qui vous êtes, de cette naissance divine et sacrée vous propulsant sur les chemins de toutes les planètes, tous les univers, petits et grands. Oui, vous êtes descendus, mais le temps où vous pouvez remonter est venu.

Bien sûr, les mouvements descendant et ascendant existent. Ce dernier, quant à lui, découvre beaucoup de lois, mais il a reçu à sa naissance les mêmes connaissances que le mouvement descendant. Il n'y a donc pas de différence entre ces deux mouvements, sinon une seule : au lieu de descendre pour recueillir toute une somme d'informations, il va suivre le chemin inverse, soit monter puis redescendre, puisque, de toute façon, ce n'est toujours qu'une boucle. Aussi, à ceux qui s'attachent à savoir s'ils sont reliés au mouvement descendant ou ascendant, je dis ceci : «Attention, c'est là une grande illusion, car appartenir à l'un ou à l'autre n'est d'aucune importance puisque vous formerez une boucle avec les deux mouvements.»

Si vous êtes nés dans le mouvement ascendant, une fois parvenus au faîte vous serez invités à vivre la totalité de la connaissance du mouvement descendant. Si vous êtes nés dans le mouvement descendant, arrivés à ce point de chute vous nous entendrez vous signaler : «Vous devez maintenant retourner d'où vous venez.» Ainsi, le mouvement descendant apprendra ce qu'est le mouvement ascendant, et inversement.

Une porte se trouvera couronnée en vous, celle du cœur; et il est vrai qu'à un moment donné, vous pourrez quitter un groupe d'êtres pour en pénétrer un autre.

On appelle cela l'ascension, puisque l'on quitte un groupe d'appartenance pour en pénétrer un autre. Mais l'ascension est également une chute, car on chute à l'intérieur de son cœur; c'est en passant par la porte du cœur que l'on s'élève d'un groupe à l'autre. Vous voyez, même là, on retrouve les deux mouvements. D'ailleurs, quand je vous parle de remontées mémorielles, n'est-ce pas étonnant que je suggère en outre qu'il fut un temps où ce dépôt était une descente, celle de cette mémoire glissant à l'intérieur de la cellule? Et voilà qu'aujourd'hui, à l'intérieur de votre mouvement, un autre se dessine.

Je vous le dis, quel que soit l'instant où vous êtes dans votre cheminement universel, il sera toujours question de chute et d'ascension.

Ainsi, à chaque moment de votre cheminement, vous connaîtrez de nombreuses chutes et ascensions. Si, présentement, vous reprenez conscience de l'ascension d'un groupe à un autre, cela ne représente pas une fin en soi ni même le départ d'autre chose, mais bien une étape, la continuité de votre histoire.

Cela étant, nous vous indiquerons dans votre quotidien des actes très simples qui vous conduiront à reprendre possession de la seule porte importante et couronnée que vous possédez, la porte du cœur.

Et je vous le rappelle : seule celle-là compte, toutes les autres étant des moyens de glisser à l'intérieur de votre roue Arc-en-ciel, dont vous allez devoir réapprendre la connaissance.

Nous ne faisons que divulguer un tout petit peu cette connaissance de la roue Arc-en-ciel pour vous préparer à ce qui vient vers vous. Cependant, je vous le signale : vous devez être bien attentifs et rester à l'intérieur de la conscience de votre cœur.

Je vous le conseille : agissez par lui, entourez-vous de ses vibrations, et vous pourrez dès lors cheminer en toute sécurité sur les routes de l'ascension ou de la descente. Tantôt, vous viendrez en aide à un groupe d'êtres encore bien lourds dans leur vision d'eux-mêmes, tantôt vous rejoindrez un groupe fort élevé et installé à l'intérieur de ses lumières. À tout moment, vous pourrez naviguer ainsi de l'un à l'autre puisque, installés dans votre cœur, vous rencontrerez tous les possibles. Il n'y aura aucune limite et, vous le saurez, le fait d'être dans un corps d'homme ou de femme s'avérera sans importance.

Soyez bien attentifs à la manière dont vous aborderez l'être que vous êtes. Si l'un se dit *je suis un homme,* ou *je suis une femme,* il sera dans l'erreur puisqu'il est les deux par ses lumières. Un grand nombre d'entre vous pensent encore que l'homme a la suprématie sur la femme. Oui, je sais, ou plutôt nous savons, que les derniers à plier les genoux appartiennent à la gent masculine, parce qu'ils sont en réalité si habitués depuis leur naissance dans ce corps à avoir le pouvoir sur l'autre, qu'ils auront du mal à le quitter. Voilà pourquoi je réitère qu'il n'y a aucune importance à habiter un corps d'homme ou de femme. Et si, justement, vous voulez parvenir à l'état d'androgynat, vous devez savoir que vous pouvez aussi bien l'aborder avec un corps de femme qu'avec un corps d'homme. Rien n'est réservé à l'un ou à l'autre; tout est possible. Ce n'est qu'un choix de cheminement, et ce choix est vôtre. Il est donc sacré, divin, et personne n'a le droit de juger que vous êtes dans l'erreur, que *ce n'est pas bien* ou que, finalement, vous n'avez pas su choisir le bon chemin. En effet, quand vous avez choisi votre état d'être en vue de cette incarnation, vous étiez tous accompagnés par vos guides, vos anges, les maîtres du karma qui vous ont conseillés dans cette orientation et vous ont signalé que c'était alors le meilleur des choix que vous puissiez revêtir pour vous amener à l'illumination et à la compréhension de votre état divin et sacré.

Et quand vous atteindrez cet état d'illumination, si vous n'avez pas travaillé votre simplicité d'être, vous risquez de ne pas franchir cette porte qui vous installe au cœur même de cette connaissance. On peut être illuminé quelques instants, puis redescendre…

Il vous faut aborder l'illumination par la simplicité et, à ce moment-là, vous pourrez franchir cette porte. Ceux et celles qui ont accepté pour un temps de guider cette humanité en revêtant un corps d'homme ou de femme ont effectivement parfois des instants où ils approchent l'illumination, puis d'autres où ils redescendent dans leur quotidien. Cela est nécessaire, car ils ont consenti à être des guides temporaires au sein même de cette humanité. Cette illumination est alors tenue en réserve et, au moment où leur présence ne sera plus requise dans le corps de cette humanité, nous leur restituerons tout ce qu'ils auront su approcher et toucher. Tout est juste et amour, car le Sans-Nom a toujours été Amour et tout ce qu'il a créé l'a été dans l'Amour. Ainsi, par votre essence même, vous êtes l'Amour.

Étant l'Amour, vous devriez retrouver avec aisance votre demeure, votre temple, qui est votre cœur physique mais également votre cœur subtil.

Voilà, je voulais vous amener aujourd'hui jusqu'à ce temple divin et sacré qu'est votre cœur, votre identité.

Sachez entrer à l'intérieur de votre temple sans attendre que l'on vienne vous indiquer sa porte, puis sa poignée à tourner pour aller vous y installer à l'intérieur !

N'attendez pas que l'on vienne vous en informer ! Devenez autonomes, inventez votre approche avec vous-mêmes. Nous avons besoin de votre état créatif, de votre amour pour équilibrer l'amour sur cette planète, dans ce système solaire. Si ce système solaire s'équilibre dans l'amour, il permettra au système solaire voisin de s'équilibrer à son tour dans l'amour. Vous voyez, je vous parlais de temple à l'intérieur du corps et je vous emmène voyager à nouveau.

Rien n'est statique, tout est mouvement, et tout est à l'intérieur de vous. Vous êtes des Temples sacrés, vous seuls l'avez oublié.

Nous rendons grâce à ces temples sacrés que vous avez revêtus et, je vous l'assure, ils sont d'une extrême beauté.

15

Je vous réinstalle dans le mouvement

Vais-je employer une énergie forte ou douce? Quel travail appelez-vous en cet instant? Un travail personnel, de groupe, pour l'humanité, ou pour la planète?

Individuellement, vous n'avez pas tous besoin de la force. Et si ma force vous dérange, n'est-ce pas parce qu'elle vient en chercher ou en déloger une en vous qui appelle à être modelée, adoucie? Et quand j'appelle la douceur, c'est simplement pour calmer le feu en vous qui cause des ravages dans votre demeure.

Êtes-vous à l'intérieur du Feu ou de la Terre? À l'intérieur d'une cristallisation? Telles sont les réelles questions qui appellent mon intervention. Souvent, dans mes livres, j'emploie la force, il est vrai, car vous êtes si ancrés dans des rails de comportement, d'idées préconçues que je me dois de soulever le couvercle de votre lumière, cette lumière sous le boisseau qui est incapable de s'exprimer puisque, à l'extérieur, vous avez tant rodé votre manière d'être au quotidien que vous vous êtes éloignés de votre grandeur intérieure.

Tous les grands Êtres qui viendront vous parler choisiront une approche et construiront une route sur laquelle ils vous inviteront à poser les pieds, une route d'amour, de paix, de joie, de couleur, et de musique. Pourtant, quand nous vous amenons au début de cette route, vous êtes telles des statues de sel, n'osant ni avancer ni reculer. Et nous avons la désagréable surprise de constater qu'en somme vous ne prenez pas ces voies de lumière que nous vous proposons. Vous êtes suspicieux : « C'est beaucoup trop beau pour moi. Tu te rends compte ! Je peux y marcher sans me faire mal, sans me blesser. Je ne vais pas tomber ni m'écorcher, et plus je vais avancer sur ce chemin, plus je me remplirai de lumière ! Non, c'est beaucoup trop beau ; cela cache quelque chose. Où est le piège ? Quel est ce piège que l'on me tend ? » Je vous restitue là un autre de vos fonctionnements ; il est ce qu'il est, vous êtes ce que vous êtes, et nous sommes ce que nous sommes.

Pour nous, il n'y a pas de problème : nous sommes installés au cœur même de la Lumière pour l'éternité. Mais de votre côté, vous avez déposé votre identité, vos atouts, vos dons, vous vous êtes avancés dans le noir total de l'expérience, puis vous nous appelez maintenant afin d'éclairer votre chemin. Cela, à la limite, vous l'acceptez encore. Pourtant, quand nous vous offrons un chemin de lumière tout prêt à suivre, nous enregistrons vos réactions. Ce sont parfois des répulsions, et lorsque l'un d'entre vous ose un pas afin de s'y engager, vous criez : «Au secours, il va se casser la figure, on va le perdre ; il ne se rend pas compte.»

C'est ainsi que vous entretenez votre mal intérieur car, si l'un d'entre vous ose dire : «Je vais regarder à côté», vous êtes cent, mille, et bien souvent plus, à lui rappeler que *c'est de la folie*, une véritable folie, de vouloir se libérer, prétendre réinvestir son corps de lumière. Vous préférez vous asseoir et jaser sur un possible éventuel qui viendra peut-être dans mille ou dix mille ans, sinon dans un million d'années. Cela vous rassure d'être ce que vous êtes en ce moment ; cela vous flatte de vous présenter dans cette situation.

En tant que créateurs, vous avez à choisir : soit vous continuez à jaser, à entretenir le moteur de votre mental et à rester assis sur cette chaise pendant des milliers et des milliers d'années, soit vous comprenez vraiment que les Êtres de lumière qui se déplacent autour de vous ont préparé un chemin sur lequel vous pouvez enfin avancer en sécurité afin de reprendre votre identité. Peut-être croyez-vous que je vais vous prendre par la main et vous accompagner pas à pas en vous disant : « Attention ! tu vas te casser la figure. Va à droite, à gauche, et aujourd'hui, fais ceci ou cela. » Vous vous trompez. Je préfère vous signaler du doigt : « Là, à l'intérieur de ton cœur, tu n'as pas ouvert la porte. Ton mental est beaucoup trop actif, va revisiter tes sentiments. Ta paix, qu'en as-tu fait ? N'en as-tu pas assez de ton mental ? » Oui, je préfère mettre le doigt sur ce qui fâche car, je le sais, lorsque mes mots résonnent à vos oreilles, venant déranger votre tiédeur, j'enclenche une réaction. Le résultat sera ce que vous allez en faire, mais au moins je vous réinstalle dans le mouvement. Combien de temps allez-vous y rester ? C'est votre affaire, pas la mienne ; moi, j'invite simplement chacun à se remettre en mouvement, à comprendre qu'il n'est pas possible d'être statique à l'intérieur de ses croyances et que ces dernières sont peut-être à déposer pour s'en nourrir enfin et juste saisir la petite part de connaissance qu'elles ont essayé de vous transmettre.

Je tiens aussi à vous préciser que si mes mots sont parfois *hauts,* si mes énergies viennent vous déstructurer, si les sons ne résonnent pas telle une mélodie à vos oreilles, il me faut beaucoup d'amour pour vous afin de me glisser dans ce rôle que vous avez tenu à me réserver.

Savez-vous que le Maître Jésus a connu la crucifixion uniquement parce que les êtres incarnés à cette époque-là l'ont réclamée ? Il aurait pu faire sa démonstration sans passer par cet acte, et ô combien il a dû vous aimer pour aller jusqu'au bout et s'y présenter dignement ! Que son exemple reste un exemple, mais qu'il vous enseigne la vraie valeur de son acte.

Oui, je peux me faire caresse ; ce serait si facile de vous prendre dans mes bras, de vous bercer, de vous endormir, mais est-ce vraiment ce que vous désirez ? Êtes-vous bien sûrs de vouloir continuer à dormir, à sommeiller ? Est-ce votre volonté ? Car, je vous l'assure, rien de plus facile pour moi ; je peux aligner les mots les uns après les autres, et tout ronronnera comme un bon feu dans l'âtre, dégageant une belle chaleur et remplissant vos yeux de beauté.

Mais que faites-vous lorsque vous êtes assis devant un feu ? Rappelez-vous ! Vous vous détendez, vous oubliez le monde extérieur. Vous rendez-vous compte de ces quelques mots alignés ? Vous oubliez ainsi que vous appartenez à une famille humaine qui crie, souffre et ne sait plus à quel saint se vouer. Et vous voulez partir, la quitter sans lui offrir quelque chose alors qu'elle s'est engagée précisément à être une matrice pour vous accueillir, vous faire grandir et vous amener jusqu'à une certaine compréhension de votre divinité ! N'avez-vous pas un acte d'amour à accomplir en échange de ce soin que l'humanité vous a apporté ? Faut-il vraiment que je vous entraîne encore dans ce ronronnement intérieur ?

Vous êtes les créateurs de votre futur, le vôtre ou celui de l'humanité et, par voie de conséquence, de cette planète. On peut vous restituer les Lois des Univers d'une façon aseptisée ; rien de plus facile. On peut même oublier de vous les rappeler, si cela devient votre décret. Ou venir avec notre cœur, notre amour afin de poser le doigt sur vos plaies intérieures et vous apporter les mots qui créeront des séismes à l'intérieur de votre réalité. Justement, quand il y a un séisme, quel qu'il soit, que faites-vous si ce n'est penser à préserver votre vie ?

N'oubliez jamais que tous vos Créateurs répondent à l'appel du Père/Mère originel, que tous, quelle que soit leur intégration dans l'identité du Sans-Nom, sont là pour utiliser les fréquences, les harmoniques nécessaires à la transmutation de tout ce qui n'est pas installé dans l'alignement de la Lumière.

Mais soyez en paix, car vous vivez à l'intérieur de vos créations, et si finalement votre quotidien ne vous convient pas, comprenez avant tout que vous vivez dans votre création et non dans la nôtre.

De notre côté, nous avons simplement agité un petit peu votre contexte quand cela a été le moment, quand vous étiez si éloignés de nous, si agressifs devant notre présence que nous nous sommes dit : «Un peu plus ou un peu moins, pourquoi ne pas tenter ?» Alors, bien sûr, nous avons agité, posé des énergies, puis observé ce que cela donnait. Et nous avons été émerveillés de vos réactions ; dans ce cas, il est peut-être temps de reprendre votre place, simplement la *vôtre* !

C'est vous qui êtes sortis de ce siège, de ce royaume qui vous appartient. Vous seuls détenez les clés pour y pénétrer de nouveau.

Quant à nous, il nous est possible de souffler à droite ou à gauche, de vous souffler dans le dos afin que vous avanciez plus vite, et même de créer des tempêtes si cela devient nécessaire pour vous inciter à changer de route et, ainsi, préserver votre vie. En définitive, tout est possible. À vous de savoir si la tempête est finalement un désastre ou un acte d'amour visant à préserver la direction de votre voyage.

Continuez donc à jaser ! Continuez à alimenter vos soirées avec des mots les uns au bout des autres. Oui, continuez ! Le jour où vous en aurez assez de papoter, de ricaner, de faire semblant, vous vous rendrez compte que vos Anges, vos Guides, les Maîtres et vos Créateurs sont toujours présents, fidèles au poste, et que le chemin que vous auriez pu prendre il y a des milliers d'années est toujours devant vos pieds.

Quand oserez-vous donc effectuer un premier pas avec simplicité sur ce chemin de lumière que nous déposons là pour vous guider, vous ramener en toute sécurité à l'intérieur même de cette demeure, la vôtre, que vous avez fermée à clé ? Oui, l'Air, l'Eau, la Terre et le Feu s'associeront encore et encore si vous vous égarez.

Urantia aimerait bien être en paix à l'intérieur de sa beauté, de sa lumière. Elle souhaiterait souffler, se reposer ; oui, se reposer. Quand mettrez-vous donc votre main dans celle de la Terre ? Quand, créateurs venus visiter cette jolie planète, comprendrez-vous enfin que seuls, vous ne pouvez rien, que ce n'est qu'en déposant votre main dans celle de la fraternité universelle que vous serez grands et que vos réalisations dépasseront toutes les espérances, tous les possibles, tous les futurs et toutes les réalisations passées ?

Nous aussi, nous sommes fatigués de réinventer le même enseignement, de nous réunir et d'expliquer : «Voilà, nous avons placé telle stratégie et ils ont créé une déviation. Ils en sont rendus à ce point ; si nous laissons faire, ce sera le chaos, la destruction de cette planète, l'anéantissement du grand Plan.» Nous sommes fatigués de nous asseoir et d'employer nos pouvoirs à réinventer un futur possible pour ces enfants turbulents que vous êtes, même si nous vous aimons sans limites.

J'espère que de votre côté vous arriverez à cet état de fatigue où vous accepterez enfin de glisser dans le grand fleuve universel. Bien sûr, nous sommes des Créateurs et, à ce titre, nous pouvons engendrer, encore et encore, des plans, mais nous aimerions tant que ces derniers puissent servir à d'autres êtres et pas toujours aux mêmes.

C'est vrai, il y a un futur extraordinaire, et nous vous disons merci. Cependant, ce n'est pas parce que nous prononçons ce merci que nous devons encore tolérer votre attitude stagnante.

Dans cette attitude, il y a beaucoup de vampirisme envers les énergies du Ciel, et beaucoup d'énergies destructrices envers celles de la Terre. Vous pouvez être fiers de vous, de toutes vos réalisations, mais à partir de cette fierté vous pouvez commencer à changer votre attitude. On vous parle de responsabilité ; eh bien, il s'agit de cela justement.

Demain, nous ouvrirons bien des portes, ensemble peut-être, mais elles s'ouvriront à coup sûr.

Votre avenir se tient devant vous, avec des secteurs à explorer et des responsabilités à assumer. Qu'allez-vous faire ? Car ni vous ni les autres résidents ne pourrez rester à l'intérieur de ce premier Cercle atomique de Vie… Ce sera un lieu de référence, le lieu où tous les créateurs se seront mis en service. Or, pour être *la référence,* il fallait *intérieurement* aller dans la matière. Ainsi, vous, les humanités créées dans le but de devenir les responsables des deuxième et troisième Cercles atomiques de Vie, devez intégrer cette conscience d'être des créateurs responsables et, par conséquent, incarner maintenant cette responsabilité.

Vous voyez, je peux utiliser des énergies très douces pour vous expliquer ce qui viendra, mais cette douceur vous fait-elle plaisir ?

Oui, tout nous est possible, tout vous est possible et le futur offre d'inimaginables possibles. Vous avez donc rendez-vous avec votre futur, mais ce futur c'est maintenant.

Oh ! vous ne verrez pas tout dans ces instants, dont l'ouverture des portes des sas, et ne croyez pas en outre que cela aura lieu dans des millions d'années, que tout ce dont nous avons parlé restera à l'état mental. Sachez que les énergies que nous envoyons descendent de plan en plan jusqu'à votre densité.

Les maîtres qui se sont présentés dans le passé se sont bien installés sur l'un ou l'autre des corps de l'humanité afin d'ancrer des énergies dans le monde de la densité. Cela se fait toujours de cette manière. Et prenez conscience que lorsque vous verrez se réaliser enfin dans votre quotidien l'une ou l'autre des prédictions, vous n'aurez pas le temps de vous exclamer : «Oh là là, mais Soria avait raison!» ou « Le maître *untel* avait raison». Car, quand cela se produira, vous serez seuls, mais pas *désespérément* seuls, je l'espère. La lumière à l'intérieur de votre cœur sera le phare vous emmenant à bon port; vos pieds pourront reposer sur une route de lumière et votre tête, s'ancrer dans un chemin subtil ô combien éclairé. Par contre, votre corps physique demeurera dans la densité, la troisième, quatrième, ou cinquième dimension, peu importe, puisque vous passerez d'un plan physique à un autre plan physique. Et vous ressentirez toujours le besoin de respecter l'endroit dans lequel vous irez. Il y aura de l'eau ; vous devrez respecter l'Eau et, plus que jamais, travailler à ne plus polluer cet élément. Comprenez-vous que vous passerez peut-être dans la quatrième dimension et tenterez de vous aligner sur la cinquième qui suit très rapidement, mais que vous étiez déjà dans la quatrième dimension et êtes redescendus dans la troisième ?

Aussi, assurez-vous de ne pas vous projeter dans la quatrième dimension avec des reliquats gênants de la troisième, car vous pourriez alors retomber dans cet état de conscience et de vécu. Ne vous croyez pas sauvés des eaux parce que vous allez quitter la troisième dimension. Revêtez dès à présent le costume de la responsabilité et, surtout, arrangez-vous pour qu'il vous colle à la peau et que cela devienne votre nature.

Beaucoup trop de schémas mentaux erronés circulent sur cette planète.

Je ne suis pas facile d'approche ; mes enseignements ne se boivent pas comme du petit lait. D'autres se présenteront à vous en utilisant des paroles de miel, mais j'ai des frères et sœurs qui viendront aussi et qui emploieront l'Épée de lumière. Alors, vous vous direz peut-être à ce moment-là : «Finalement, Soria n'était pas si dure que cela ni aussi ferme que je le pensais; j'aurais dû nager dans les énergies qu'elle véhiculait.»

Il est temps encore de poser vos pieds sur les chemins de lumière que mes frères et sœurs et moi-même vous avons indiqués.

Vous devez comprendre que, dans les années à venir, ce que nous vous offrons aujourd'hui, et que vous pouvez encore saisir en toute simplicité, deviendra peut-être d'une grande difficulté lorsque tous les vieux schémas seront secoués et mis à mort. Nous parlons ici de tous ces schémas qui n'entrent pas dans la fonction du cœur, la simplicité d'être et l'ancrage de la volonté du service.

Vous avez bien travaillé sur vous, mais il faut encore continuer, soit approfondir davantage l'être que vous êtes et que vous n'avez pas encore rencontré. Vous êtes en cheminement, mais n'avez pas atteint ce but suprême. Ne vous faites aucune illusion, ceux qui y sont parvenus sont installés dans leur qualité de maîtres et de maîtrise. Il n'y a pas de mots : ils sont arrivés. Tous les autres et vous-mêmes êtes en cheminement, certains font beaucoup de bruit, d'autres n'en font plus, voilà tout. Ayez l'honnêteté de le reconnaître, la sagesse de vous asseoir à l'intérieur de ces lumières qui viennent vous visiter, car vous y retrouverez les vôtres, comme toutes les ouvertures de vos dons. Pas de vos pouvoirs, puisque qui dit *pouvoir* dit besoin d'asseoir son autorité sur l'un ou l'autre de ses frères et sœurs. Non, juste un don, quelque chose d'inné qui est là, à la portée de vos mains.

Néanmoins, je salue, j'honore et j'aime pleinement tous les maîtres en potentiel que vous êtes. Je reconnais votre filiation divine et j'aime vos lumières, même si celles que vous émettez présentement ne sont pas alignées sur celles qui demeurent dans votre cœur.

Et j'aime déposer un sourire autour de vous. J'aime participer à votre guérison, car je ne fais vraiment qu'y participer, n'en étant pas l'artisan.

Bon voyage! Oui, bon voyage sur les énergies qui viennent.

Bon voyage à l'intérieur de vous, de la connaissance! Ne doutez jamais que celui-ci vous amène uniquement au centre de votre cœur, là où reposent tous vos dons.

Je vous salue pleinement pour avoir lu et compris que, derrière la force de mes mots, se cachait un amour incommensurable envers les êtres que vous êtes ici et maintenant.

16

Voyage

Assise dans le cercle, je m'apprête à recevoir un enseignement oral de Soria. Après ma courte préparation intérieure visant à calmer mes pensées, à respirer par le ventre, j'attends son énergie.

Comme à l'accoutumée, celle-ci descend d'un chakra à l'autre jusqu'au chakra sacré pour remplir mon corps, puis la connexion s'établit.

Tout est normal en cet instant ; toutefois, aucun mot ne me parvient, contrairement à d'habitude. Seule une vision d'un être féminin planant dans un superbe paysage se présente sur mon écran intérieur.

J'appelle Soria, qui me répond que tout va bien. Rassurée, je reprends mon processus, venant de permettre à mon mental d'être présent. Mais la même image revient. Je respire alors profondément et je comprends que quelque chose d'inhabituel se déroule. Je focalise donc mon attention sur cette vision et, en une fraction de seconde, me voilà projetée en elle. J'accepte ce singulier rendez-vous et j'accueille ce contact tel qu'il est, laissant derrière le fonctionnement auparavant établi.

C'est ainsi que les mots affluent, venant de l'être. Rapidement, l'énergie me pousse dans cet être et je vis pleinement son parcours, y compris ses questionnements et ses silences.

Ce qui suit est son langage et ne peut souffrir aucune retouche; il est ce qu'il est et le restera. Je vous en offre l'intégralité. À vous de glisser dedans tout comme moi et d'en ressentir l'énergie. Ceci n'est pas issu d'un *channeling*, mais d'un vécu.

— Régine Françoise Fauze

Dans le silence de mon être, Je Suis.

Dans le silence, dans la paix et dans le rayonnement, Je Vis.

Dans la connaissance, l'émerveillement, la joie, Je Suis, et, dans l'expansion, Je Vis.

Mon Père m'a créée; je suis une de ses premières extériorisations JE SUIS.

Il m'a faite douceur, plénitude et, par cela, je porte tous les possibles. Ma vision est SA vision, ma connaissance est SA connaissance.

Je Suis, je n'ai besoin de rien, car tout est dans mon Je Suis. D'ailleurs, dans cette forme, j'ignore la profondeur de qui je suis, de mes mouvements, mais Je Suis.

Je sais qu'il a déposé en moi la puissance de réalisation d'un des deux aspects primordiaux de sa personnalité JE SUIS qui va glisser dans ce qu'il appelle le Féminin et, à partir de cela, je vais créer.

J'engendre la Féminité, mais cet état ne s'arrête pas à cela. Mon rayonnement épouse une couleur, que sont les couleurs? Cela brille; je suis le Feu solaire et je vais me découvrir puisque telle est la volonté de mon Père.

Je suis légère comme l'Air et fluide comme l'Eau, pourtant, je suis aussi la densité, la Terre, et mon être est le Feu. Qu'est-ce que cela veut dire puisque mon esprit est l'ensemble!

Mon Père a dit : « Tu seras insaisissable comme l'Air, tu glisseras entre les doigts comme l'Eau, quand la main voudra te saisir, la Terre s'égrènera en des milliers de petits grains, et ton rayonnement réchauffera. Tu demeureras insaisissable, car telle est ma volonté. »

Alors, je me suis posée dans mon Je Suis et dans Ses paroles. J'ai écouté dans le silence car, là où je demeure, il n'y a aucun bruit, rien ne bouge ; pourtant, il me semble que je ne suis jamais à la même place.

Je ne suis pas la seule à être sortie du cœur de mon Père, il y a d'autres Je Suis de moi-même. Je les sens : ils résonnent. Je me souviens quand mon Père a dit : « Je vais créer un autre toi-même qui, lui, sera tes bras, t'enveloppera, te gardera, te protégera lorsque tu descendras à la découverte de tous tes possibles. »

Je suis la Féminité et l'autre moi-même, je crois que c'est la Masculinité ; comme cela sonne bizarre à mon oreille. Pourtant, c'est moi-même ! Pourquoi ai-je cette réaction intérieure qui fait que je ne suis plus tout à fait à l'aise en pensant à cet aspect, cet autre visage de moi ?

On va se rencontrer, se reconnaître et je sais que nous allons partir quelque part dans un paysage étrange que mon Père va aussi extérioriser de lui-même.

Pour l'instant, je suis toujours à l'intérieur de mon Je Suis, au calme, en paix.

Il m'a annoncé encore : « Ma fille, lorsque tu partiras, tu connaîtras le trouble puisque c'est en connaissant le trouble que tu pourras approfondir la paix. Tu visiteras le Noir parce que tu reconnaîtras ainsi d'où tu viens, de la Lumière. Mais je vais compliquer ta reconnaissance, car je te ferai même oublier ce qu'est ta féminité. Tu vas te perdre pour mieux me retrouver et mieux te reconnaître. »

C'est étrange ! Ces mots résonnent en moi et m'intriguent. Je m'interroge ; cependant, si mon Père me l'a dit, alors, tout est bien. Pour l'instant je suis Je Suis.

Je suis le féminin, mais qu'est-ce que veut dire féminin? Qu'est-ce que ça signifie masculin? Quelle est la différence? Comment vais-je devenir? Puisqu'il paraît que nos épousailles dureront et que les deux, féminin et masculin, devront se mélanger, jouer à être avant de comprendre le JE SUIS.

Tout me paraît étrange maintenant, je glisse, je glisse, je vais dans un monde qui n'est pas le mien. Je suis à l'étroit, j'ai froid. C'est étrange le froid, comment cela existe-t-il?

Je glisse et glisse encore; j'ai l'impression de me perdre…, j'ai l'impression de me perdre!

Puis le voile se déchire, mes yeux s'ouvrent, qu'est-ce? Il y a tant d'images, tant de choses. Il me faut aller chercher en moi la conscience de chacune mais j'ai envie également de m'étendre pour toucher. Seulement, je ne suis qu'énergie, je suis lumière et je passe comme au travers; je ne peux pas reconnaître, je me perds. Pourtant, je suis là, c'est étrange…

Oh, je viens d'être bousculée, quelque chose m'a touchée! Mes mains peuvent maintenant toucher, sentir, reconnaître. Voici tellement de choses à identifier, tellement d'informations : Qu'est-ce que le froid, le chaud, l'eau qui coule sur moi, l'air qui bouscule ma réalité, la terre qui est devenue dense et sur laquelle je repose? Oui, tout est étrange, je connais et je ne connais rien.

Mais je ne suis pas seule! Quelqu'un m'accompagne, quelqu'un m'emprisonne! Ah oui! je me rappelle, le masculin, cet autre moi-même. Que m'a-t-on dit? Qu'il est là pour me protéger. D'accord, on y va! Je glisse, c'est doux. Je retrouve ma fluidité, ses mains accompagnent mes mains, son corps m'entoure et je peux, dans ce moule, expérimenter, toucher, ressentir, voir et reconnaître. Nous ne faisons qu'un, nous sommes dans un passage étroit et nous glissons, nous descendons et nos yeux rencontrent un autre paysage; là, ses bras protec-

teurs commencent à me serrer jusqu'à me faire mal. Je ne savais pas ce qu'était le mal ; je souffre, étrange la souffrance ! Je ressens mon corps au travers de la souffrance, je peux l'identifier puis promener ma conscience et aller chercher qui j'étais. J'étais quoi au juste ? Ah oui ! j'ai entendu « esprit féminin », que cela représente-t-il ? Je me sens lourde et il me faut beaucoup d'énergie pour mouvoir ce corps, ce vêtement. Je m'use et mes bras protecteurs ne sont plus là, je n'ai plus ce moule de tendresse qui me permettait d'avancer, de me reconnaî-tre. Il est devenu mon ennemi, comment avons-nous fait pour devenir ennemis ? Pourquoi ce mot résonne-t-il si difficilement dans toutes mes cellules ?... Cellules ? Qu'est-ce que c'est « cellules » ? La lumière, la couleur, le vent, l'eau ; j'ai oublié ce que c'était.

Je suis descendue dans le noir ; je ne descends plus car, en dessous de moi, il n'y a rien. Je n'entends plus, ne vois plus, ne ressens plus ; je ne sais plus. Je suis immobile, qu'était-ce la Vie ? Qui peut me répon-dre ? Y a-t-il quelqu'un ou suis-je seule ?

Je voudrais voir, je suis aveugle, j'ai soif et je ne peux pas boire, j'ai faim et aucune nourriture ne vient jusqu'à moi. J'aimerais avoir un nom, je ne sais pas qui je suis ni qu'est-ce que c'est d'être ? Au secours, au secours ! Quelqu'un peut-il m'entendre ? Quelqu'un peut-il m'éclairer ? Est-ce que la lumière existe ?

Oh ! Je vois mes mains, j'avais donc des mains ! Je vois des pieds, j'avais des pieds ! Je vois un corps, j'ai un corps ! Mais qui suis-je ? Il y a quelqu'un là-bas ! Hé ! toi, tu peux me répondre, m'entends-tu ?

« N'aie pas peur, mon enfant, je t'entends puisque tu m'as appelé. Regarde, j'entrouvre le Ciel afin que tu reconnaisses qui tu es, quel est ton Je Suis. Il te parlera de ce que j'ai déposé en toi à la première seconde, de ton aspect féminin et de ton aspect masculin. Il te parlera de ces hauteurs où tu pouvais planer à la naissance tel l'aigle qui est le roi des airs, où tu nageais comme un poisson dans cette eau multi-colore.

« Tu rencontreras les peuples de la Terre puis tu retrouveras ton Feu intérieur, car tu es tout cela, mon enfant. Tu as juste visité le contraire de ce que tu es.

« Mon enfant, au long de ce voyage, je t'ai permis de ressentir tout ce qui n'était pas toi afin que par cette identification, tu saches qui tu es et que tu fasses le choix de ta vie. Car je t'ai tout donné à la naissance et tu n'as aucun mérite puisque tout t'a été donné. Il te fallait, dans l'expérience, comprendre qui tu étais pour que je puisse reconnaître ma fille bien-aimée. »

J'ai un père ! Non, j'ai toujours été seule ! Mais j'entends, c'est impossible ! Et mes yeux voient ! Je suis devenue folle, ce n'est pas pour moi, je n'en suis pas digne ; je repousse tout ça.

Je vais me perdre tant je suis fatiguée. Je ne peux plus lutter, car je n'ai plus de force.
Il en sera comme il doit être, je n'en peux plus.

Et parce que cette étincelle de Vie a enfin accepté de déposer les armes et ce qui lui semblait inacceptable, elle va pouvoir épouser ses différentes facettes puis remonter doucement. À chaque passage en elle-même, elle retrouvera une part de cette connaissance qui fut déposée le jour de la première naissance. Tout est juste, tout est bien.

Sachez que les deux aspects de la Lumière et de l'Ombre sont également l'un des visages du pôle féminin et du pôle masculin.

Peut-être ce voyage est-il venu vous chercher à l'intérieur de vous. Je l'ai fait sciemment afin que vous puissiez rencontrer la Vie dans sa plénitude.

Vous le voyez, la Vie dans sa plénitude, c'est parfois se perdre, s'ignorer, se rejeter jusqu'à un certain point.

Lorsqu'on a touché le fond de l'ignorance, il ne reste plus que l'ouverture, l'acceptation et le lâcher-prise. Aussi, tout ce qui a été créé pour vous accompagner dans la descente se met en place autour de vous afin de vous épauler dans la nouvelle naissance.

Vous devez renaître à vous-mêmes en conscience, en amour. Vous ne pourrez rejeter aucun de vos aspects, car tout ce que vous avez vécu vous a construits dans l'expérience et vous permet de retourner couronnés dans le cœur de votre Père.

Ceci n'est qu'une étape, la première. Vous serez conduits bien plus loin que cela mais, aujourd'hui, dans votre quête de reconnaissance, vous êtes parvenus à cette porte où les deux aspects masculin et féminin vont s'épouser.

Oh! ne croyez pas que le jour de ces noces cosmiques, vous en aurez la pleine compréhension, mais l'acceptation de vous fondre à l'intérieur de ces deux voies vous conduira au centre de vous-mêmes. Une fois ce pas effectué, vous pourrez avancer plus loin et découvrir toutes les couleurs, les sons et les parfums reliés à ces deux chemins.

Vous souffrez tous d'un seul fait : vous reniez, bafouez qui vous êtes, et ce, magistralement !

Vous avez une peur incontrôlable de poser votre main sur la poignée de la porte et de dire : «Je m'autorise à ouvrir cette porte et à m'immerger dans la connaissance du JE SUIS.»

Vous trouvez tous que les enseignements qui descendent sont compliqués; même votre mental, si friand de tout cela, a bien du mal à les digérer. Aussi, je vous le dis : «Tant que les bras aimants de l'énergie masculine ne vous auront pas construit cette matrice solide dans laquelle votre féminité pourra s'épanouir, s'expanser en toute sécurité, votre mental créera autant d'alarmes que vous le souhaiterez en vue de vous faire reculer pour vous installer, un temps encore, dans un état d'être très éloigné de la plénitude.»

Aujourd'hui, je voulais vous rappeler le voyage que vous avez accompli.

J'ai utilisé l'énergie féminine, car elle fut créée la première. C'est en elle que le Sans-Nom a déposé tous les pouvoirs de la création. L'énergie masculine vint en deuxième lieu, avec la puissance de diriger cette énergie vers l'endroit où elle devait aller, et ce, dans l'amour.

Mais vous êtes devenus des despotes autant dans votre pôle masculin que dans votre pôle féminin. Par conséquent, il fut un temps sur cette planète où deux nations ont incarné cet abus de pouvoir, l'une voulant tout contrôler, l'autre ne voulant vivre que par l'Esprit. Ni l'une ni l'autre n'ont perduré dans le temps.

Vous vous retrouvez aujourd'hui à la veille d'un grand choix : Allez-vous détruire cette humanité dans laquelle vous vivez ou, au contraire, déposer les armes car vous aurez compris que si le féminin doit vivre dans sa plénitude, le masculin doit aussi s'épanouir dans tout son possible ?

Aussi, durant ce passage incontournable, n'hésitez pas à regarder comment ces deux énergies sont parvenues à se détruire mutuellement. Il est peut-être temps d'inverser ce mouvement et d'appeler votre Père, votre Créateur, afin qu'il vous montre où est la lumière, la vérité.

J'arrêterai là, car j'ai secoué ces deux pôles en vous afin que la réalité divine et universelle coule dans votre corps physique, votre âme et votre esprit, pour le bien de la Vie et pour que la joie revienne dans vos cœurs.

Nous allons enfin vous entendre chanter.

17

Le chemin des épousailles

Il est parfois bien difficile, ce chemin qui mène au centre. Ne se découvrant pas au premier regard, il est de tout temps immuable dans sa beauté, sa simplicité et son rayonnement.

Il ne fait pas de bruit puisqu'il Est. Pourquoi en ferait-il ? Il n'a rien à prouver, ce serait inutile.

Comme, justement, il ne cherche aucunement à attirer l'attention, les êtres ne sont pas tentés de l'emprunter au premier instant. Ils pensent plutôt : « Il est trop simple, sa couleur n'est pas attirante. Regarde, c'est plat, on n'y découvre rien ! Ce chemin à droite est plus modelé, avec des monts et des vallées, c'est intéressant ! Qu'y a-t-il derrière la montagne ? Je me le demande bien. Oh, de l'autre côté se trouvent des cailloux. De quoi s'agit-il en réalité ? J'ai envie de connaître *le caillou*. »

Le plat chemin du centre, si plat et ne rayonnant pas d'une lumière attirante, regarde et sourit. Il sait que pour l'emprunter, on doit justement reconnaître les embûches, et la première, eh bien, c'est ce regard, cette platitude apparente le rendant peu attirant.

Il faut avoir osé suivre le chemin du centre depuis un petit moment pour découvrir que, finalement, là où nous passons, résident le plus grand amour, la plus grande force.

Cette lumière n'est pas aveuglante, pas attirante ; pas tout de suite du moins.

On est pleins de vigueur et on a besoin d'expérimenter, la Vie étant un théâtre.

On va donc jouer, prendre le chemin de droite parce qu'il traverse des monts, des vallées et qu'on a envie d'aller voir ce qu'il y a derrière. Belle histoire en perspective ! Ce sentier, qui sait susciter des attirances, livrera alors son message : « Oh ! il n'est pas bien grand. À chaque pas, à chaque traversée de vallée, on rencontre une montagne et, derrière, une autre vallée qui mène à une autre montagne. Le paysage change, il est beau, mais à force de cheminer sur ce parcours laborieux, les pieds se fatiguent et l'énergie s'use. Comme une pile dont l'énergie est à plat, on finit par s'asseoir et s'endormir. »

À ce moment, l'être qui s'est abandonné remonte vers sa source. Il n'a pas tout compris, et quand il sera accueilli, il dira : « Qu'est-ce que j'ai fait, où suis-je allé ? Mais dans quel état je reviens ! Je veux comprendre. » Et là, avec les yeux de l'esprit, pas ceux de l'âme, il regardera ce sentier parcouru et s'apercevra qu'il a écrasé la Vie à chaque pas. Oh ! de plusieurs manières, bien souvent involontairement, mais parfois bien conscient de son geste.

Il pourra descendre en conscience par la vue de l'esprit à l'intérieur de chaque souffrance qu'il aura imposée à l'extérieur comme à l'intérieur de lui. Ce passage s'avérera douloureux, car l'esprit ne tolère aucune faiblesse, aucun écart.

Puis il s'en retournera, suivant un itinéraire constitué de cailloux, et ses pieds se blesseront à nouveau, jusqu'au sang. Il tombera, se relèvera une fois, deux fois ; s'il a assez d'énergie, il pourra aller jusqu'à dix, quinze, vingt fois, puis il y aura cette chute fatale où il n'aura rien compris, tout perdu.

Il remontera, utilisera la vue de l'esprit et analysera. Ces deux parcours ne lui ayant pas apporté ce qu'il souhaitait, il

en créera un troisième parce qu'il aura encore besoin de comprendre.

Et, de chemin en chemin, de chute en chute, de regard en
regard, il déposera ses velléités.

Tout doucement, ce chemin qui n'attire pas deviendra attirant, car l'âme, enregistrant la fatigue et tous les essais, n'en
pourra plus de dire à l'esprit : «Écoute, ça suffit!» Puis au
corps de rappeler : «Attends, il y a autre chose à faire; on m'a
dit que tu pouvais prendre ce chemin.»

Ainsi, un jour, il y aura la chute. Celle-ci ne provoquera
pas la mort du corps, mais l'entraînera vers un rendez-vous
incontournable. Dans cette chute, on ne pourra pas se relever
tout de suite. Oh! elle peut adopter mille et un visages, mais il
y a *la chute,* ce rendez-vous. Et puisque le corps est immobilisé,
que l'esprit ne peut plus agir, l'âme va se poser. Elle pourra
demander : «Bon, es-tu prêt à m'écouter? As-tu compris? As-
tu vu tout ce que tu as expérimenté? Es-tu satisfait de tous les
chemins parcourus? Ce n'est pas le cas! Alors, écoute-moi.»
Ainsi, l'esprit ayant déjà suggéré de ne plus aller étudier ceci
ou cela, l'âme rappelant qu'il est peut être temps de faire ce
choix, et le corps ayant crié sa souffrance, l'esprit acceptera
cet impact.

Avez-vous songé, lorsque nous vous avons rendu la connaissance de l'esprit à l'intérieur de vous, puis rappelé que le
corps avait sa propre vie, que nous parlions d'une autre forme
de vie des identités féminine et masculine? Comme ni le
corps, ni l'âme, ni l'esprit n'ont voulu écouter, il a bien fallu
un intermédiaire, un conseiller. Êtes-vous prêts maintenant à
les entendre tous les trois, à écouter leur message? À faire la
balance de ces trois pôles, à entamer la danse nuptiale, puis à
chercher ce chemin qui a toujours été là, dans sa simplicité, sa
virginité et qui, à aucun moment, n'a essayé de vous attirer?
Il *vous* a attendus; il a patienté jusqu'à cet instant, tout simplement.

Vous en êtes rendus à choisir, surpris en même temps de pouvoir avancer encore plus et avec aisance sur le parcours simple des retrouvailles. Quel sera votre choix? Reprendrez-vous votre cheminement chaotique par habitude, en continuant à gravir les montagnes et à descendre les vallées? Il est vrai que de nombreux paysages sont à découvrir et que vous pourriez de nouveau ressentir l'arrondi des pierres ou leur tranchant, si tel est votre souhait. Pourtant, la porte qui vous attire est bien celle de votre cœur qui vous signale : «Maintenant, on rentre à la maison et le chemin qui y mène est nu, simple et sans artifices.»

Il en est ainsi. Il y a des rendez-vous incontournables avec soi qui vous rappelleront qu'à force de courir à l'extérieur, on oublie que tout est là, au centre. Au centre de quoi? Du corps, autant du corps physique que de chaque corps subtil. Et la porte existe toujours, une porte de lumière qui ne brille pas plus que toutes les autres; pourtant, cette lumière est là et c'est le plus beau des cristaux que vous rencontrerez.

Vous êtes en train de travailler à l'harmonisation de vos grilles magnétiques, et nous vous accompagnons.

Chaque fois que vous finirez votre travail sur l'une ou l'autre des grilles, vous descendrez au plus profond de vous-mêmes, de votre simplicité et rencontrerez l'enfant intérieur, nu, sans attente, dans sa plénitude, car telle est désormais la volonté de votre Père, de votre Créateur. Telle est sa décision, et les noces cosmiques ne parlent que de cela.

Peut-être effectuerez-vous ces noces à l'intérieur d'une bande de couleur—rouge, vert, violet, jaune, bleu, indigo, orangé. Vous seuls nous instruirez, ce sera **votre choix**.

Et dans cette bande, selon sa couleur, vous teinterez le service que vous rendrez à la Vie. Vous glissez dans une bande non pas par la volonté humaine de cette incarnation, mais par la résonance avec votre parcours antérieur. Vous êtes la somme de votre passé et le germe de votre futur ; tout votre passé vous a construits et vous ne pouvez renier cette construction, sous peine de ne pouvoir bénéficier du travail effectué.

Voilà pourquoi nous affirmons que le plus important demeure l'instant présent, car tout votre passé vit dans cet instant. Tout est inscrit en vous, et ce qui vous gêne est travaillé pour être expulsé afin qu'il ne reste que le plus beau des diamants, résultat du polissage opéré tout au long de votre passé. Votre passé n'aura de rôle bien établi que lorsque vous en serez enfin, dans votre présent, à la dernière séquence de polissage, comme si vous preniez un chiffon pour faire luire la pierre merveilleuse que chacun de vous est devenu. Lorsque vous emploierez ce chiffon rempli de votre douceur, vous révélerez la couleur, la tonalité, qu'aura prise cette pierre.

L'artiste le sait bien : à l'état d'ébauche, il ne sait pas ce que deviendra sa création. Pourtant, c'est bien quand il incorpore son geste de douceur et d'amour qu'il révèle la plénitude de son travail.

Vous êtes tous invités à demeurer dans l'amour, car c'est le moment d'appliquer ce baume de révélation sur votre passé, votre création, cette construction de vous-mêmes.

Sentez la douceur qui flotte dans l'air, ressentez-la, elle est palpable. Elle représente le résultat de votre travail, de ce que vous avez osé déposer, des ouvertures que vous avez entreprises. Maintenant, à vous de poser cette douceur révélant l'éclat de ce joyau que vous venez de découvrir et que vous déposerez au centre de vous-mêmes.

C'est vrai, nous avons toujours été là ; nous vous accompagnons tout au long de votre propre accouchement. Nous n'avons d'autre prétention que d'accueillir toutes les énergies que vous avez choisi d'expulser de vos cellules. Nous les accueillons, les tenons dans nos mains, attendant de connaître vos souhaits. Tout doucement, dans nos mains et par notre couleur, notre fonction, a lieu la transmutation. C'est l'heure pour nous de vous restituer ce travail.

Chose certaine, c'est la plus belle pierre que vous avez su créer, que vous avez réclamée. Vous voyez, le travail de créateur se déroule aussi de cette façon, en partenariat. Mais les plus grands auteurs, c'est vous.

Il est temps pour vous de comprendre que c'est dans la matière que nous sommes les plus grands créateurs, les plus grands transmuteurs. Et vous êtes aussi, en tant qu'êtres incarnés, les transmuteurs, les créateurs de tous les joyaux que vous remonterez. Nous ne sommes là que pour garantir votre remontée, soit vous permettre d'explorer sans vous perdre complètement. Mais ne croyez pas que nous sommes des magiciens ! Et si vous voulez aller à la rencontre d'un magicien, tournez donc votre regard au dedans de vous-même ; là, vous en rencontrerez un.

Nous sommes les gardiens de la mémoire, de la connaissance, des couleurs, des parfums, de la volonté, du jeu, du plan. Nous sommes tout cela. Et qu'a donc entre les mains un gardien, sinon des clés ! Nous en possédons un trousseau, mais vous êtes chacun la main qui ouvre toutes les portes. À chaque pas franchi, à chaque porte rencontrée, vous réclamez la clé de la serrure correspondante afin de faire tourner le mécanisme. Chaque instant, vous déposez des germes pour votre futur, car vous savez que, de toute manière, le mouvement ne peut pas s'arrêter et que vous avez encore bien des rendez-vous avec vous-mêmes, que ce soit dans cent ans, mille ans ou cinq mille ans.

Vous avez rendez-vous avec vous-mêmes et vous déposez déjà tous ces germes !

Quelques-uns parmi vous ont décidé qu'il était temps pour eux de reprendre le chemin du milieu, ce parcours simple qui ne livre pas de grands messages mais rappelle qu'au bout se trouve leur demeure. Certains donc le prendront; toutefois, ils n'auront plus à ouvrir de portes ni à réclamer de clés car, sur cette voie, il n'y a ni portes, ni clés, ni embûches, ni arrêts puisqu'il s'agit simplement d'un fil conducteur.

La Vie est ainsi.

Et nous nous tiendrons encore à l'écoute de vos choix, de vos décisions; une fois de plus, nous respecterons ces choix et ces décisions. Nous ne serons peut-être pas toujours d'accord avec vous, car même si nous savons à quel moment vous pouvez réintégrer votre demeure divine, vous prolongez parfois le jeu alors que cela n'est pas nécessaire. Nous voyons quand vous pouvez vous présenter à vos noces cosmiques et nous vous en informons bien souvent de mille et une manières.

Je vous l'annonce : l'heure est venue pour cette humanité de se présenter à ses épousailles. En donnant suite à cette proposition, vous répondrez à la Vie, et votre réponse sera respectée sans condition. C'est là un simple chemin dénudé, mais ô combien riche de réalisations.

Quant à moi, je vais vous quitter ici, car j'ai donné assez de mots pour vous permettre de grandir à l'intérieur de votre choix final. Nous avons suffisamment poli votre joyau intérieur; à vous maintenant de le déposer sur le chemin de droite, de gauche, ou du centre.

À vous d'unir votre corps, votre âme et votre esprit.

À vous d'unir les deux aspects du féminin et les deux aspects du masculin.

À vous de vous élever ou de descendre, car jamais nous vous inciterons ou vous obligerons à quoi que ce soit. Nous respecterons la moindre parcelle de votre choix même si, franchement, ce choix ne vous apporte rien. Tel est l'amour;

il n'attend rien et n'a rien à prouver. Et si vous décidez de poursuivre votre jeu, c'est qu'en somme vous pensez avoir encore des choses à vous prouver ou que vous êtes toujours capables de faire, encore et encore…

Que la paix vous accompagne sur le chemin de votre choix. Qu'elle vous nourrisse, vous rappelant qu'elle existe vraiment et qu'elle peut s'installer immédiatement si tel est votre désir.

Que la joie chemine à vos côtés et vous rappelle que vous pouvez rire et vous amuser au lieu de pleurer et d'être tristes.

Oui, que la joie vous accompagne. Et que l'amour vous entoure, vous protège au maximum afin que les blessures— celles que vous allez vous faire si vous ne souhaitez pas rentrer dans votre demeure—ne soient pas irrémédiables.

Oui, que l'amour vous accompagne et que la lumière se fasse veilleuse pour que la peur s'enfuie, ne vous domine pas, ne cache pas la réalité et la beauté de votre être.

Deuxième partie

Les cercles de Paroles

Mulhouse

Je salue les maîtres qui se prêtent à cet instant pour recevoir une énergie teintée selon leur désir. Ces maîtres, c'est
vous. Comme vous êtes beaux dans l'oubli de vous-mêmes
et de votre maîtrise. Comme vous êtes tous beaux à l'intérieur de ce jeu. Quand nous regardons vos expressions, nous
sourions, car vous jouez avec une parfaite maîtrise l'amnésie
de qui vous êtes. C'est génial, vous êtes très forts ; vous nous
apprenez énormément et nous vous aimons beaucoup pour
ce que vous osez réaliser.

Je me souviens de ce lointain instant où vous êtes descendus la première fois sur cette planète, où vous avez glissé vers
ce lieu. Quel enthousiasme vous aviez ! Nos recommandations,
vous les avez prises à la légère en nous disant alors : « Ne vous
inquiétez pas. Maîtres de nous, nous allons pouvoir boucler ce
travail dans un court délai et nous serons de retour à vos côtés
bien plus rapidement que vous ne le pensez. »

Puis, avec tristesse, nous avons assisté à cette descente dans
la perdition de votre conscience de qui vous êtes, vous voyant
épouser des énergies qui n'étaient pas vôtres et observant l'extinction progressive de vos lumières. Nous nous sommes dit
que vous alliez réagir. Mais non, vous êtes descendus encore
plus profondément dans l'extinction de qui vous étiez. Vous
êtes même parvenus à un point où nous avons pensé que vous

étiez capables d'éteindre vos lumières et qu'il nous fallait donc agir. Oui, nous nous rappelons tout cela.

Et nous avons reçu l'ordre de commencer à émettre des fréquences de lumière car, là-haut au-dessus de nous, l'Origine de l'origine a constaté qu'il était temps de rappeler ses enfants bien-aimés et de mettre en place son plan tenu secret jusque-là. Nous étions heureux de répondre, mais ça ne s'arrêtait pas là. Il fallait prendre des paramètres et recueillir d'autres informations ; aussi nous demandions-nous où les obtenir. Quelques-uns d'entre nous ont suggéré que ces maîtres qui se sont oubliés pouvaient servir la Vie en recueillant ces informations, tout en pensant que vous étiez déjà en difficulté. Certes, vous l'étiez bel et bien. Pourtant, à ceux qui avaient encore une faible lueur de conscience de leur divinité, nous avons proposé de recueillir les données qui nous manquaient. «Pourquoi pas ?» ont-ils répondu, et nous en avons été étonnés.

Ainsi, dans le jeu s'est créé un autre théâtre de vie qui va être clôturé aujourd'hui, car la somme d'informations que nous espérions recueillir a dépassé toutes les espérances et les probabilités. Partant, ce théâtre va-t-il fermer ses portes. Quand il sera clos, la scène disparaîtra et ne demeureront que ces maîtres essayant tant bien que mal de retrouver leur lumière et de nous appeler. Ces maîtres qui acceptent enfin de se réapproprier leur divinité et leurs vêtements lumineux.

Nous allons donc boucler le théâtre de Vie et cette séquence durant laquelle ces maîtres résidèrent dans une noirceur qui ne leur appartenait pas.

Progressivement, nous avons vu de petites lumières clignoter à nouveau et émettre un rayonnement faible d'abord, mais réel. Nous avons tous accouru afin de soutenir vos efforts, vous donnant toute l'information nécessaire pour vous aider à recouvrer votre identité. Sur cette planète, coule désormais un flot constant d'information, d'énergie et de lumière. Bientôt, vous saurez qu'il faut fermer les portes de la troisième dimension. Vous penserez alors peut-être que cela se déroulera comme ça, en un clin d'œil. Je vous préviens que non ; vous ne pourrez quitter ce lieu sans avoir compris le mécanisme et les rouages subtils. Vous devez vous nourrir de tout ce que vous avez vécu et, pour ce faire, il vous faut vous poser en acceptant de regarder le scénario à l'envers, mais pas dans le but de vous torturer l'esprit et de vous affliger encore : « Mon Dieu, mon Dieu, c'est ma très grande faute ! ». Non, celle-là vous l'avez assez jouée. Ce n'est pas pour vous culpabiliser ou entrer encore dans un scénario où vous vous mettez à parcourir le monde afin de *racheter vos péchés*. Nous n'en sommes plus là.

Nous allons plutôt vous inviter tous à vous asseoir et à regarder défiler ce film à l'envers. Ne croyez pas que cela se passera à l'extérieur de vous et que vous recevrez tout bonnement un livre vous délivrant de grands messages en vue d'effectuer cette rediffusion de qui vous êtes ! Vos anges et vos guides viendront vous chercher un beau matin, ou la nuit dans votre inconscience, et vous placeront au pied du mur en vous renvoyant ces images de votre vie oubliées et laissées de côté, car représentant des moments douloureux. Là, que ferez-vous ? Enfants divins, maîtres qui vous êtes oubliés, nous attendons simplement que vous formuliez des pardons pour tous ces jeux que vous avez joués vis-à-vis de vos partenaires, et pour les lois viciées de ces jeux. Il faut reconnaître ces instants pour ce qu'ils ont été, les remercier, car vous ne pourrez pas vous élever si vous n'avez pas apaisé votre mémoire, qui ne vous parle que d'amour, de reconnaissance, de simplicité. De grands gestes héroïques sont inutiles ; nous ne souhaitons aucunement de nouveaux héros de la lumière qui vient sur terre.

Nous vous attendons dans la plus simple nudité de l'âme et de l'esprit. Ainsi, tous ces sacs mémoriels que vous avez bloqués, ficelés afin d'empêcher leur ouverture et d'éviter de les voir seront retournés. Trois solutions s'offrent alors à vous :

soit tempêter à nouveau, pleurer, crier et prétendre que c'est la faute des autres, soit tenter d'ignorer tout cela ou, encore, jouer au pauvre pécheur. Mais si vous êtes enfin las de toutes les facettes de ces personnalités qui vous ont emmenés d'impasse en impasse, si vous êtes vraiment fatigués de ces chemins qui vous ont menés d'ombre en ombre, et si, vraiment, l'appel de votre véritable identité est plus fort que le reste, vous pourrez vous asseoir avec beaucoup d'humilité et de simplicité puis accueillir ce qui vient. On ne vous demande pas de juger ni d'analyser ce qui s'est passé de bien ou de mal, car si vous mettez encore ce moteur en mouvement, vous entrez une fois de plus dans le jeu. Si vous analysez, vous pénétrez dans la dualité, le jugement et, par conséquent, dans la sentence.

Nous vous invitons plutôt à observer chaque image qui remonte à votre mémoire. Que comporte-elle? Un, deux, trois partenaires? Qui sont-ils? Vous pourrez les dénommer et vous reconnaître. C'est très simple, admettez que vous avez été partenaire d'un jeu sur une scène de théâtre où vous avez tenu un rôle; si vous vous l'êtes autorisé, vous avez également permis à vos partenaires de jouer le leur. S'ils ont participé à cet acte théâtral où vous étiez justement dans quelque chose qui n'était pas vous, eux non plus n'étaient pas eux-mêmes! Vous le savez, il y a de très bons comédiens et d'autres moins bons, mais qu'ils le soient ou non, ce sont tout de même des comédiens. Et dans cette pièce, vous faites tous partie de la troupe, alors, bons ou non, quelle importance! Vous êtes des comédiens! Par conséquent, accordez-vous la douceur, la joie et l'amour d'avoir joué cette pièce de théâtre et accordez la douceur, la joie et l'amour à ces autres partenaires qui ont fait de même! Remerciez-les de vous avoir donné la réplique et pardonnez-leur d'avoir perdu des tirades et composé afin que la comédie se poursuive.

Faites la même chose pour vous, car il y eut des moments où vous ne vous rappeliez plus votre réplique. Faites la fête dans votre tête, honorez et célébrez cette partie de votre vie incluse dans cette pièce de théâtre.

Oui, si vous voulez grandir, il faudra pardonner, aimer et honorer ce qui a été vécu, car tant que vous repousserez tout cela, vous demeurerez dans le jeu et ne pourrez sortir de cette scène. Vos vis-à-vis vous rappelleront tôt ou tard que vous êtes leur partenaire. Si vous ajoutez de la couleur, des fleurs, des parfums, de la joie et de l'amour sur ces séquences, elles partiront comblées, reconnues pour vous avoir offert un instant de vie dans la troisième dimension, sur une planète située dans un petit système solaire bien éloigné du cœur même de la Vie. Puis vous comprendrez que là où vous êtes s'ouvrent de grandes portes et se présentent de bien plus importantes pièces de théâtre qui se déroulent cette fois dans la lumière, la compréhension à chaque instant, et c'est là toute la différence. Vous y serez installés dans vos habits de lumière, dans votre identité, et dans ce nouveau jeu on vous conduira jusqu'à votre couronnement puis on vous dira un jour de vous asseoir et de laisser couler en vous cette vie que vous avez déjà émise.

Voyez-vous, quand vous acceptez que le film se déroule, les énergies émises durant ce temps viennent également vous revisiter. Et de quoi sont-elles constituées? De toutes les souffrances. Aussi, en acceptant de reconnaître ce qui s'est passé, ces souffrances ayant joué leur rôle seront reconnues et pourront s'en aller. Elles disparaîtront de votre mémoire, et vous quitterez la troisième dimension. Comment? D'abord en chutant à l'intérieur de vous-mêmes, c'est-à-dire en faisant l'ascension de vous-mêmes. Pour votre compréhension, disons que vous glisserez d'une énergie limitative vers une énergie décuplée porteuse de tout l'enseignement des hautes sphères, que vous passerez d'un état de compréhension à un autre où l'épanouissement aura sa place, où la rétraction et les jeux grossiers n'auront plus cours. Quitterez-vous cette planète ? Je suis désolée, mais il n'en est pas question ! Resterez-vous ici ? Bien sûr, puisque la quatrième dimension vient sur Urantia Gaïa. Elle arrive SUR cette planète, et vous voici donc invités à vous y glisser en ouvrant vos portes intérieures afin que son énergie et sa lumière coulent en vos cellules. Et plus vous ouvrirez ces portes — avec vos atomes et vos particules — à la fréquence, à la couleur de cette quatrième dimension, plus cette mémoire qui vous emprisonne dans la troisième s'en ira. Chaque fois qu'une fraction de cette mémoire est prête à partir, elle vient vous visiter afin que vous puissiez effectuer ce travail de guérison et d'apaisement. Plus vous la guérirez et l'apaiserez, plus elle acceptera de hautes fréquences lumineuses, plus vous serez alors dans le mouvement.

La mémoire est une matrice ; elle accueille des fractions de conscience vécues de telle ou telle manière dans la troisième dimension, jusqu'au jour où elle reçoit une impulsion l'incitant à se vider en vue de l'arrivée de la fréquence de la quatrième dimension : « *Videz, videz, vous n'avez plus besoin de ça.* » Cette matrice réagira dès lors à ces signaux, et plus vous laisserez partir les sacs mémoriels liés au vécu de la troisième dimension, plus vite vous glisserez dans l'harmonie des fréquences de la quatrième. Il est vrai que vous ne réagissez pas tous de la même façon, que vous n'allez pas tous aussi vite au même endroit car, je vous rassure, vous y parviendrez tous à votre rythme. Ce n'est pas grave ; n'oubliez pas que la vie dans la densité, quel que soit son niveau, n'est qu'une pièce de théâtre. Par conséquent, des personnages fort actifs au premier acte s'estompent au deuxième puis, sans savoir pourquoi, reviennent au quatrième acte, tenant alors le devant de la scène, Comme c'est bizarre ! L'histoire est un peu étrange, mais ce n'est que l'histoire d'un jeu, d'une pièce théâtrale. Si, dans votre entourage, certains refusent la lumière, laissez-leur un temps pour intégrer ce qu'ils peuvent. De toute manière, ils ne rentreront pas dans cet acte. Ayez alors de l'amour pour eux et la sagesse d'accepter cette décision, et ne vous inquiétez pas. Pendant le temps où vous vous serez éloignés, ces êtres partiront se ressourcer ailleurs, et qui sait s'ils n'iront pas alors plus vite que vous, car ils en auront décidé ainsi là où ils seront. Vous ne savez pas ce qui attend votre entourage, mais ne pleurez pas. Ayez la bonté d'accepter que chaque entité incarnée consente à mener sa propre pièce. En l'occurrence, elle seule est instruite des actes à jouer ici ou ailleurs. Elle connaît son paysage, en ayant dessiné les chemins, et sait à quel moment elle a décidé de croiser le vôtre à nouveau. Si, dans cette histoire présente, vous perdez des amis ou des êtres semblant représenter votre famille, sachez que ce qui vous attend apporte des amis et d'autres familles que vous connaissez bien et qui viendront à votre rencontre. Vous jouerez un nouvel acte où, là encore, vous accumulerez de la mémoire dont il faudra plus tard vous séparer.

En effet, une information n'est valable qu'à un moment donné. Lorsqu'elle est bien intégrée aux cellules, soit bien vécue dans le vivant de la troisième dimension, elle disparaît en tant que partie prenante de la vie cellulaire, et parce qu'elle n'est plus dans un sac mémoriel.

Vous voici donc à une étape très importante de votre histoire d'humains, où vous allez regarder tout ce que vous avez vécu auparavant.

Et j'aimerais ici vous inviter à ne pas provoquer de remontées mémorielles, car vos anges et vos guides ont reçu des directives en vue de le faire au moment opportun, connaissant parfaitement la place de chaque image, c'est-à-dire la chronologie exacte pour les recouvrer toutes. Eux savent comment articuler cette remontée mémorielle. Imaginez que vous ayez une telle remontée lorsque votre sphère affective est affaiblie au point où le premier élément qui arriverait serait susceptible de vous détruire! La sagesse de vos guides et de vos anges retardera la réminiscence de cette formation; ces entités travailleront à stabiliser votre corps émotionnel. Puis, quand celui-ci aura atteint une fréquence acceptable, ils laisseront émerger cette bulle en toute connaissance de cause. Autrement, lorsque vous vous y efforcez, vous obligez des séquences mémorielles à réapparaître sans savoir si vos corps subtils sont prêts à supporter la charge électrique et chimique de cette information.

Être sage et maître, c'est parfois repousser un tel instant au cas où un affaiblissement nous empêcherait physiquement de recevoir une nouvelle charge. Il faut donc savoir prendre des poses, regarder simplement les êtres de la nature évoluer au jour le jour, accepter qu'ils vous rechargent et que vous puissiez vous détendre pour être de nouveau aptes à avancer vers qui vous êtes.

Lorsque de telles informations réapparaissent, je vous prie de ne plus vous y identifier, car vous n'êtes pas cela. N'oubliez pas : vous représentez un acteur qui, lorsqu'il sort de scène et entre dans sa loge pour se démaquiller et déposer son costume, se réapproprie son identité. Certes, il a pu jouer un rôle de prince ou d'illustre militaire au théâtre, mais dans son quotidien, peut-être sera-t-il obligé d'aller laver de la vaisselle afin de mettre un peu d'argent dans ses poches pour mieux se nourrir, ses soirées de représentation n'étant pas suffisantes. Il faut savoir respecter toutes les facettes de qui on est, comprendre qu'on n'est pas le rôle que l'on joue. Aussi, essayez de vous pardonner tout ce que vous n'avez pas réussi à la perfection, car la perfection n'appartient pas à la troisième dimension, ni à la quatrième, et vous l'approcherez graduellement seulement, en intégrant une partie à chaque franchissement de dimension. Votre être intérieur tend vers ce but, tout en sachant qu'il ne peut l'atteindre d'un coup.

Je désire vous rappeler que tout autour de vous se trouvent des myriades d'anges, de guides, des êtres de lumière qui ne connaissent pas l'incarnation, les Forces primordiales, les esprits de la Nature, vos frères et sœurs plus évolués qui sont présents actuellement de façon à vous accompagner dans ce retour à la plénitude. Alors, pourquoi avoir peur ? Attendez-vous une aide ? Vous disposez déjà de toute l'aide possible imaginable ! Pourquoi créer un mur d'incompréhension entre vous et nous ?

Nous ne sommes qu'Amour et Lumière, et nous venons vers vous. Mais la seule chose que vous savez faire de votre côté, c'est de construire des murs. N'en avez-vous pas assez de ces constructions ? Il serait peut-être temps d'enlever chaque pierre pour que la lumière filtre à nouveau par toutes vos cellules…

Vous cherchez *les grands* enseignements, mais je vous le dis ils sont en vous.

Nous ne pouvons que vous rappeler qu'il y a des portes à ouvrir, car les enseignements primordiaux se trouvent à l'intérieur de vous. Demain verra naître autre chose, mais cet aujourd'hui est construit d'instants, ceux-là mêmes que vous vivez au fur et à mesure du déroulement de vos journées, de votre respiration, des regards que vous posez autour de vous pour enregistrer la Vie. Mais rappelez-vous : VOUS ÊTES LA VIE !

La Vie coule en vous et l'heure est venue de regarder le passé. Non pas pour désigner des coupables, mais pour y déposer des regards de paix et d'amour car, je vous le dis, dans vos lendemains vous emploierez de plus en plus les mots *paix* et *amour,* puis vous en intégrerez d'autres tels que fraternité, douceur, joie. Tout comme le fait d'être tous UN, notion qui revient vous visiter puisque être Un, c'est être installé dans la lumière, et pas n'importe laquelle. Vous le savez maintenant, la lumière peut être noire, blanche, colorée, argentée ou dorée. De toute façon, vous êtes attendus afin de faire l'ascension du spectre des couleurs et de vous installer dans la couleur Or couronnant chacune.

À chaque couleur visitée, vous irez vous installer dans sa contrepartie or. Ainsi, après le rouge, vous trouverez l'or; il en sera de même pour l'orangé, le jaune, etc. Vous grimperez ainsi jusqu'au violet pour vous apercevoir finalement que ce spectre coloré ne s'arrête pas là, qu'il y a bien d'autres couleurs et qu'elles appartiennent à la quatrième dimension. Mais juste avant de quitter la troisième, il vous faut réapprendre à accepter les couleurs dans votre vie.

Lorsque nous observons votre manière de vous vêtir, nous sommes tristes, car vous êtes tous en deuil de vous-mêmes, et c'est bien le pire. J'avais envie de partager cela avec vous. À force de vous habiller de noir, vous vous coupez volontairement des hautes fréquences de lumière, de toutes les sources de nourriture colorées, et ceci est très important.

D'ailleurs, plus la dysharmonie se profile dans vos instants, plus le noir vous est proposé. Vous êtes-vous déjà interrogés à ce propos? La mode veut que le noir soit le plus chic à porter. Illusion parfaite de la société, elle vous renvoie cette image : puisque tu acceptes mon illusion, tu es en deuil de toi-même. Chaque fois que vous portez du noir, vous fermez vos portes intérieures. C'est là une grande vérité car, dans ce cas, les portes de vos chakras sont incapables de livrer leurs messages, leurs forces et leurs nourritures. Vous vous trouvez coupés de qui vous êtes. Y avez-vous songé?

Par ailleurs, en adoptant des matières qui ne sont pas des fibres nobles, vous vous écartez également d'une source de nourriture spirituelle à votre disposition. Sachez qu'en portant des souliers synthétiques, vous vous isolez complètement des énergies de la Terre. Et si, de surcroît, ils sont noirs, votre mémoire de cette source est davantage voilée.

Réfléchissez à ce que vous devez faire ; vous êtes des créateurs. Regardez la porte que vous avez ouverte à toutes ces illusions ; vos corps physiques souffrent, ils sont malades. Mais pourquoi ? Quels sont les actes que vous acceptez de faire pour finir coupés de toutes les sources de nourriture nobles ?

Bien sûr, il y a les aliments, et je crois que vous avez assez d'informations sur ce sujet. Mais il vous faut chercher et demander de l'information sur toutes les autres sources subtiles de nourriture.

Vous devrez donc regarder ce que vous avez créé pour vous en éloigner, car vous êtes la source de cette dysharmonie, ne l'oubliez jamais. Vous pouvez évidemment pointer du doigt, mais je vous le répète, l'heure est venue de vous asseoir et de tout observer, de tout unir dans l'amour et l'acceptation de votre rôle, puis de tourner la page. Chose certaine, vous serez sollicités afin de plonger votre regard dans cette profondeur. Rien ne sera facile ; dans l'état actuel des choses, vous ne pouvez espérer la facilité. Par contre, si votre volonté est bien ancrée, si vous acceptez de voir où se trouve la lumière, vous recevrez toute l'aide nécessaire pour franchir cette étape. Personne n'est là à comptabiliser vos actes positifs ou négatifs, pas de censeur ; il n'y a que vous face à vous-mêmes.

La Vie coule en vous. À quel niveau de votre être avez-vous posé des cadenas empêchant cette source de couler ? Quels habits avez-vous revêtus pour être ainsi coupés des énergies de la source de la Terre ? Auriez-vous pris la décision de vivre un jeu que vous ne pouviez accepter parce que trop grand pour vous ? Est-il temps de déposer ce jeu et de reprendre votre véritable identité ? Pourquoi cet état de faiblesse ? Répondez-vous à une ou à plusieurs influences de dilapidation de vos énergies ? Telles sont les questions vitales.

Je vous invite à être responsables et à cesser de vous flageller.

À oser regarder qui vous êtes en posant un regard de paix, d'amour, en ayant une volonté d'intégrer tout ce que vous avez vécu, en acceptant et en pardonnant ce qui a eu lieu. Dans ces seules conditions, vous franchirez un pas décisif dans l'élévation de votre être. Je vous ferai remarquer que pardonner et accepter ne signifie pas tolérer que le jeu perdure encore ; ceci est un autre registre. En tout cas, je peux vous l'assurer, vos vêtements de lumière sont prêts à descendre sur vos épaules ; s'il y a des conditions, vous seuls les établirez, pas nous.

Allez en paix et comprenez — c'est là mon souhait — que la paix vient vous visiter aujourd'hui.

Tendez la main afin de recueillir ce que vous avez toujours été… la lumière. Vous n'êtes chacun ni ombre, ni limitation, ni bourreau, ni victime.

Vous êtes l'Amour inconditionnel. Chut ! c'est un grand secret.

Le rendez-vous qui se présente vous amènera à mieux saisir et à explorer vos portes intérieures.

Vous recevez actuellement des informations sous toutes les formes et provenant de toute latitude, certaines étant plus percutantes que d'autres. Des messages vous laissent rêveurs, d'autres vous interpellent, certains vous semblent impossibles ou même mitigés, et vous n'êtes plus sûrs qu'ils proviennent des étoiles. Quelles que soient leur source, leur authenticité et leur profondeur, tous ont le mérite de vous contraindre à tourner le regard à l'intérieur de vous-mêmes, à vous interroger. En fait, il n'existe pas de *bon* ou de *mauvais* message :

il y a *un* message. Si, justement, vous prenez connaissance d'une transmission qui vous semble erronée, cela vous oblige peut-être à exercer votre discernement et à choisir : dire non, sourire, mais surtout ne pas juger.

Oui, les portes qui s'ouvrent devant vous vous inciteront doucement à vous élever en votre conscience, dans la reconnaissance de la Vie et de ses lois universelles et, par conséquent, des lois scientifiques de la mathématique céleste et de la géométrie sacrée. Car, n'en doutez pas, la Vie et son ordre reposent là-dessus.

Où en êtes-vous dans votre géométrie ? Quelles sont les articulations géométriques non en place ? Où en êtes-vous avec votre propre mathématique ? Avez-vous aligné vos différentes portes intérieures afin que votre conscience s'élève non pas toujours du bas vers le haut mais également du haut vers le bas ? C'est ici une grande vérité que l'on vous a cachée. En effet, l'élévation peut aussi représenter une descente en conscience dans les divers plans de la Vie. Vous vous croyez privés de toute liberté dans la troisième dimension, mais ce n'est pas le cas, sauf en ce moment où des êtres ont placé des pièges pour vous priver de la fluidité, soit pour vous empêcher de circuler avec aisance dans cette troisième dimension.

Quels que soient les lieux que vous visitez dans le grand sidéral, il est toujours question de passer d'une porte à l'autre avec aisance et fluidité. Bien sûr, ces portes n'étant pas toutes alignées, le passage n'est pas forcément droit. Il faut quelquefois contourner un obstacle pour finalement revenir et trouver l'ouverture. Actuellement, tous les chemins proposés à l'exploration de l'esprit ont été minés par une poignée d'individus afin de vous obliger à tourner en rond et à ne pas emprunter les bonnes portes, ce qui serait à leur désavantage. Mais s'ils sont présents, bouchant toutes les issues possibles de votre élévation, comment sont-ils arrivés là ?

Ayant déjà fait une brèche dans la conscience de qui vous êtes, vous avez appelé quelque chose qui n'était pas la conscience, vous installant même dans le contraire de qui vous êtes. De fil en aiguille, ceux et celles qui ont tissé le lit dans lequel se vautrent ces êtres en mal de pouvoir, c'est bien vous et vos aïeuls. Je ne parle pas forcément des anciens de votre famille biologique, soyons raisonnables, mais plutôt d'un groupe venu avant vous et ayant déposé cette trame maladroite. Seulement, de cette maladresse vous avez fait un tissage bien serré. En définitive, si vous n'êtes pas ceux qui ont construit ce premier lit, vous représentez ceux qui l'ont consolidé, favorisant ainsi l'ancrage de ces énergies.

Que va-t-il se passer cette fois? Croyez-vous, compte tenu de votre implication dans cette construction, que l'on vous ouvrira les portes sans vous demander de retirer au moins un brin de l'écheveau de cette toile afin de l'alléger? Que l'on vous dira qu'étant donné votre bon travail, vous allez maintenant vous reposer? Ce ne serait pas sage.

Il est vrai qu'étant incarnés dans la troisième dimension, posés sur cette toile dense, vous ne pourrez tout faire, mais nous vous demanderons pour le moins une participation. Puis nous vous indiquerons si l'issue est à droite ou à gauche; comprenez cela. Votre part de responsabilité implique que vous aidiez vos frères et sœurs des étoiles à libérer le champ aurique de cette planète.

Examinons ce qui va se produire.

Des groupes d'hommes et de femmes n'ont pas pris conscience de cette réalité ou refusent absolument de participer à l'élévation de la conscience. Nous ne pourrons donc leur demander une part active dans cette libération. Toutefois, comme ils sont refermés sur eux-mêmes, nous les orienterons vers un secteur qui pourra les accueillir et susciter cet éveil. Quant à ceux et celles qui sont aptes à participer selon leur degré d'ouverture de conscience et la prise de conscience de leur responsabilité au sein de la famille humaine et céleste, un travail de libération leur sera proposé en fonction de ce qu'ils sont capables de supporter. Puis, à un moment, nous dirigerons tout le monde vers la sortie. Croyez-vous que vous serez alors libérés pour autant? Une fois de l'autre côté, que se passera-t-il? Vous serez attendus, et nous exprimerons notre bonheur de vous revoir et de vous accueillir dans cette lumière et cette aisance. Cependant, comme dans la troisième dimension vous n'aurez pu vous libérer entièrement de ces énergies que vous avez privilégiées, un service à l'humanité céleste vous sera proposé. Avant de réentreprendre toute progression, nous vous inviterons à offrir une période de vie pour les autres. Encore aujourd'hui, je vous ai entendu parler du karma comme étant la source de tous vos malheurs! Savez-vous que le *karma* n'a pas le pouvoir que vous lui attribuez? Nous vous prions donc de libérer cette notion, car vous en avez fait le bâton qui vous tape dessus alors que les êtres qui sont chargés de vous conduire au travers de vos dédales ne sont qu'amour et ne cherchent que la meilleure solution pour parvenir à vous faire avancer vers votre propre maturité. Voyez-vous, les lieux mêmes où nous vous accueillons au fil du temps, et qui vous permettent de comprendre puis de choisir, sont devenus lourds. En effet, les êtres qui y officient sont désormais aux prises avec une fonction que vous leur mettez sur les épaules et qui, en aucun cas, ne représente la source première de leur volonté. Jamais on ne s'adressera à vous en vous disant : «Tu as fait mal, donc nous devons à notre tour te faire mal.» Ce serait là une grave erreur. Ce n'est pas parce que vous avez enlevé la vie qu'on va vous la prendre dans l'existence suivante! Ce qui, bien sûr, ne justifie en rien le fait d'être un meurtrier. C'est à la fois plus simple et plus compliqué. Plus simple, car on ne vous demande pas forcément de vivre la situation que vous avez créée, mais plutôt d'en comprendre tous les rouages. Plus compliqué, car pour saisir la profondeur de votre geste, vous devez suivre plusieurs directions afin de faire le tour complet de cette action et d'acquérir ainsi une vue d'ensemble pour décider ensuite de quelle manière vous vous offrirez à la Vie et retisserez sa toile de lumière pure et immaculée.

J'aimerais sincèrement qu'à l'étape où vous en êtes, vous cessiez de mettre dans le karma tous vos fourre-tout, ce qui vous arrange, dans le but de vous délester de la plus petite parcelle de responsabilité.

De grandes choses vont se dérouler sur cette planète et dans ses corps subtils. Vous êtes appelés à vivre, à comprendre tous ces bouleversements majeurs et, pour cette raison, à émettre toutes les énergies qui tissent ces grands changements. Cela étant, il vous faut d'abord recevoir ces énergies puis, ensuite — et là réside votre responsabilité —, les laisser passer par vos portes sans les teinter ni vouloir à tout prix en faire quelque chose. Lorsque l'on accepte de recevoir des énergies, si on les teinte un tant soit peu, on dévie leur cours et le service à la Vie s'en trouve diminué.

Bien sûr, vous êtes à une étape où vous avez envie de réparer les erreurs commises et de vous expanser afin de servir les autres ; cela est bon, sachez toutefois aborder correctement cette volonté. Il suffit de vous offrir et de signifier votre volonté à vos partenaires, puis de laisser s'écouler la lumière et les énergies qui vous traverseront. Car si un être dirige le rayon de lumière par votre biais, il le teinte lui-même, connaissant parfaitement le point d'impact. Aucun besoin d'émettre un vouloir particulier sur ce rayon. Laissez couler ; la lumière passant par vous sait exactement ce qu'elle doit faire, à quel moment et où. Il ne peut y avoir d'erreur ; laissez couler !

Maintenant, avec une telle motivation d'aider les autres, il vous est possible d'amorcer une descente d'énergie mais, dans ce cas précis, vous en êtes responsables et vous devrez maîtriser cet appel, soit diriger cette descente jusqu'au bout selon votre volonté. Sachez donc regarder où vous êtes placés. Si vous recevez, vous n'avez rien à effectuer, sinon de laisser faire ! Si, au contraire, c'est vous qui émettez l'appel avec une intention particulière, dirigez-le alors jusqu'au bout. Vous serez aidés, mais vos accompagnateurs sauront se tenir derrière vous puisqu'ils ne seront pas les créateurs de cet instant.

Vous devrez réapprendre avec exactitude quelle est votre place à chaque moment ; êtes-vous le créateur de l'instant, ou son relais ? Dans ce retour à la conscience de vos actes, connaissez votre rôle. Il n'est pas question ici de le choisir, mais bien de le comprendre afin de pouvoir accepter ou refuser d'aller de l'avant. Mais puisque vous vous savez installés à tout moment dans votre identité (consciemment ou non), pourquoi vous recroqueviller sur vous-mêmes ? Pourquoi baissez-vous la tête, les épaules ? Comment se fait-il que votre marche soit hésitante ? Pourquoi acceptez-vous d'ingurgiter des paroles qui vous diminuent un peu plus à chaque instant ?

Ce qui se déroule ici dépasse tout à fait la conscience que vous en avez. Nous essayons de vous restituer doucement la connaissance des actes accomplis, de ceux qui se réalisent aujourd'hui comme de ceux qui se produiront demain. Cependant, vous êtes si fragilisés dans vos sentiments, encore tellement malléables, voire corvéables — même si nous savons combien vous êtes créateurs et que vous vous dirigez vers votre maîtrise —, que nous devons faire attention à ne révéler que ce que nous pouvons.

Nous sommes obligés de graduer la connaissance revenant vers vous. Dans les prochaines années, celle-ci apparaîtra et vous vous direz que l'apport des dix ans passés n'était rien comparé à ce que vous saurez alors. Cela est naturel.

Vous êtes fragilisés à outrance. Votre corps émotionnel est extrêmement fissuré et nous devons tamiser les énergies sous toutes leurs formes. Aussi, vous révélant cette information, je vais tout de même vous aider à entreprendre un travail de consolidation de ce corps. Si nous commencions par le plan physique, nous n'aurions aucun résultat ; nous aborderons donc cette consolidation d'un point de vue plus subtil.

Tentez de ressentir, de visualiser votre corps émotionnel, puis de *voir* les zones plus opaques ou veinées de couleurs peu lumineuses. Peut-être même verrez-vous des fissures béantes. Puis imaginez être une main de lumière qui raccommode ces déchirures. Pour le fil à utiliser, faites appel à l'amour inconditionnel de votre Père/Mère en lui disant : « Sois l'aiguille qui recoud mon corps émotionnel. » Si vous voyez une tache opaque, demandez-lui d'appliquer une lumière brillante qui dissoudra cette opacité. Si vous observez une plaque veinée et terne, invitez-le à se faire lumière, à glisser dans ces veines, à cicatriser au passage et à unifier la lumière de votre corps émotionnel.

Les premières fois, vous aurez possiblement des difficultés à voir ou à ressentir ; ne vous arrêtez pas à cela. Continuez régulièrement, et si vous en avez le courage, faites-le souvent, soit plusieurs fois par jour ; trouvez votre rythme. Vous verrez qu'au bout d'un moment, sans vraiment savoir pourquoi, votre corps émotionnel ne bougera plus — ou si peu — et vous observerez dans le monde physique quotidien que ce qui vous déstabilisait jusqu'à ouvrir des brèches dans votre harmonie n'a plus de pouvoir sur vous. Cela vous étonnera, mais sans raison, puisque, en réparant votre vêtement de lumière, les brèches disparaissent et votre énergie ne se perd plus, la lumière pouvant circuler de nouveau avec aisance dans cet habit réparé.

Je vous invite à tester cette guérison en l'appliquant vous-mêmes sur le corps émotionnel, la priorité, puis sur les autres corps. Ensuite, vous me parlerez de la différence.

Votre Père/Mère sera bien heureux de participer à cette réharmonisation, à la restructuration de toutes vos particules de lumière. Il s'y appliquera, car il connaît son avantage, et si vous l'ignorez, lui s'empressera d'accentuer cette guérison. Vous êtes créateurs sur de nombreuses dimensions ; il y a tellement de façons d'employer ce pouvoir ! Vous l'avez fait pour descendre dans l'inconscience et, je vous l'assure, vous vous y êtes remarquablement appliqués. Vous pouvez donc aujourd'hui faire de même à bon escient ! Plus vous vous appliquerez à reconstruire votre corps de lumière, plus vos portes intérieures s'aligneront, plus vous pourrez descendre ou monter dans votre conscience, plus vous deviendrez fluides avec la Vie et plus vous ouvrirez les portes de vos dons. Tout est interrelié. Sachez réemployer tous vos pouvoirs.

Lorsque vous passerez dans la quatrième dimension, puis dans la cinquième, vous pourrez être ces guides, ces frères et sœurs de lumière qui consoleront et aideront le reste de cette humanité en partance pour d'autres planètes.

Je vous demande de comprendre vraiment à quel point vous pouvez vous reconstruire.

J'aimerais vous voir déposer votre état de victime mais, avant toute chose, quitter cet état de bourreau caché sous des facettes d'une telle finesse que vous êtes aveuglés par votre état de victime.

Les portes qui s'entrouvrent devant vous sont celles de l'ascension, mais à l'intérieur de votre conscience, soit de l'ascension dans votre maîtrise et dans votre responsabilité, de l'ascension dans votre intention de diriger correctement les rayons de lumière et, finalement, de l'ascension dans l'état de créateur.

Certains se présentent en ayant vraiment une attitude désinvolte. Cette planète n'est pas facile, elle accumule des handicaps en ce qui a trait à la fluidité, et il est vrai que certaines âmes ont envie de fuir ce lieu. D'autres décideront même qu'il n'est pas question d'ascensionner ici, pensant le faire ailleurs pour revenir après. Ils ont juste oublié une chose : ce lieu unique offre des possibilités exceptionnelles, et pour y avoir accès, il faut entamer le processus d'ascension depuis cette planète.

Vous pouvez choisir d'ascensionner ailleurs, mais sachez alors que là où vous irez, vous recueillerez des germes auxquels vous serez attachés. Puis, si vous désirez à nouveau agrandir votre champ de responsabilité, vous devrez repartir sur une planète qui offrira des possibilités similaires pour faire l'ascension plus complètement.

Voilà ce que beaucoup oublient, mais il en sera fait selon la volonté de chacun.

Urantia Gaïa est un lieu unique, difficile, mais qui offre de rares possibilités exceptionnelles. Vos efforts ici seront récompensés dans l'application de l'être ascensionné que vous serez. Et ici, à l'intérieur de ces instants, je veux clarifier le concept de l'ascension. Soyez conscients que cette dernière aura lieu de l'intérieur, non de l'extérieur, que cela n'a rien à voir avec le passage de la troisième à la quatrième dimension.

Tout simplement, devez-vous intégrer toutes les facettes de votre esprit dans l'ascension. L'ouverture des portes en vue du passage des dimensions ne représente qu'une fraction de ce qui vous attend. Je ne veux pas être rabat-joie par ces propos ; je désire uniquement induire une bonne réaction en vous. Mon but n'est pas de diminuer vos efforts, mais plutôt de les magnifier réellement.

Voyez-vous, tous les germes possibles de votre réalisation sont dans vos auras. Ils représentent les potentiels que vous avez glanés ici ou là, mais ce sont déjà des potentiels. Certains se réaliseront, d'autres non. Je souhaite induire en vous des réactions afin de vous rendre conscients de vos choix et que vous puissiez potentialiser et réaliser tous ces germes, soit leur donner des racines avec la densité et la subtilité de l'être, et ce, en vue de glisser dans toutes les réalisations à venir. Plus vous réveillerez ces germes, plus vous élargirez la porte de la réalisation, celle qui vous appartient et vous attend.

Mais ne venez plus dire de l'autre côté que l'on ne vous a pas avertis. Ne rejetez pas la faute sur nous, qui cherchons par tous les moyens à vous le dire, à vous le faire comprendre et ressentir. En outre, nous tentons vraiment d'encourager LA réaction qui fera de vous des êtres responsables, maîtres d'eux et de leurs choix.

Ce qui vient devant vous, ce qui est en vous est très riche et non monnayable. Quand vous vous retrouverez les uns à côté des autres, vous ne ferez guère de différence entre vous tous. Chacun aura sa place ; chacun sera reconnu et couronné.

Ayez le courage d'examiner le fondement de vos choix. Je vous y invite. Vous devez prendre conscience de la part d'énergie que vous avez créée, des énergies que vous avez favorisées, qui appartiennent à vos lignées puis à un groupe comme la nation dans laquelle vous êtes nés, à un groupuscule religieux, à cette planète. Toutefois, vous devrez également réinvestir ces énergies accueillies au cours de votre précédent voyage. Loin de moi l'intention de vous faire crouler sous le poids d'un travail insurmontable. Je vous engage à être davantage partenaires avec vos guides et vos anges et à leur demander de bien vous faire sentir ce qui vous appartient et ce qui revient aux autres groupes. Au début, ce ne sera peut-être pas chose facile, mais ayez le courage de perdurer sans crainte dans cette action. Dès lors, nous vous donnerons la facilité de discernement.

Encore une fois, je ne peux que vous répéter que la réalité est à la fois simple et complexe. Simple parce que vous n'avez qu'a rentrer en vous-mêmes ; complexe, car elle exige que vous aiguisiez votre regard et votre discernement.

Voilà à quoi je vous invite aujourd'hui.

Je vais me retirer, mais sachez que les paroles que j'ai déposées dans vos auras feront ce travail.

Je vous encourage à être en paix et à vous aimer COMME VOUS ÊTES en ce moment, car si vous vous obstinez à vous repousser, votre structure éclatera et tout sera à recommencer. Le présent n'est pas facile, mais le futur le sera encore moins jusqu'à l'instant précis où vous glisserez à l'intérieur de l'ensemble, là où vous unirez tous les contraires et réunifierez tous les morceaux du *puzzle* qui est le vôtre. Dans tout cela, seuls la simplicité et l'amour de soi vous assureront de glisser avec aisance dans la reconstruction de qui vous êtes, de cette planète, de ce système solaire, de l'univers local, de ce voyage à l'intérieur de vous-mêmes.

Quand on ouvre son cœur et qu'on œuvre à partir de là, les difficultés s'estompent. Elles n'ont pas disparu, mais l'intensité qu'on leur prêtait n'est plus. Ces actes extérieurs n'ont plus le pouvoir que vous leur accordiez, parce que vous êtes maintenant descendus dans le cœur, que vous vous installez dans cette demeure divine qui est vôtre et que vous acceptez désormais que vos intentions émanent depuis ce centre.

La Terre s'élève et va s'installer dans le rayonnement de son propre cœur ; pour cela, il fallait que l'humanité ose émettre cette même intention. Bientôt, le sas que nous avons construit avec nos propres énergies accueillera des millions d'hommes et de femmes qui y transiteront. Ce passage sera obligatoire ; vous serez aspirés par cette lumière, cette force qui émanera du sas. Les portes s'ouvriront le 2 janvier 2004, pas avant. Ce jour-là, à 5h30 du matin, tous les anges, les guides et les confréries de la Lumière de Vie émettront un rayonnement particulier qui donnera lieu à une réaction en chacun—homme, femme, enfant, personne âgée—, quel que soit son degré d'ouverture. Cela prendra un certain temps puisque, dans ce sas, se trouvent des accès à des sphères, à des lieux de ressourcement et à des salles de soins pour chaque corps d'énergie, soins offerts à tous ceux dont la lumière sera vraiment atteinte. Il y a aussi des couloirs qui mènent aux planètes d'accueil. Voilà pourquoi chacun de vous va pénétrer ce sas et y avancer au fur et à mesure. En fonction des intentions du cœur, soit vous le traverserez dans sa totalité, soit vous emprunterez à votre guise l'une ou l'autre des sorties. C'est à ce moment que vous ferez votre choix final, que certains d'entre vous déposeront leur corps en refusant d'aller plus loin. Puis, lorsque le rayonnement conjugué de tous les êtres de lumière aura amené la globalité de cette humanité dans le sas, nous fermerons les portes, dont celle de la troisième dimension.

Dans quel état d'esprit serez-vous à l'intérieur du sas ? Tout d'abord, comme ce dernier ressemble à cette planète, vous aurez l'impression de ne pas avoir bougé, d'être toujours au même endroit, de faire du *sur-place*. Vous croirez résider encore dans la troisième dimension, mais, je vous le dis, cela ne sera plus vrai ! Dès que nous aurons fermé les portes, vous aurez quitté pour toujours cette troisième dimension.

Votre planète accueillant des milliards d'êtres, ce couloir ne pouvait être étroit. Afin de ne pas vous affoler, nous lui avons donc donné le visage de cette planète entière.

Quand fermerons-nous les portes du sas ? Certains avancent des dates, d'autres affirment que 2012 a été ramenée à une année plus rapprochée. Je n'ai pas l'intention de vous indiquer la date tampon. En réalité, cela dépendra des derniers résistants, mais ceci n'a pas vraiment d'importance. Aussi, dans les mois, les années à venir il y aura de tout et n'importe quoi. *De tout,* car tout va s'entremêler, et *n'importe quoi,* car les émotions mal dirigées exploseront dans tous les sens. Cette période s'avère délicate, mais nous sommes assez grands pour contourner les énergies destructrices mises en place. Si nous prenons notre temps, c'est pour permettre à la totalité de cette humanité d'entrer dans la quatrième dimension si elle l'accepte. Vous avez subi beaucoup de violences, et nous pensons qu'en intervenant du jour au lendemain, vous seriez confrontés à une nouvelle violence. J'aimerais ici que vous preniez conscience d'une chose. Le fait de passer de l'esclavage le plus total à une liberté où l'on vous dit : « On vous ouvre les portes, faites de votre vie comme bon vous semble » déclenche en vous le sentiment d'être désemparés. Imaginez que vous êtes emprisonnés dans l'une de vos prisons et que du jour au lendemain, alors que tout vous était dicté jusque-là, on vous en ouvre la porte et on vous jette sur le trottoir, une petite valise à la main. Bien sûr, ne sachant où aller, vous interrogez la Vie et vous avez peur. De la même manière, quand ces êtres retrouvent une telle liberté, ils ont peur !

Nous ne souhaitons pas induire une nouvelle peur de ce type. Si cela se produisait, vous entreriez dans la quatrième dimension avec la peur, et ce n'est pas tout à fait le scénario que vous souhaitez, pas plus que nous d'ailleurs. C'est comme si vous étiez aveugles pendant des années et que soudain, sans même savoir pourquoi, vous retrouviez la vue, devant alors du jour au lendemain quitter le monde où vous avez imaginé la vie pour la voir telle qu'elle est en réalité. Vous auriez peur durant une fraction de seconde, sachant en cet instant que vous êtes nus aux yeux de la Vie.

Dans les mois qui se profilent, de grands scénarios créés par l'ombre vous feront croire que cette planète part à la dérive et que vos efforts n'aboutiront à rien. Nous aimerions que vous ne donniez pas de poids à ces scénarios qui vous seront présentés.

Sachez que ceux qui dirigent ce monde avec despotisme connaissent parfaitement les lois de la lumière et de la résonance, s'appuyant sur elles pour imposer leur vue étroite, négative et restrictive. Et qu'ils détiennent beaucoup de pouvoir, dont celui de vous leurrer ! Aussi, nous vous invitons à rester bien ancrés à l'intérieur de la Vision de la Vie unifiée, de la lumière qui vient sur cette planète.

Vous vous êtes préparés à vivre un changement ; seulement, c'est l'heure de vivre LE changement, celui qui va modifier toutes les données de votre existence. Votre tranquillité risque d'être visitée, déstabilisée et secouée si vous n'êtes pas vraiment ancrés dans votre volonté de voir la lumière s'installer en vous, autour de vous, pour vous et les autres.

Jusqu'ici, vous avez joué. Demain, le jeu cessera. Ce jeu, c'était peut-être un gros sac de billes ; aussi va-t-il falloir remettre ce gros sac, et vous aurez alors les mains nues. Sans billes ni sac, il vous est désormais impossible de jouer à ce jeu ! Vous connaîtrez donc des moments où vous vous remettrez vraiment en question, à ne savoir que faire de votre vie. Soyez prudents et cherchez la lumière en vous. N'agissez pas seuls dans ces instants, appelez votre Père/Mère et la Création. N'affrontez pas seuls ces instants.

Même si l'ouverture du sas a lieu le 2 janvier 2004, tous ceux qui sont déjà quelque peu dans leur lumière ne pénétreront pas les premiers. Nous y pousserons d'abord tous les êtres incapables dans l'immédiat de se débrouiller seuls afin que vous, qui êtes installés dans ce début de reconnaissance de votre lumière, puissiez leur permettre de glisser dans ce sas et d'avoir ainsi la chance de décider s'ils entrent ou non dans la quatrième dimension.

Je tenais à vous préciser au moins cela. Certaines illusions doivent s'estomper, mais si je suis grave, je tiens tout de même à vous rassurer, car vous êtes tellement entourés qu'il n'y a aucun problème, sauf si vous remettez votre pouvoir entre les mains de quelqu'un à un moment ou l'autre.

Vous devez constamment garder la conscience de qui vous êtes. Même si, en apparence, vous n'avez pas retrouvé la plénitude de vos pouvoirs, sachez que la pensée et le Verbe représentent le pouvoir suprême. Et ça, nul ne vous l'a enlevé ! Vous êtes libres de penser et de vous exprimer, et ce, à tout instant.

Nous pénétrons les années les plus importantes de la transformation à partir de 2005. Prenez conscience de ce fait.

Travaillez votre lumière intérieure et dialoguez avec vous-mêmes, vos anges et vos guides. Que vous les entendiez ou non, ils sauront toujours comment vous faire prendre le bon chemin. Et si vous n'entendez pas, peut-être votre force intérieure est-elle encore un peu fragile. Ainsi, si ce canal s'ouvrait, d'autres forces tenteraient encore de le parasiter. Et s'il vous semble que nous ne répondons pas à vos demandes d'entendre et de voir, c'est aussi parce que nous estimons, dans l'état actuel des choses, que vous êtes plus en sécurité de cette façon. Il fallait également que cela soit dit.

Le collectif SORIA accentuera sa présence et son travail à partir de cette fin d'année 2004. Son but consistera à vous accompagner dans ce voyage et à vous permettre de réaligner vos centres intérieurs, d'émaner en plus grande sécurité les lumières des points principaux du corps formant une belle grille magnétique.

Nous renforçons donc ce partenariat, mais sans ouvrir d'autres canaux.

Soyez en paix, attentifs et à l'écoute. Faites confiance et n'hésitez pas à choisir.

De nombreux scénarios vous seront présentés, et vous recevrez une montagne d'informations en provenance des confréries de la Lumière de Vie. Cependant, sachez que le gouvernement obscur a tout loisir de glisser des radiations par ce biais de communication. Aussi, si vous ressentez intérieurement une gêne vis-à-vis d'un message, écoutez-la. Peut-être vos cellules seront-elles en alerte et ne reconnaîtront pas la lumière.

Soyez attentifs et comprenez, en dernier ressort, que VOUS ÊTES les plus grands des messagers.

Si vous vous trouvez pris dans une tourmente, une contradiction, déposez toute forme d'information, coupez-vous-en pour un temps, faites le vide et appelez simplement votre lumière afin qu'elle vienne vous montrer le chemin à emprunter afin de vous en sortir. Il ne sera peut-être pas encore question de toute la lumière, avec de magnifiques lanternes à chaque croisement, mais votre corps intérieur vous signalera la direction qu'il désire prendre. Soyez donc attentifs à ce que vous allez ressentir, et n'hésitez pas en dernier lieu à n'écouter que votre petite voix intérieure.

Aujourd'hui, votre vie est encore simple ; dans les prochains mois, vous aurez bien des choix à formuler. Faites le plein de tranquillité afin d'aborder les années qui viennent. Osez vous épauler les uns les autres, n'hésitez pas à mettre en place une fraternité d'échanges, d'entraide et de soutien sous toutes les formes, car vous en aurez besoin.

Soyez à l'écoute les uns des autres, accordez-vous un droit de parole, et vous comprendrez bien des choses.

Pour notre part, nous avons déposé dans vos auras toutes les informations nécessaires pour traverser avec le plus de fluidité et d'aisance possible cette période à venir. Ne l'oubliez jamais, vous êtes PARTENAIRES avec la Vie, non ses esclaves ou ses bourreaux. Vous n'êtes JAMAIS seuls, car toujours en partenariat avec la Vie.

Je vous en prie, bien que mes paroles soient graves, retrouvez le sourire, la joie et la certitude dans chacun de vos instants, car, en ce qui nous concerne, nous sommes dans la JOIE, la certitude, vous conduisant vers ces moteurs de Vie.

Je me retire en douceur, mais sachez que je vous ai offert toutes les énergies requises pour traverser avec aisance cette période d'exploration de votre identité divine.

Je dépose ma paix en vous, de façon que vous puissiez, au moment voulu, puiser à même cette source.

J'ai aussi déposé ma joie pour qu'elle vous alimente à chaque instant.

J'ai en outre déposé la certitude d'arriver au but afin que vous puissiez également aller chercher cette énergie quand des doutes surgiront.

Allez en paix, allez dans la joie et la certitude, car vous possédez tout cela en vous… en grande quantité. Vous pouvez y puiser sans fin, cette source étant intarissable !

Aidez-vous comme nous tentons de vous aider. Et aidez-nous, puisque nous avons aussi besoin de votre appui en ces moments pour la réalisation suprême du but du Grand Constructeur.

Je ne me retire qu'en apparence, car je demeurerai auprès de vous durant toutes ces années.

Grenoble

Voici le moment attendu par vous et nous. L'instant où, des Cieux où nous résidons, nous pouvons nous adresser à vous, installés dans la matière.

Mais où sont véritablement les Cieux ? Car, si vous les remarquez en levant les yeux vers nous, nous les voyons aussi en regardant vers vous. En fait, quel que soit l'endroit où nous nous trouvons, il y a toujours un lieu mythique où réside le mystère. Et vous pensez peut-être que le mystère est installé justement de notre côté !

Mes enfants, c'est une grande, très grande illusion, et une erreur de compréhension, car, de notre côté, il n'y a point de mystère puisque nous sommes installés dans la connaissance de la Vie. Celui-ci réside plutôt là où vous vous trouvez. En effet, vous êtes parfois bien mystérieux pour nous.

En incarnation, vous avez volontairement oublié qui vous êtes, déposant vos personnalités divines, vos pouvoirs, vos dons comme vous les appelez. Ayant délaissé vos habits de lumière, vous êtes partis dans ce lieu où règnent le non-amour, la non-identité, la non-personnalité. Où les pouvoirs divins n'ont pas de place.

Tout cela fait partie du mystère de la Vie.

Comment se fait-il que ces enfants divins nés royaux—
votre père et votre mère sont roi et reine d'énergies—, ces
enfants couronnés donc, puissent dans la matière, une forme
d'énergie condensée, oublier qui ils sont? Oh non, ne croyez
pas que cela est un grand mystère pour nous, mais c'est le
mystère de la Vie. Voyez-vous, il y a un passage entre ce monde
dans lequel nous résidons, où tout est connu, et celui dans
lequel vous êtes avec cet inconnu que vous incarnez.

Il se trouve donc un passage assez mystérieux pour ceux et
celles qui n'ont pas encore compris qu'il existe des lieux où
évoluent des êtres, des fraternités afin d'accueillir les candidats
à la densité. Ces fraternités recueilleront le désir profond de
chaque candidat et évalueront si son séjour dans la lumière
suffit à affronter cet état où le rien n'existe (je n'utilise pas le
mot *néant,* susceptible d'engendrer de nouvelles polémiques).

Actuellement, vous n'êtes rien, mais dans ce *rien,* vous êtes
le potentiel du Tout. Ce *rien,* je le prononce au vu du dépôt
de votre identité, de votre vêtement de lumière, de vos dons et
parce que vous êtes nus devant la vie, dans un monde difficile
où la compréhension de l'état divin est quasiment nulle. Par
conséquent, vous êtes dans ce *rien* et, en lui, réside le Tout.

Mais revenons à cet espace mystique et mystérieux où une
grande foule vous accueille, vous écoute. Puis au moment où
ces sages, ayant recueilli votre volonté, décident que vous êtes
prêts. Vous vous dépouillez alors tout doucement de ce qui
vous est donné à la naissance : votre divinité, votre compréhension, votre savoir acquis lors du passage dans les temples.
Oui, vous laissez cette lumière éclatante qui offre au regard
une boule lumineuse plutôt que la silhouette d'un être. Vous
déposez tout cela.

Et c'est un à un que vous abandonnez vos dons afin que le
parcours ne soit pas trop dur. Ainsi, vous quittez cet état supradivin et arrivez dans ce lieu mythique où vous avez besoin

d'un temps d'adaptation pour comprendre que vous allez, finalement, descendre dans l'incarnation. Mais qu'est donc cette dernière, sinon la densification d'une énergie ! Et vous désirez justement étudier *la densification de l'énergie.* Constatez à quel point, lorsque vous touchez un objet, vous pouvez aller jusqu'à vous faire mal, vous blesser ou éprouver du bonheur, de la joie, de la tristesse. Vous avez la possibilité de ressentir et de toucher les larmes, d'entendre la joie et le rire. Oui, c'est tout un mystère et, même dans ce lieu de passage, la densité en demeure toujours un.

Alors, je vous fais une grande révélation : en incarnation dans la troisième dimension, vous êtes venus toucher le mystère des mystères.

Ce n'est pas facile, me direz-vous. Mais vous n'avez pas choisi la facilité !

Vous auriez pu rester installés dans vos lumières, dans votre personnalité et choisir chacun une carrière d'enfant divin établie de par sa naissance. Beaucoup le font, très peu descendent jusqu'au point de toucher, d'expérimenter le mystère des mystères.

Ainsi, vous faites partie de ceux qui ont eu suffisamment de volonté pour vivre la boucle, soit quitter l'état divin, pénétrer la zone intermédiaire puis descendre dans le mystère des mystères. Quand on en est rendu là, comme il faut un moment pour accumuler toute l'expérience, il faut aussi un temps pour quitter cet état. Mais comme vous êtes dans la densité, le passage dans la troisième dimension est très court par rapport à ce que vous avez vécu auparavant. Et c'est un autre mystère pour vous tous qui croyez que le temps est long, car, je vous l'assure, cela ne représente qu'une fraction minime de votre évolution d'être. Ce n'est rien mais, encore une fois, là réside le Tout et, dans ce *rien*, prend naissance un être qui, revenu à son état divin, sera couronné par l'expérience.

Vous êtes tous venus avec une volonté débordante de vous installer dans l'expérience et de tout expérimenter puisque vous ne vouliez passer à côté d'aucun aspect de cette dimension. D'ailleurs, on retrouve toujours ce moteur puissant de volonté dans votre incarnation, et c'est la raison pour laquelle vous ne vous accordez pas de douceur ni de pose. Car, voyez-vous, vous avez droit à la douceur et au repos, au relâchement, au ressourcement entre deux situations en vue de ressentir à nouveau cet amour divin présent autour de vous. Vous êtes avides de sensations, et il n'y a que dans cette partie de la Création qu'on les ressent aussi profondément dans ses cellules. Oui, uniquement dans cette zone, car, au fur et à mesure que vous en sortirez, vous vous rendrez compte qu'elles seront bien différentes. Si vous désirez vous faire mal, ce ne sera plus possible, et vous ne pourrez plus vous brûler. Je passe sur tout le reste, cela n'étant que deux exemples.

J'ai envie ici de vous entretenir de ce manque de douceur que vous maintenez à votre égard. Votre devise est la suivante : «Pour grandir, je dois souffrir, et la souffrance est mon moteur, ma vie, mon expression et mon expansion.»

Enfants divins, je vous pose aujourd'hui une question : À votre avis, cette devise vous satisfait-elle pleinement ?

Vous est-il possible de vous arrêter quelques secondes afin de nous dire si, en somme, ce moteur a assez tourné, si vous pouvez enfin couper le contact et mettre cela au repos ? Avez-vous pensé que l'heure est peut-être venue de vous arrêter et de faire cesser cette souffrance ? Pouvez-vous comprendre, dans cet actuel grand changement d'énergie qui pénètre votre zone, que nous sommes à même d'installer un autre moteur, une autre source d'éveil et de compréhension ? Aurez-vous toujours besoin de souffrir pour croire que vous existez ? Ou qu'on vous tape encore dessus, pour réaliser que vous êtes à l'intérieur d'un corps physique ?

Je pourrais soulever un nombre impressionnant de questions du même ordre, mais je crois que vous m'avez bien comprise.

Je viens vous solliciter parce que l'humanité, à l'instar de la Terre, n'en peut plus de souffrir. Et ce système solaire aimerait bien passer à autre chose. Êtes-vous prêts à abandonner ce moteur d'expérience ? Pouvez-vous accepter que la douceur, la joie et l'amour représentent possiblement un nouveau théâtre de compréhension ? Ou êtes-vous si éloignés de l'amour que vous ne savez plus ce que cela peut engendrer ?

Je suscite ici une réflexion dans votre quotidien en vous disant que vous êtes tous confortablement assis dans le siège de la souffrance. Et que si on arrête ce jeu, vous le recherchez, à défaut de ne pouvoir exister autrement, d'avoir alors l'impression d'un manque.

Je vous le dis, de là-haut où nous sommes dans la compréhension du divin, nous voyons bien que ce moteur ne vous apporte plus rien, qu'il n'occasionne plus de prises de conscience. Comme vous êtes tous et toutes parvenus à un degré de fatigue extrême, quand survient une nouvelle souffrance, vous vous asseyez davantage, vous tassant sur vous-mêmes sans savoir comment réagir. Vous en êtes au stade où vous avez une surdose de souffrance.

Peut-être pourrez-vous accepter l'idée de recevoir davantage d'amour, de douceur et de tendresse dans le but de guérir, d'apaiser et de cicatriser vos mémoires anciennes. Puis de voir ensemble quel nouveau moteur installer. Mais pas dans le même registre, cela n'est pas nécessaire ! On ne va pas copier ce qui fut dans le passé ; il faut désormais innover, ouvrir la voie, un nouveau champ d'expérience. Et c'est dans la douceur que vous puiserez la force de vous élancer avec un nouveau moteur. La douceur sera votre tremplin, mais peut-être n'êtes-vous pas prêts à l'accueillir dans vos vies ? Si tel est le cas, l'abondance ne pourra venir, car tout est relié.

Aujourd'hui, vous reconnaissez que vous êtes spoliés de toutes les énergies, sous toutes leurs formes : énergie spirituelle, énergie de Vie, d'expansion, et cette énergie, curieuse, vous incitant à pousser des portes. On vous parle de liberté alors qu'en réalité on élabore des lois pour vous l'enlever. Chose extraordinaire, ces gens qui établissent de telles lois, les vôtres, ne vous en tiennent même pas informés. Résultat ? Vous ne savez pas qu'on est en train de vous couper les ailes.

Vous en êtes à un point où, bientôt, il vous sera même impossible de respirer sans en demander l'autorisation. Vous traversez cette période où le choix va vous être retiré, et ce, non pas par les Êtres de lumière que nous sommes, puisque nous vous rappelons justement que le choix s'offre à vous et qu'il est votre partenaire. Mais à force de vous installer dans la souffrance et de ne plus y réagir, vous transmettez vos pouvoirs (le peu qui reste) à un groupe d'hommes et de femmes qui s'empressent de saisir toutes ces doses et de créer leur propre pouvoir, qui en est un de domination. Ainsi, prochainement, vous n'aurez plus le choix d'acheter quelque chose pour vivre. Vous avez accepté les codes ; eh bien, on vous en donnera *des codes,* les uns après les autres ! Vous savez, ces machines qui lisent ces codes-barres seront bientôt vos bourreaux si vous continuez de la sorte.

Si vous ne déposez pas enfin ce moteur de souffrance, je vous l'assure, les bourreaux ne seront peut-être plus des hommes et des femmes qui usent de haches pour vous décapiter ou qui vous fixent sur une table de torture. Quand vous vous retrouverez devant ces machines qui décideront pour vous, vous constaterez à quel point vous avez oublié de tourner la clé de votre principal moteur : l'amour, la douceur et la tendresse, la fraternité et le respect.

Tout cela, vous l'avez oublié, déposé. C'était un jeu de personnalité, mais vous êtes allés trop loin. Par contre, cela n'étant qu'un jeu, vous pouvez y mettre un terme à tout moment et vous réapproprier votre personnalité.

Cependant, je vous le rappelle, c'est nécessaire maintenant, tout de suite, car si vous attendez encore un peu, cela deviendra chose impossible.

Je ne peux être alarmiste, sachant très bien, de toute manière, que d'ici peu de temps ce jeu disparaîtra entièrement. Toutefois, il est constitué également de partenaires, c'est-à-dire qu'il n'existe que s'il y a des joueurs. Si ce jeu disparaissait, tous les joueurs qui en sont encore épris partiraient donc aussi.

La période qui s'ouvre est riche puisque vous avez la possibilité de tout changer en vous, de modifier votre mouvement d'être, de quitter ce jeu et de reprendre une progression plus paisible pour votre corps, votre âme et votre esprit. Ce dernier fait tout ce qu'il peut pour vous rappeler qu'il est temps de vous éveiller, votre âme se rappelle aussi tout un mouvement qu'elle a vécu, et votre corps crie, hurle la souffrance accumulée.

Pourtant, ce corps a bien des ressources insoupçonnées, mais celles-ci ne vous intéressent pas. Savez-vous pourquoi? En y faisant appel, vous guéririez votre corps physique en un instant, mais ça ne ferait pas *votre* jeu.

Pour un certain nombre d'entre vous, il semble bien plus avantageux de rester installés dans les jérémiades et le chantage, dans les faux jeux de possession. Certains aiment à jouer au chat et à la souris; un jour, je suis souris et le lendemain, je suis chat! Hum, vous en êtes arrivés à un point où nous allons vous présenter à un mur. Nous en sommes là afin de vous amener à choisir la recherche intérieure de vos pouvoirs. Nous ne pouvons être vos gardiens indéfiniment; nous aussi avons consenti à ce jeu en vue de vous accompagner. Toutefois, nous avons su choisir. Et je vous annonce une grande nouvelle : tous ceux qui ont accepté d'être les gardiens de vos identités ont

décidé de finir ce jeu. Il ne vous reste que six mois pour prendre conscience que vous avez à vous réattribuer vos énergies.
Pas tant celles que vous dites avoir mal qualifiées, mais celles
déposées le jour où vous avez eu envie de parcourir ce monde
mystérieux de la densité.

Il nous faut aujourd'hui départager deux séquences de
votre évolution. Il y a les énergies accumulées dans ce lieu, le
mystère des mystères, la troisième dimension, puis celles qui
viennent de l'être créé parfait dès sa naissance.

Dans le premier cas, le cumul amassé durant votre passage
ici vous est retourné de façon que vous puissiez récupérer ces
énergies disparates et les requalifier en lumière.

Quant au deuxième aspect de vos énergies, tous les grands
maîtres gardiens s'apprêtent à vous retourner vos identités. Et
dès lors, la Lumière de Vie reviendra vers vous ! Pas n'importe
laquelle : la Lumière de Vie qui vous appartenait. Vous vous
retrouverez ainsi devant deux pôles : une lumière prélevée
dans les incarnations, et la Lumière de Vie. Que devrez-vous
faire de ces deux pôles ? Les marier, les unir afin que ces énergies de lumière acquises en ce lieu mystérieux viennent cou-
ronner les énergies de Vie qui sont vôtres depuis toujours.

Il y a un lieu bien mystérieux dont il est très peu question,
le thymus, et ce mariage aura bien lieu à l'intérieur de celui-
ci. Oui, on vous parle du cœur, mais il y a aussi cet endroit
mystérieux. Vous devrez réapprendre à vivre avec cette glande
qui, pour l'instant, ne fonctionne que très peu.

Ce qu'on ne vous a pas encore révélé, c'est que celle-ci
est en train d'être stimulée de façon à accueillir la Lumière,
les dons que vous possédiez avec la Lumière de Vie. Aussi, si
votre corps physique est un peu fatigué aujourd'hui, c'est sa
manière à lui de vous laisser savoir qu'il en a marre, qu'il en
a vraiment assez de cette expérience. Néanmoins, c'est également dû au fait que le thymus se réveille.

Vous ne pouvez rien y faire, ni vous rebiffer en vous exclamant : « Non, non ! Je vais fermer cette ouverture. » En réalité, ce réveil est bien là parce qu'il a été décrété par le Sans-Nom. Cependant, cela aura lieu par degrés. Si, pour certains, ce réveil sera seulement enclenché, d'autres en franchiront plusieurs marches, puis d'autres encore actionneront ce moteur pour aller plus vite. Il y en aura même qui, pressés, brûleront toutes les étapes et iront s'installer dans la plénitude du thymus. Ce que vous rencontrerez chez vos frères et sœurs incarnés, ce sont tous les degrés d'éveil de cette glande. Parfois, il vous sera donc difficile de soutenir un regard, tant vous ne comprendrez pas l'origine de cette source d'amour ni ce rayonnement qui vous interpellera.

En général, les êtres qui s'installeront dans le grand rayonnement du thymus seront désarmants de simplicité. Ils seront aussi d'une douceur extrême et ne chercheront pas à prouver quoi que ce soit. Quand vous les croiserez, rappelez-vous mes paroles.

Ils n'auront pas de grands messages à vous livrer. La seule chose qu'ils pourront vous dire, c'est : « Mais tu es comme moi ! Ce qui se passe en moi se produit en toi aussi ! Aie foi en ce qui se passe en toi, aie foi dans le changement. » Je ne réfère pas ici à la foi religieuse, mais plutôt à la Foi envers la Vie, envers le miracle de la Vie. Je parle de cette foi qui peut soulever des montagnes, laisser déverser sur vous des fleuves et des fleuves d'amour car, n'en doutez pas, ces personnes qui s'installeront dans le réveil du thymus auront accepté la douceur de vivre et la simplicité. Elles cesseront d'alimenter le mental, ce mental débordé ayant toujours envie de vous pousser dans vos retranchements et de vous laisser croire que vous ne pouvez avancer que par et dans la souffrance.

L'heure est venue pour cette humanité de choisir une nouvelle expression. Tous les grands maîtres sont autour de vous, et tous ces Êtres de lumière qui n'ont jamais quitté leur rayonnement se joignent à eux. Ensemble, ils accueilleront et recueilleront votre volonté. Nous allons tous vous poser la question ; par ce « tous », j'entends l'humanité entière qui ne forme qu'un seul et même esprit, pas seulement de vous qui êtes présents dans ce cercle. Nous la poserons à chaque membre, sans qu'un seul soit oublié ; un handicapé saura y répondre, un mourant le pourra aussi ; quant à l'enfant, son innocence et sa pureté font en sorte qu'il aura répondu avant vous.

Nous adresserons donc cette question à cette humanité, à savoir : Quel moteur va-t-elle déterminer ? Parmi les moteurs proposés figureront la douceur, le rayonnement, l'amour, le non-jugement, et bien d'autres. Et ce n'est pas tout, car il vous faudra être pris sur le vif afin de sortir la réponse de votre cœur ou de votre esprit. Combien de fois vous l'ai-je dit ? Lorsque je veux faire oublier une information, je m'arrange avec aisance pour supprimer ce passage afin qu'au moment venu la personne soit entièrement seule avec elle-même pour répondre. Puis je restitue l'information.

Comme vous avez pu le constater, cette planète est entrée en transformation ; des dérèglements climatiques surviennent, et cela n'est que le début. Pourtant, ceci ne représentera qu'un court passage dans sa vie, car elle avance vers autre chose et trouvera de la douceur et de l'amour. Elle sait aussi que les résidents qui parcourront sa surface répondront à un degré plus ou moins profond de cette expression. Cette planète a choisi son moteur de vie, mais chacun d'entre vous doit aussi exprimer son désir, son moteur. En fonction de ce choix, nous le conduirons là où il lui sera possible d'expérimenter, d'approfondir et de vivre.

Comme vous l'avez vu, l'année 2003 ne fut pas facile. Et celles qui viennent ne le seront pas davantage, puisqu'il faudra vous aider à déterminer et à émettre des choix. Tout sera fait dans ce but. Nous l'avons dit déjà, le test prendra fin en 2012, car ayant alors recueilli tous vos choix, nous ouvrirons ou fermerons des portes, des sas, de nouveaux chemins d'énergie.

Nous aurons dès lors la capacité de nettoyer une partie de la mémoire de cette planète et de lui insuffler une nouvelle dose d'énergie afin qu'elle puisse évoluer comme elle le souhaite. Vous connaissez beaucoup d'identités, mais vous verrez un grand nombre d'entre elles disparaître autour de vous—des membres de votre famille, des amis, des voisins. Puis, dans d'autres temps, vous verrez arriver des personnages qui ne vous ressembleront pas. Peut-être auront-ils une couleur de cheveux bizarre, et leur visage pourra être bien éloigné du vôtre, tandis que leur corps ne ressemblera en rien à ce que vous connaissez. Quant aux sons émis par eux, il seront à l'opposé des vôtres, car, comprenez-le, votre forme de langage n'est pas la seule de l'univers. Bref, tout ce que vous connaissez sera modifié d'une manière ou d'une autre, puisque vous êtes inscrits dans la transformation.

Aujourd'hui, je vous invite tous à tourner votre regard en vous, à comprendre que, si bien installés dans le moteur de la souffrance, vous avez oublié que vous y étiez, croyant même ne pas y être, finalement.

Mais si vous n'y étiez pas installés; vous n'iriez pas chercher ces énergies nouvelles coulant pour vous montrer le chemin et vous indiquer ce que vous devez faire ; il faut d'ailleurs que vous ayez énormément souffert pour ne plus entendre votre voix.

Où en êtes-vous par rapport à votre perte d'identité et de mouvement ? Vous êtes-vous interrogés à ce propos ? Et qu'en est-il de vos rapports humains ? Aujourd'hui, j'entends une foule s'exclamer : « Nous ne pouvons rien faire ni rien changer ! C'est inéluctable et inscrit ! » Entendez-vous le message que vous transmettez à l'Univers ? Et tant d'autres mots encore que vous employez! Oui, bien sûr, des choses sont inscrites, mais ce sont celles que vous avez fixées vous-mêmes!

Toutefois, je vous l'assure, vous avez le pouvoir de tout changer et de transformer ce chaos en quelque chose d'établi, d'harmonieux, de doux et de serein. Il ne vous reste que peu de temps avant que de grands bouleversements n'aient lieu, autant à l'extérieur que dans votre monde intérieur. Mais si, justement, il s'en manifeste extérieurement, c'est bien qu'intérieurement vous êtes dans le changement. Si votre regard enregistre tous ces mouvements et peut les reconnaître, si votre mental peut fournir des noms à chacun, c'est qu'intérieurement vous avez tourné la clé et que cette serrure est prête désormais à laisser passer une quantité d'information, de savoir et de lumière. Oserez-vous pousser la porte? Et comment vous y prendrez-vous? Casserez-vous tout sur votre passage, ou laisserez-vous tout faire?

Je veux également vous rendre votre responsabilité dans ce mouvement de transition, et ce, afin que vous compreniez que, jusqu'au dernier instant, le choix que vous ferez pour votre vie a de l'importance.

Je veux que vous compreniez en outre qu'il nous est impossible de vous déposséder de ces instants. Nous sommes partenaires et, forcément, vous avez une part active dans cette séquence.

Je veux que vous retrouviez la pleine responsabilité de vous-mêmes et, je vous en prie, si l'un d'entre vous dit à un autre : «Mais tu ne peux rien y faire!», répondez-lui : «Va travailler en toi car, là, tu es dans l'erreur.» Si vous osez le faire, vous aurez compris. Personne n'a le droit de déclarer que vous ne pouvez pas changer votre présent et votre avenir, ni d'affirmer que vous ne possédez pas le mouvement et n'avez plus le choix.

Il y a toujours un choix, aussi dur soit-il. Et plus que jamais, nous faisons appel à celui-ci. Si nous, Êtres établis dans la Lumière de Vie, venons vous interroger sur votre choix, c'est

bien que vous en avez un. Sinon, on se mettrait en mouvement en vous laissant dans la souffrance, un moteur n'ayant
pas cours dans les sphères élevées et les plans supérieurs de
service. Aussi, cherchons-nous à vous intégrer et, à cette fin,
sollicitons-nous votre choix. Les énergies nouvelles approchent; les visiter exigera justement que vous fassiez appel au
choix. Comprenez donc que chacun de vous est le gardien de
lui-même, celui ou celle-là même qui étendra la main pour
ouvrir la porte et en franchir le seuil. Vous êtes tous dépositai-
res d'une fraction de l'esprit du Sans-Nom et, à ce titre, vous
êtes des êtres libres!

Seulement, vous avez tout fait dans la douleur et la souffrance; d'ailleurs, la femme en est venue à accoucher dans la
souffrance. Pourtant, cela n'est plus nécessaire. L'accouchement
peut se vivre sans cette souffrance; vous pouvez vous réattribuer l'aisance du mouvement avec douceur, amour, tendresse.
Nous sommes nombreux autour de vous, et s'il en est ainsi,
c'est bien que vous avancez vers votre propre accouchement.
En effet, vous allez naître à nouveau de vous-mêmes, par l'esprit. C'est un grand moment, mais aussi un instant délicat, car
nous ne savons pas comment vous aborderez ce virage. Nous
avons entre les mains de multiples pouvoirs; cependant, dans
ces heures-là ils ne peuvent servir et je voulais que vous le
compreniez. Nous sommes là à vous accompagner, mais nous
ne pouvons rien faire, car vous allez naître de l'intérieur, en
vous-mêmes et par vous-mêmes.

Qu'allez-vous choisir? Le moteur de la souffrance ou celui
de la douceur, de l'abondance, du respect? À vous de nous
apporter la réponse. C'est bien pour votre naissance que nous
venons nombreux sur cette planète. Vous êtes nés de corps
d'hommes et de femmes, vous naîtrez par votre propre corps
dans l'esprit et l'identité de vous-mêmes. Et nous allons vous
surveiller, étant donné notre désir de vous apporter le maximum d'amour et de douceur. Les accepterez-vous? Peut-être

me répondrez-vous par un oui à cet instant, mais chez vous, dans votre intimité, comment répondrez-vous ? Voilà la question.

Le collectif SORIA s'est engagé à vous accompagner en vue de cette naissance ; il est actif et le restera de nombreuses années. Sa plus grande part de travail se déroule dans l'ombre ; je désirais le souligner. Ne croyez pas que nous allons adombrer plusieurs personnes sur cette planète à seule fin de faire plaisir à l'ensemble. Ce que nous faisons, c'est d'abord de vous rencontrer durant votre sommeil ; c'est là que nous effectuons notre plus grand travail. Je tenais à vous le dire : avant toute chose, vous nous rencontrerez dans votre intimité. Les rencontres que nous programmons (conférences et cercles d'enseignement), et qui resteront peu nombreuses, sont simplement destinées à réveiller certaines mémoires de qui vous êtes non pas dans la densité mais de qui vous êtes, plongés et immergés dans le mystère des mystères.

Mais bientôt, le sas dans lequel vous avez déposé vos habits, vos dons et vos lumières va vous rappeler à lui et vous devrez de nouveau revêtir ces habits, retrouver vos pouvoirs, vos identités. Alors, il est bien temps de vous accorder un peu de douceur, une pause, et de tourner votre regard à l'intérieur de vous, car tout est là, le mystère des mystères réside en vous.

Le collectif SORIA s'active tout autour de vous en cet instant et vous offre, si vous l'acceptez, une stimulation du thymus. Nous respecterons votre réponse intérieure. Je tiens ici à signaler aux lecteurs de ces lignes que la même chose leur est proposée dans leur intimité.

Voici pour aujourd'hui ; je me retire, mais nous demeurons à l'écoute de votre réponse.

Allez dans la Paix et l'Amour en sachant que tous les frères de la Lumière de Vie ne pourront que vous proposer la Paix et l'Amour, rien d'autre.

Voici un moment où nous avons plaisir à vous rejoindre. Je dis *re-joindre*, mais en réalité nous ne vous quittons jamais ; seule s'interpose la barrière de la communication. Dans ces instants, nous pouvons vous rejoindre vraiment car, ici, il nous est possible de faire entendre notre pensée. Ne vous y trompez pas, ce n'est pas notre voix que vous entendez mais notre pensée.

Un jour, certains d'entre vous feront la même chose dans ce monde ou ailleurs. Ils prêteront leur voix afin que les êtres des étoiles laissent couler leur pensée. Dans ces temps, vous ne vous souviendrez pas de ce que vous vivez présentement. Pourtant, l'image de ce vécu restant gravée sur votre bande de données, il vous apparaîtra alors naturel d'offrir votre expression à la pensée des frères d'en haut ou d'en bas.

Aujourd'hui, il nous faut préparer le terrain et vous entretenir d'une forme de violence tapie en vous qui vous empêche encore pour un temps d'être des transmetteurs, des communicateurs. Vous en êtes au stade où vous vous dites chacun : «Je ne peux pas, c'est pour un autre, ou pour plus tard», et dans ces mots se cache une violence vis-à-vis de vous-même. Car vous pouvez tous en une fraction de seconde devenir les canaux de nos pensées ; à force de vous répéter de vie en vie que vous n'en aviez pas la capacité, vous avez fermé les portes. Comprenez qu'en répétant sans cesse que c'est bien pour les autres, mais pas pour vous, vous n'avez fait que concrétiser ces paroles. Et ainsi, d'existence en existence, vous vous êtes fait violence en muselant peu à peu l'être pluridimensionnel que vous êtes. Vous avez empêché votre réalité lumineuse de s'exprimer autrement. Vous devez donc vous réapproprier votre multidimensionnalité, comprendre qu'être incarné dans la densité, vivre dans la matière n'empêche pas d'avoir des racines profondément ancrées dans la lumière de l'intérieur des mondes ni d'ouvrir ces racines pour y laisser couler le fleuve de Vie en provenance des étoiles. Être multidimensionnel se vit également au quotidien. Vous pouvez, selon les instants de votre journée, vous offrir pour être simplement des artistes (justement, ceux qui le sont canalisent les forces d'en haut ou de l'intérieur ; l'inspiration venant bien d'une source, ils sont réellement inspirés), puis vivre à d'autres moments quelque chose de très dense, de bien matériel et qui ne fait appel ni à la connaissance des étoiles ni à celle de l'intérieur de la Terre et, plus tard encore, prêter votre voix à la pensée d'un esprit.

Une multitude d'instants se succèdent dans une journée. Avez-vous jamais pensé à cela ? Bien sûr, le temps s'écoule et vous glissez sur ce fleuve, mais, voyez-vous, l'eau peut former des vagues avec des creux et des crêtes, et peut aussi avoir l'apparence d'un lac bien calme ou, alors, d'une tempête. Vous devriez comprendre qu'être incarnés ne justifie pas la fermeture de vos portes intérieures ; en aucun cas, au moment de votre incarnation, nous ne vous avons dit de ne pas utiliser vos portes intérieures ! Nous avons seulement précisé à chacun : « Nous te donnons des forces afin que tu puisses déployer pleinement l'être que tu ES. » Où en êtes-vous par rapport à cette recommandation ? Vous sentez-vous bien installés dans toutes vos possibilités, tous vos langages ? Certains se plaisent, une fois qu'ils ont établi des racines de lumière, à ne demeurer qu'à l'intérieur de ces énergies, oubliant ainsi tout le reste. Je vous l'affirme, ces personnes, uniquement versées à *écouter* les êtres des étoiles, ne sont pas pour autant équilibrées. Elles ne représentent pas pour nous une source sûre et rassurante permettant de faire couler nos pensées.

Nous avons besoin d'entités ayant pleinement compris qu'elles vivent sur terre et dans cette dimension ; à ce moment-là, nous avons un terrain idéal pour y descendre nos pensées. Comprenez qu'à force de vous faire violence, quand enfin vous acceptez de regarder votre personnalité dans sa globalité, vous passez par un contraire, soit le rejet de votre vécu quotidien. Par ce rejet, vous demeurez toujours dans la violence et non dans l'intégration, et il nous est impossible alors de faire couler de l'amour et de la tendresse.

Sachez que nous désirons vous visiter quand vous acceptez simplement qui vous êtes au quotidien. Quand vous cessez de rejeter pleinement la différence, nous pouvons vous faire vivre une autre partie de vous-mêmes. Car, n'en doutez pas, afin que vos portes intérieures s'ouvrent — celles des étoiles comme celles de l'intramonde —, il vous faut être installés dans votre personnalité, dans ce que vous êtes au quotidien, avec vos qualités et vos défauts, *vos faiblesses* comme vous dites. Mais ces faiblesses n'en sont pas vraiment ; ce sont juste des défis à relever afin de pouvoir vous ancrer davantage dans cette force qui vous habite.

Vous appelez la lumière, l'amour, la connaissance, mais la première chose que vous faites consiste pourtant à rejeter une partie de la Vie.

Ainsi, à vos yeux, cette planète n'est pas assez bien. D'ailleurs, pourquoi la défendre ? Autant la laisser dépérir toute seule ! Et pourquoi défendre aussi ce corps qui m'embête en ne créant que des misères ? N'est-ce pas de sa faute si je suis si limité ? Et si j'ai la joie de pouvoir voyager hors de ce corps, il me donne la nausée quand je le vois. Hum… Est-ce là les paroles d'un sage ? Je ne le pense pas.

Vous êtes tous à la recherche de quelque chose. Et si vous désirez le trouver, vous devez vous accepter dans l'instant présent tels que vous êtes, avec vos limitations et vos souffrances, jusqu'à ces signes de décrépitude qui vous gênent. Oui, il vrai qu'installé dans sa pleine demeure, sa royauté, tout cela n'est plus. Mais si vous n'y êtes pas encore, acceptez ces signes qui vous disent : «Tu vois, il y a encore quelque chose à faire là.» Ce *faire*, c'est simplement accepter sa lumière, qui l'on est, tel que l'on est. Vous imaginez que la Création a pu se tromper lors de votre venue en incarnation? «Comment! Ils m'ont donné tel corps et telle personnalité à ma naissance! Mais que puis-je en faire? Cela ne me sert pas, ça me gêne, je dois tout laisser.»

Enfants de la Terre, avant toute chose vous êtes les enfants des étoiles, et lors de votre incarnation nous vous avons remis les meilleurs outils afin de vivre pleinement votre divinité. Ne croyez surtout pas que nous vous avons alors fermé des portes pour vous empêcher d'être. Il est vrai que certaines ne sont pas ouvertes à la naissance. Mais quand vous arrivez ici, il vous faut reconquérir une part de vous-mêmes. Cela est juste pour tous, et nul n'échappe à cela, car tel est votre défi puisque vous avez besoin de lui afin de pouvoir dépasser cette limitation que vous vous infligez vous-mêmes de vie en vie. Comment pourrions-nous, quant à nous, vous limiter tout en sachant parfaitement que vous êtes nés divins, que vous avez reçu tous les dons en vigueur dans ce premier Cercle atomique de Vie? Nous savons que ces dons sont là, que vous n'avez qu'à tendre la main pour vous en saisir et les employer, et que vous êtes parfaits puisque notre vision ne voit que la perfection... Et vous êtes parfaits dans ce rôle d'éloignement, dans vos imitations de la maladie et dans cette manière de dire et de crier même : «Je ne peux plus avancer.» Certains s'accordent le luxe de prendre des corps déformés et, dans ce jeu, ils sont parfaits. Vous voilà quelque peu troublés? Je conçois que vous puissiez l'être. En effet, comment une personne handicapée mentale ou physique peut-elle jouer un tel rôle? Si vous saviez les rôles que vous avez tous empruntés en croyant que vous n'étiez pas divins !

Le jour où votre mémoire ancestrale vous restituera vos nombreuses existences, ici et ailleurs, vous vous interrogerez. Est-ce possible que j'aie joué à tous ces jeux ? Franchement, il m'aura fallu endosser bien des vêtements différents pour parvenir à concevoir enfin que je pouvais m'arrêter et reprendre possession de qui j'étais. Car le jeu, tout votre jeu, ne correspond qu'à cette seule phrase : « Il faut que j'arrête de jouer et que je me réapproprie mon identité. » Il n'y a rien d'autre. En somme, il faut cesser de vous faire violence en permanence, puis accepter en toute humilité de revêtir l'habit de lumière reçu à votre naissance et, en toute simplicité, accueillir l'être multidimensionnel que vous êtes.

Oui, vous souffrez, vous pleurez et, parfois même, vous entaillez votre chair pour sentir que vous êtes vivant. C'est votre jeu. Le jour où vous en aurez assez, vous tomberez à genoux, inclinerez la tête et direz : « Je m'accepte comme je suis. Je suis lumière, j'ai toujours été lumière et ne peux être autre chose. »

Demain, ce quotidien sera toujours fait d'instants indiquant encore ces refus d'être ou ces débuts d'acceptation. Mais comprenez qu'au départ, vous passerez forcément par un état qui ne représentera pas l'être dans sa globalité. Vous essaierez de repousser ce que vous n'êtes plus et de jouer de nouveau afin d'inverser le processus. Puis, un jour, vous comprendrez que vous dépensez vraiment beaucoup d'énergie pour paraître, c'est-à-dire laissez croire aux autres que vous êtes. Finalement, las de tout cela, vous vous assoirez dans votre fauteuil en disant : « Cela suffit. Que je sois lumière, que je sois ombre, Je Suis. Que je joue ou non, Je Suis. Que j'aie de l'amour extérieur ou non, Je Suis. Que j'émette de grandes idées ou des âneries, Je suis. »

Quand, enfin, vous oserez proclamer cela, vous pourrez alors laisser place à votre rayonnement. Sachez-le.

Et tous, vous passerez par ce chemin, qui est l'envers de votre jeu. Et lorsque vous accepterez de passer de l'autre côté du jeu, vous émettrez une fréquence annonçant que vous commencez à récupérer votre lumière.

Nous savons que ce que vous direz ou ferez ne sera pas encore «à la hauteur» de qui vous êtes, mais ce sera un début ; ces premiers pas seront chancelants, parfois difficiles, et vous douterez bien souvent de vous. Cela fera également partie de l'expérience. Puis, un jour, devenus plus solides en vous, l'amour, la douceur et la tendresse couleront enfin en abondance dans votre vie. Quand, en définitive, vous sentirez ce fleuve, sachez que vous aurez alors ouvert la porte principale.

Je vous ai dit que vous alliez renaître à vous-mêmes ; cette renaissance, c'est précisément se mettre à marcher dans sa propre lumière, émettre sa propre vibration, sa musique, laissez sortir cette tonalité et son parfum. Il va de soi que cette renaissance n'aura pas lieu du jour au lendemain ; des tentatives s'avéreront nécessaires. Toutefois, celles-ci seront de plus en plus rapprochées, devenant à nouveau cet état d'être que vous avez un jour déposé. Nous sommes là pour vous inciter à reprendre possession de cet habit de lumière, de cette identité que vous nous avez remise. Nous allons régulièrement vous inviter à déposer les armes, à cesser de vous faire violence et de vous critiquer, ou de vouloir être autre chose que ce que vous êtes depuis toujours. Nous sommes vraiment là pour cela.

Bien souvent, vos anges et vos guides mettront le doigt sur les plaies encore béantes, car il est nécessaire de poser le regard sur elles, non pas afin d'en chercher la racine mais bien plutôt pour y déposer un regard d'amour et de paix. Voyez-vous, vous souhaitez l'amour et la paix par une source extérieure à vous-mêmes surtout, alors qu'ils ne peuvent provenir que de vous-mêmes, ou découler de votre propre regard-sentiment-pensée, et rien d'autre. Si vous croyez encore que nous allons vous servir de béquilles, vous avez tort. Jamais je ne vous proposerai une béquille ; au contraire, j'aurais plutôt tendance à dire : «Vois-tu cette béquille que tu as placée sous ton épaule droite, je viens de te la retirer!» Tu rétorques aussitôt que tu vas tomber… Eh bien tombe, mon enfant! Tu me répètes que tu ne vas pas pouvoir te relever ; oui, c'est vrai, pendant un temps. Tu crains de devoir ramper et de t'écorcher encore! Fais-le, et quand tu en auras assez, tu te relèveras. Mais, vois-tu, je suis toujours à côté de toi!

Je suis là justement afin de vous retirer tous les artifices que vous avez su créer pour vous voiler la face. Car vous avez tellement manqué d'amour envers vous-mêmes que vous préférez dire que ce sont les autres qui ne vous aiment pas. Vous ne comprenez d'ailleurs pas pourquoi, dans votre vie, vous ne recevez pas d'amour!

On m'écrit pour me demander souvent : « Quand feras-tu entrer un compagnon dans ma vie ? » Mais crois-tu vraiment que je vais t'en choisir un ? Penses-tu que cela dépend de moi ? Sois sincère, pourquoi as-tu fermé la porte à l'amour ? Pourquoi refuses-tu un homme (une femme) dans ta vie ? C'est que tu ne veux pas recevoir d'amour, lâcher tes béquilles. Aussi, tant que tu les désireras, garde-les! Le jour où tu en auras assez, tu me diras «Allons-y!» et je chercherai la béquille à enlever, tu tomberas, tu te feras mal, mais tu te relèveras. Et là, tu diras alors «Allons plus loin», et nous ouvrirons les portes ensemble puisque tu seras prêt et que tu en auras décidé ainsi.

Mais, surtout, ne croyez pas qu'en venant me le demander, je vais mettre un homme (une femme) dans votre existence. Je n'ai pas ce pouvoir, mais vous-mêmes l'avez! Saisissez-vous! Vous m'attribuez des pouvoirs qui ne sont pas miens car, en réalité, tous ces pouvoirs sont en vous.

Comprenez bien que ce que vous vivez dépend uniquement de vous, du regard que vous portez sur la Vie, de l'acceptation que l'amour entre en vous, que vous viviez dans l'amour et, surtout, de vous accorder de l'amour.

Il est vrai que ma lumière peut ouvrir bien des portes. Cependant, celles que je viens d'ouvrir n'ont rien à voir avec ces demandes; elles représentent plutôt les seuils de votre volonté de réinvestir votre identité divine, VOS pouvoirs, VOTRE multidimensionnalité. Je viens simplement vous montrer la forme de violence que vous vous assénez en permanence. Et si vous croyez que vous n'êtes pas concernés par ces propos, ouvrez vos oreilles, car si vous êtes assis là, ou en train de lire ce livre, c'est bien parce que vous l'êtes. Quelle porte as-tu donc fermée pour que l'amour ne coule pas? Pour que la lumière se s'écoule plus? Laquelle demeure fermée pour que ta santé soit absente ou que tes dons restent inutilisables? Et j'aurais bien d'autres questions de ce genre à vous poser à tous.

Je ne suis pas là pour vous juger mais pour vous apporter un éclairage nouveau sur qui vous êtes dans l'instant présent, sur cette identité limitée que vous incarnez, et ce, pour vous rappeler qu'en réalité vous êtes bien plus que cela.

Je ne suis pas venue vous apporter la paix; je pourrais effectivement vous envelopper d'une paix exceptionnelle… et je prolongerais cet endormissement de votre personnalité! Je suis, au contraire, cette épée de lumière qui agit tantôt avec force tantôt avec douceur, mais Je Suis l'Épée de lumière. Je viens trancher un à un tous ces liens vous empêchant d'être qui vous êtes de par votre naissance divine. N'attendez rien d'autre! Et si mes livres sont construits de cette manière, c'est dans le but de déjouer votre mental, vos pièges, vos violences et de vous obliger à regarder cette partie de vous-mêmes que vous avez abandonnée.

C'est aussi pour vous signifier que si toutes ces informations descendent aujourd'hui, c'est que chacun a la capacité de réinvestir le fleuve de Vie qu'il est et de participer à ce qui vient pour cette planète, les humanités futures et les champs vierges.

Si je viens te chercher, toi, c'est que je reconnais ta capacité de comprendre maintenant et de réinvestir TON identité. Tu réclames ton contrat de Vie ! Cela est bien, mais sous quelles conditions ? « Tu comprends, Soria, j'aimerais connaître mon contrat, cependant j'ai un mari qui réclame des comptes et des petits-enfants qui me sollicitent. Aussi, je veux bien mon contrat de Vie, mais il faut que j'honore tout le reste. » Bon, que faisons-nous ? Eh bien, votre contrat de Vie reste encore pour un temps là où il doit attendre. Entrer dans son contrat de Vie, c'est d'abord cesser de mettre des conditions à la Vie puisque, justement, ce contrat vise à offrir quelque chose à la Vie, à démontrer que vous entrez en service et que vous réinvestissez votre identité. Si vous posez des conditions, cela signifie que l'extérieur a encore beaucoup d'importance.

Et croyez-vous qu'un contrat de Vie vient tout bouleverser ? Non, il change un peu votre vie, voilà tout. Néanmoins, s'il y a un peu de *ménage* à faire parmi les gens autour de vous, peut-être les personnes concernées sont-elles bien heureuses d'en faire partie ! Que cela les arrange d'être balayées comme de la poussière, ou qu'elles ont tout simplement fini de servir de béquilles ! Puis, avez-vous songé qu'en donnant suite à votre contrat de Vie, vous serez peut-être d'abord soutenus jusqu'au bout par ceux-là mêmes qui vous mettent des freins ? Cette possibilité est réelle, y avez-vous songé ?

Oui, vous désirez beaucoup de choses, mais sans vouloir rien changer, en demeurant dans vos limitations, vos peurs et vos doutes. Par conséquent, lorsque la Vie a mis à mal une forme de peur, vous en reconstruisez immédiatement une autre, craignant de ne plus avoir peur! Quand nous éclaircissons un point de compréhension, qu'un doute tombe, aussitôt j'en vois certains en reconstruire, car «*sans doute, on ne peut évoluer*». Eh bien, soit! Restez dans le doute et la peur, mais comprenez bien qu'il n'est plus possible de dépenser l'énergie à tort et à travers. Aussi, des fleuves de lumière vont se tarir du fait que de nouvelles sources couleront, mais ces dernières serviront un but différent.

Nous vous avons laissé tout le temps d'avoir peur et de douter, de renier qui vous étiez, d'explorer des jeux égotiques inimaginables. Aujourd'hui, avec amour, douceur, tendresse, nous vous disons : «Ce n'est plus possible. Cette expérience sur Urantia est terminée, clôturée.» Nous proposons à chacun d'entrer à l'intérieur du devenir de cette planète : «Si tu restes accroché à la peur, au doute, alors nous t'invitons à quitter ce lieu pour aller ailleurs; mais si tu désires rester ici, c'est par amour, pour l'amour et dans l'amour. C'est pour l'épanouissement de la lumière, la tienne y compris, pour voir refleurir en toi la personnalité divine et poser une couronne sur la tête des êtres qui demeureront ici. Et cela suggère de reprendre ta responsabilité, ta maîtrise, de retrouver la conscience de tous les flux d'énergie en toi et de t'asseoir comme partenaire avec tous les êtres des étoiles et du centre de la Terre, avec les peuples végétal, animal et minéral, avec toutes les formes de Vie.» Voilà ce qui va se passer! Chaque cellule vivante va se proposer en tant que partenaire de la Vie, CHAQUE CELLULE VIVANTE va œuvrer pour maintenir une qualité de vie que vous n'avez pas encore connue dans l'incarnation. Ceci est un nouveau jeu plus épanouissant.

Je vous disais donc qu'il était question d'autonomie, et vous la retrouverez en vous. Pour y arriver, il vous faut réinvestir votre identité divine dans vos sources de nourriture, c'est-à-dire cesser de vous faire violence. Un jour vous comprendrez que celui qui vous fait le plus de mal est vous-même et que s'il existe une violence à l'extérieur de vous, c'est que vous l'autorisez sous une forme ou une autre, car il y a mille et une façons de l'accepter.

Vous verrez la paix revenir sur cette planète lorsque vous aurez compris qu'une cellule vivante est divine parce qu'elle a tout simplement la Vie en elle, et pourquoi la vie multiple est acceptée sur tous les lieux. D'ailleurs, s'il y a multiplicité de formes de vie, c'est peut-être que le Sans-Nom avait envie de voir fleurir une gerbe exceptionnelle.

Chaque forme de vie doit réaliser un contrat, et il y a autant de contrats que de cellules de Vie. En outre, un animal, une plante, est une cellule de Vie au même titre qu'un humain.

Mais l'état d'humain est encore à découvrir. Quand votre cœur et votre thymus émettront ensemble leurs faisceaux de lumière, vous serez alors installés dans cet état d'humain. Chose extraordinaire, vous aurez fait votre ascension. Quant à vous, candidats à l'ascension, je vous le dis : vous ne quitterez pas cette planète ! Si vous cherchez une fuite, une échappatoire et si vous pensez que d'autres cieux seraient susceptibles de vous offrir cette ascension, je vous répondrai par l'affirmative puisque cela est vrai, mais ascensionner sur cette planète est bien autre chose que ce que vous pourriez faire ailleurs. Et vous êtes justement venus ici dans l'espoir de réaliser votre ascension sur Urantia. Bien des scénarios tournent autour d'elle. Pourtant, ne vous y trompez pas, c'est ici, sur Urantia Gaïa, que vous êtes attendus, pas ailleurs.

C'est ici qu'on a besoin de vous voir réinvestir votre identité divine et que vous trouverez la paix.

C'est ici que vous retrouverez l'amour, que cela se passera. Et je vous le dis, sous les regards des grands maîtres, les dieux, les déesses, les Fils et les Filles primordiaux unissent leurs énergies autour d'Urantia Gaïa.

L'enjeu et le devenir de ce Cercle atomique de Vie se jouent ici, pas ailleurs ; à vous de choisir. Nous, nous avons choisi.

Je ne suis pas la paix, je ne vous apporte pas la paix, je suis l'Amour et je viens vous rappeler ce qu'il est.

Que le Feu solaire vous rappelle qui vous êtes.

Que le Feu solaire ouvre vos yeux ; que votre pensée s'installe en lui.

Cela étant, vous serez aussi et à nouveau le Feu solaire.

Il y a fort longtemps, cette planète était un petit joyau. Des êtres, étincelles de Vie, y sont descendus et y ont trouvé un petit paradis où ils évoluèrent en toute tranquillité. La violence n'existait pas, la douceur baignait tout.

Puis sont arrivées d'autres entités chargées d'une lourde mémoire et rompues au jeu égotique.

Ce paradis de l'origine est entré dans la mémoire planétaire et cette humanité le cherche, non pas dans les Cieux mais bien sur cette terre.

Votre planète fut jadis le plus beau des jardins de tous les Univers. Les esprits de la Nature s'étaient donnés sans compter en vue de faire de ce jardin édénique un havre de paix où tout être désireux d'y venir pourrait s'y reposer. Bien des millénaires plus tard, les visiteurs et les habitants d'Urantia sont toujours à sa recherche et, dans leur imaginaire, ce paradis existe toujours quelque part. Mais ne l'ayant pas encore trouvé ici, ils l'ont cru ailleurs, dans un endroit mystérieux.

Chers enfants de la Terre, vous aurez beau chercher sur n'importe quelle planète habitée dans cet univers ou un autre, vous ne trouverez pas un paradis identique à celui qu'il y eut sur la vôtre.

Toutes les forces cosmiques se sont donné rendez-vous sur Urantia afin d'offrir un joyau parfait au Sans-Nom. Vous êtes à la recherche de quelque chose qui a existé ici et non dans un quelconque autre ciel. Il est vrai que ce que vos yeux distinguent à la surface de cette terre ne ressemble en rien à ce qui fut. Pourtant, si vous êtes honnêtes, vous devez admettre qu'il y a énormément de beauté dans ce *rien*. En outre, il est exact que cette planète souffre aujourd'hui. Elle est parvenue à un rendez-vous, ayant choisi de vivre et de perdurer dans le temps. Aussi va-t-elle renvoyer tout ce qui la gêne. Des créations difficiles, il est vrai, tentent d'atteindre ses marées intérieures, mais c'est ignorer sa force, son pouvoir et réfuter la présence de tous ces êtres de lumière qui vivent en son sein et s'activent afin d'éviter une catastrophe. Toutefois, ce qui était possible encore il y a dix-huit mille ans ne l'est plus aujourd'hui. Votre planète était bien plus en péril à cette époque, mais en aucun cas cela signifie qu'il faut tolérer ce qui s'y passe actuellement, ou même penser qu'elle ne crie plus sa souffrance. Tout cela s'avère exact, mais vous êtes parvenus à ce point de rendez-vous où la Terre va vomir tout ce qui l'encombre et rejeter toutes ces constructions aliénantes. Savez-vous pourquoi ? En raison de ce rendez-vous et parce que vous, enfants d'Urantia, êtes venus avec des programmes, des gènes particuliers permettant l'appel de la lumière non pas individuellement mais bien collectivement. Examinons cet appel si vous le voulez bien. Pensez-vous être seuls ? Je vous assure du contraire. Sur chaque continent se trouvent en effet des groupes massifs d'hommes et de femmes qui appellent et réclament la paix, la beauté et l'abondance. Ainsi, ce cri général donnera à votre Terre la possibilité d'en arriver à cet instant où elle pourra vomir ce qui ne fait pas partie de la beauté, de l'amour, de la fraternité et tout ce qui représente une atteinte à la liberté.

Dans le moment qui vient, il vous faudra user d'amour et de douceur pour vous-même. Vous vivrez des heures d'extrême tension où, malgré votre envie d'aider votre voisin ou un membre de votre famille, vos paroles, votre sagesse et votre lumière seront repoussées. Ne sombrez pas alors dans la dépression ; sachez tout bonnement admettre que l'être devant vous n'est pas prêt à recevoir cette qualité, ce rayonnement d'amour.

Vous êtes juste à la veille d'entendre, de voir des événements peu faciles ; ne vous débattez pas dans ce qui s'écroule. Reconnaissez simplement que ce sont là des schémas qui s'effondrent. Au moment venu, n'oubliez pas l'amour tapi en vous, envoyez de l'amour, faites appel à l'amour et à la douceur.

Vous vous êtes tous préparés en vue de ces instants, mais des milliers d'hommes, de femmes vivront les événements sans être prêts. Ils se poseront alors de grandes questions, et certains s'affoleront. Aussi, si vos pas croisent les leurs, les seules choses dont ils auront grandement besoin, ce sera de l'amour, de la tendresse et de l'écoute. Mais ils ne chercheront pas forcément à entendre vos paroles et vous devrez l'accepter.

Me présentant sur cette terre, j'entends des êtres me dire : « Non, ta lumière est trop grande pour moi, je n'en veux pas. Comprends-tu ! Je serais obligé de me remettre profondément en question et, pour l'instant, j'ai encore envie de jouer à ce jeu durant un temps. » Alors, je me retire.

Si moi, Fille primordiale, j'agis ainsi dans le respect, apprenez avec humilité à faire la même chose de votre côté. Vous n'avez rien à prouver et n'avez pas non plus à chercher à convaincre. Vous devez **être,** et *être* est aussi désarmant de simplicité que de s'asseoir par terre et ne plus bouger. Mais par ce seul geste, l'entourage s'inquiète et va s'enquérir de cette inaction : « Pour quelle raison fais-tu cela ? » Il est bien plus important parfois de ne rien faire que d'agir à tout prix, dépenser son énergie et perdre l'écoute de la volonté d'en haut ou d'en bas. Car, à force de *vouloir agir à tout prix,* vous êtes dans le *vouloir* et, forcément, ailleurs que dans *l'écoute,* agissant alors par vous-même et non en partenariat avec la Vie.

Aujourd'hui, vous êtes tous rendus à un point d'éveil possible, car tout change et mute. Durant ce changement, certains êtres sont appelés à un rôle, d'autres sont invités à agir en silence ou à poser leurs mains afin d'apaiser, de caresser, puis certains se sentiront appelés à aider la Terre à redevenir un jardin. Toutes les personnes s'éveillant ne seront pas systématiquement reliées à un être dans le but de canaliser des mots.

Comme nous aurons besoin d'un grand nombre de jardiniers, nous solliciterons un maximum d'hommes et de femmes puisque cette troisième dimension doit être guérie, apaisée, et ce, pour redevenir ce qu'elle a été. Car, un jour, cette troisième dimension, sera vide de présence humaine. Comme cette planète perdurera, il nous faut en effet guérir la mémoire de la troisième dimension. Autrement, si cette mémoire n'est pas aimée, apaisée et consolidée, elle viendra vous chercher là où vous serez, dans la quatrième ou la cinquième dimension, vous en délogeant en vous rappelant qu'un jour, dans la troisième, vous n'avez pas achevé le travail.

Il est vrai que vous vous apprêtez à partir vers la quatrième dimension pour un temps qui se révélera court, puis pour la cinquième, où les portes de la sixième pointeront déjà, mais vous ne pourrez vous y élancer tant que vous n'aurez pas terminé le travail dans cette troisième dimension.

La troisième dimension sera toujours inscrite en vous, dans vos cellules, dans votre mémoire. Elle est une de vos réalités, et le travail effectué sur vous permet à la Terre de s'autorégénérer, de guérir. Il est vrai que nous allons vous inviter à replanter la Terre ; à cette fin, nous vous apporterons bientôt de nouveaux végétaux, de nouvelles fleurs et semences, et puisque vous avez contribué d'une manière ou d'une autre à la destruction de la planète, vous serez chargés de la reconstruire. Un groupe d'hommes et de femmes aura donc pour fonction de repeupler le sol avec de nouvelles entités végétales, à l'aide de nos semences. Ainsi, certains d'entre vous recevront (intérieurement) des plans afin que des jardins exceptionnels puissent revoir le jour dans la troisième dimension. Un fois cela achevé, ce groupe sera conduit dans les dimensions suivantes. Cependant, des gardiens resteront postés aux portes de la troisième dimension puisque des visiteurs viendront voir ces jardins. Par ailleurs, dans certains lieux, des endroits bien spécifiques, on pourra les accueillir pour un repos de quelques jours. Néanmoins, tout sera surveillé et, en somme, il n'y aura plus d'humanité résidente dans la troisième dimension.

Le paradis qui fut un jour à la disposition de l'humanité résidente deviendra un paradis accessible à tous les habitants de l'Univers. Cela se mettra en place selon des phases bien précises. Les portes ne seront pas ouvertes en permanence, un peu comme des saisons où la Terre s'ouvrira ou se reposera, mais il n'y aura plus de résidents.

La troisième dimension sera donc un jardin exceptionnel dans un temps très proche. Et j'aimerais que vous vous souveniez de ce que vous avez perdu, car vous allez partir vers les dimensions suivantes et il ne faudrait pas que certains traits de personnalité perdurent et tentent de recommencer le jeu dans une autre dimension. Il vous faudra beaucoup de douceur et d'amour envers vous-mêmes, de façon à accepter les rôles que vous avez joués dans les temps anciens. Sans vous flageller, vous culpabiliser, ou vous empêcher d'avancer, mais bien pour vous donner la force de changer, de comprendre quels étaient ces mouvements intérieurs qui vous ont poussés à agir de la sorte.

Vous serez tous et toutes chacun *un canal* d'une manière ou d'une autre. Mais la majorité des canaux qui s'ouvriront seront des guérisseurs de la troisième dimension. Ne vous y trompez pas, votre principal rôle consistera à l'avenir à reconstruire et à aider cette terre à retrouver un visage d'une extrême beauté. Ce faisant, vous comprendrez qu'il fut un temps où vous avez également déposé votre beauté intérieure. Toutefois, vous allez la retrouver progressivement, vous reconstruire tout doucement et délaisser ce qui vous gêne. Si vous redevenez actifs pour la collectivité, votre plus grand rôle se résumera à défricher votre jardin intérieur et à y réimplanter les plus belles fleurs d'amour, de tendresse, de fraternité et de compassion. Vous verrez qu'il y a mille et un visages afférents à ces mots. Vous découvrirez chaque facette de l'un d'eux et vous vous apercevrez qu'il vous faut une éternité afin de pouvoir dégager le plus beau des joyaux, celui qui vous a été remis il y a fort longtemps. Au fur et à mesure que vous franchirez les étapes, ou passerez de dimension en dimension, vous vous dénuderez encore et encore, car la plus belle des lumières réside en vous, cachée dans une gangue bien grossière. Vous ne faites, pour l'instant, qu'égratigner cette gangue. Non, je ne désire pas vous décourager ! Je veux seulement vous amener à toucher du doigt cette progression d'esprit que vous entreprenez. Un très beau chemin vous attend, au cours duquel vous irez à la rencontre de vous-même, vous verrez défiler de multiples paysages, vous retrouverez de nombreux frères et sœurs, et réapprendrez le mouvement « *un instant, je suis ici avec toi et l'instant d'après, je suis avec quelqu'un d'autre* ». Ces moments peuvent certes durer, mais ce ne seront toujours que des moments. Quel qu'en soit le temps, vous passerez de l'un à l'autre, puis vous vous rendrez compte qu'ayant quitté un ami dans la quatrième dimension, vous le retrouvez dans la septième, mais sans comprendre pourquoi il y est déjà ! Pourtant, ce sera un fait. Là aussi, vous constaterez que vous avez bien des conceptions erronées, que votre progression ne dépend pas forcément de vos valeurs intérieures.

En attendant, vous avancez au-devant du plus grand rendez-vous de cette planète et ce changement est majeur pour elle, car elle déposera tous les jeux de personnalité qui l'ont encombrée et appellera des êtres purs.

À vous de savoir quels seront votre choix et votre progression. Mais sachez que les petits choix que vous ferez aujourd'hui et demain auront des répercussions pendant des milliers et des milliers d'années. Vous vous engagez dès maintenant, et ne croyez pas que ce que vous tolérez encore aujourd'hui sera possible demain. Comprenez que cette tolérance peut, ou va, fermer certaines portes, pas celles des autres mais bien les vôtres. Nous, qui sommes établis dans la Lumière de Vie, ne risquons rien. Je veux vous faire comprendre qu'à force de jouer à autre chose que ce que vous êtes, vous avez grand plaisir à vous défiler lorsqu'on vous présente à votre propre lumière. Soyez bien attentifs aux choix que vous ferez, à la manière dont vous vous présenterez à la Vie ; et ne croyez pas que les gestes du quotidien sont exclus de ces choix.

Vous avez une grande responsabilité envers la Terre et les Cieux, mais la plus grande a trait à votre évolution. Nous allons assister à bien des événements, et ceux-ci détermineront et extérioriseront les choix que vous avez faits, comme ceux que vous avez omis de faire.

Ne venez pas rejeter la faute sur vos guides et vos anges, car ils ont bien occupé leur place. Ne rejetez pas non plus la faute sur vous-mêmes, cela ne servirait à rien. La douceur commence par la responsabilité de soi et le respect de sa véritable personnalité.

L'Amour vous invite à ne plus faire semblant et à revêtir le vêtement de la maîtrise. Vous pouvez utiliser tous les jeux que vous voulez, vous avez tout de même rendez-vous avec vous-mêmes. Et cela, nous ne pourrons vous l'éviter.

Pendant les ateliers (Matrices d'enseignement complémentaire de Soria), nous vous offrons le nécessaire et faisons tout en notre possible pour vous alléger de ce qui vous encombre. Certains profitent de ces instants offerts, mais d'autres pas, pensant tout savoir, tout connaître. C'est leur droit. Mais soyez prudents, car vous avez bien appelé les énergies qui sont venues vous visiter et avez donc une responsabilité puisque vous les avez fait descendre de par votre appel.

Là aussi se cache la responsabilité et, là aussi, l'Amour répond.

Vous nous avez appelés, lançant des S.O.S. Les ayant entendus, nous sommes descendus. Vous avez une responsabilité par rapport à notre venue.

Nous avons quitté nos demeures célestes afin de venir dans l'aura d'Urantia Gaïa ; vous avez une part de responsabilité envers nous, et nous en avons une envers vous. Nous sommes responsables. Et vous, l'êtes-vous ? Nous avons tant d'amour pour vous que nous acceptons de quitter nos lieux et de nous défaire de nos vêtements de lumière pour en revêtir d'autres qui nous permettent de nous installer ici. Avez-vous de l'amour pour nous ?

Je vous pose ces questions, car il est temps pour vous de comprendre que vous êtes partenaires de nos visites, du changement de la Terre, comme vous l'avez été dans la défiguration de cette planète. Votre degré de responsabilité est engagé. Petit ou grand, cet engagement est là. Il est temps de cesser d'être de petits enfants turbulents, têtus et oubliant leurs responsabilités.

À l'évidence, on vous a demandé beaucoup, et vous savez très bien que ce qui vous attend correspondra aux efforts fournis. Par conséquent, vous recevrez beaucoup. Toutefois, vous devez auparavant réapprendre la responsabilité commune, la responsabilité fraternelle, universelle. À cette fin, vous réinvestirez vos vêtements de maître, et l'on n'est maître que de ses propres énergies. Et j'ajouterai ceci : Aujourd'hui, vous possédez un certain degré de connaissance ; si vous regardez devant vous, vous ne savez rien, si vous regardez derrière, vous constatez que vous avez oublié. En réalité, vous ne connaissez rien. Il en sera toujours ainsi, car il y aura toujours devant vous quelque chose de plus grand à apprendre et à reconnaître. Vous avez, bien sûr, une certaine dose de connaissance intérieure, mais elle est tellement infime par rapport à tout ce qui vous attend ! Ayez beaucoup d'humilité.

Je ne veux pas vous briser les ailes mais vous installer au bon endroit sur votre chemin. J'aimerais que vous déposiez ces faux états d'être et qu'enfin vous acceptiez tous d'être tels que vous êtes, en toute simplicité et toute humilité. Ainsi, nous pourrions ouvrir en grand les portes des Cieux afin de vous accueillir ; vous y avez votre place et nous vous y attendons. Nous sommes partenaires et, à ce titre, avons encore de grandes choses à effectuer ensemble.

Soyez sincères. C'est ce que nous attendons de vous.

Vous allez repartir vers chez vous, et dès votre arrivée, soyez doux, accordez-vous de l'amour. Si vous osez un pas dans ce sens, nous ouvrirons les portes du Ciel pour que l'Amour divin coule en vous, venant ainsi vous consoler et guérir vos mémoires intérieures.

J'ai envie de vous conduire à CE rendez-vous, mais je ne serai jamais la facilité. Je m'exprimerai de manière à vous replacer devant ce qui reste à faire et vous rappellerai sans cesse qui vous êtes. Et le paradoxe existera toujours ; aussi, acceptez-le, car en celui-ci se cachent de grandes réalités cosmiques. Soyez en paix ; de notre côté, nous le sommes. Soyez amour comme nous ; soyez douceur comme nous le souhaitons. Quant à nous, nous serons toujours fermeté afin de vous rappeler ce qui vous reste à faire. Comme vous n'êtes pas couronnés, commencez par le reconnaître et tout ira bien. Vous serez alors dans le mouvement, pas à côté.

Voilà le message que je voulais vous transmettre afin que vous puissiez comprendre que vous avez votre part de travail à effectuer tout comme nous avons la nôtre.

Nous sommes au rendez-vous, celui-là même que vous nous avez fixé. Toutefois, vous n'y êtes pas encore. Aussi sommes-nous en train de vous attendre.

Soyez en paix et en amour comme nous le sommes, soyez doux envers vous-mêmes comme nous le sommes envers vous et soyez fermes, car vous avez besoin de fermeté. Ouvrez vos yeux car, pour l'instant, vous êtes aveugles.

C'est là une grande vérité et, pourtant, vous êtes des êtres exceptionnels par le seul fait d'avoir osé descendre dans la densité.

Je vais me retirer pour l'instant, mais je reviendrai vous enseigner puisque vous l'avez demandé.

Recevez les énergies du collectif SORIA. Que celles-ci éclairent le parcours sur lequel vous avancerez et qui sera constitué de toutes les pierres que vous y aurez déposées.

Val-des-Monts
(Québec)

Vous ressemblez à cette cassette [les *channelings* sont toujours enregistrés sur cassettes — NDE] : dans le bon sens, tout fonctionne, dans le mauvais sens, c'est la panne.

Voilà pourquoi nous sommes autour de vous, afin de vous replacer dans le mouvement de la Vie. Je ne veux pas insister sur le *mauvais sens* car, le cas échéant, vous diriez : « On le sait, on ne cesse de nous rappeler que nous ne sommes pas bien ! » Il est vrai que vous n'êtes pas des hommes et des femmes qui entrent parfaitement dans le moule de la société. Pourquoi ? Tout simplement parce que vous avez commencé à penser par vous-mêmes, à oser avoir des sentiments et déterminer si ce que l'on vous propose est bon ou ne vous correspond pas. Savez-vous dans quelle case sociale vous êtes entrés au regard des normes de la politique de cette planète ? Vous êtes tous dans la classe des délinquants ! Ce mot vous interpelle-t-il ? Je l'espère, car je souhaite induire ici une réaction en vous. En observant la société — ces autres vous-mêmes — se débattre dans la crise actuelle, il est tellement facile d'affirmer que celui-ci est bon, que tel autre ne l'est pas, ou qu'un autre encore a finalement bien réussi (socialement parlant) ou est devenu un délinquant ! Imaginez-vous toutes ces étiquettes sur vos épaules ? Aussi, laissez-moi vous rassurer. Aujourd'hui, alors que vous pensez, réfléchissez, sentez, osez, vous êtes des délinquants.

Pourtant, rétorquerez-vous peut-être, je ne fais aucun mal, je paie mes impôts, je dis bonjour à monsieur le maire, je respecte le curé de ma paroisse, je règle mes factures d'électricité et de téléphone ; non, je ne suis pas un délinquant ! Si, je vous le confirme. Aujourd'hui, vous avez fait une brèche dans l'étau déposé autour de vous par le besoin de consommer cherchant à vous réduire à un estomac, physique ou subtil, vous êtes bien devenus des délinquants.

Et j'ajoute même : *Bienvenue dans cette délinquance.* Non, je ne vous encourage pas ainsi à commettre des bêtises, à être autre chose que ce que vous êtes. Et je me moque des mots que vous avez créés, ceux qui, utilisés et posés sur l'un ou l'autre d'entre vous, reviennent à ranger la personne dans une boîte, de sorte qu'elle a bien du mal par la suite à se défaire de cette étiquette. Celui-ci est *un homme politique* ; lui, *un religieux* ; oh, celui-là vient de la *basse* société, c'est *un rebut.* Du fait que ce dernier n'a pas grimpé dans l'échelle sociale, qu'il se rebelle, ayant le sentiment que ce qu'on lui propose n'est pas bon pour lui mais ne sachant trop où est sa place, et préfère demeurer au bas de l'échelle, on le considère aussitôt comme un rebut de la société.

Il est peut-être temps de vous asseoir et de regarder tous ces mots qui qualifient la place de chacun dans cette société humaine. Quand vous l'aurez fait, essayez de déterminer le nombre de personnes placées au bas de l'échelle, et si vous avez un peu de courage, tentez d'évaluer le pourcentage de ceux qui se situent dans le haut, puis le restant. Oh, je n'affirme pas que vous obtiendrez alors le chiffre exact. Si, d'ailleurs, je vous indiquais le nombre de cette *élite sociale,* vous prendriez peur ; il est réduit à une peau de chagrin, soit à pas grand-chose avec beaucoup de 0 ; oui, vraiment.

La majorité — vous qui êtes au bas de l'échelle, vous que l'on a placés dans la classe la plus défavorisée, que l'on qualifie de rebuts, de moins que rien, de délinquants —, eh bien, vous êtes à nos yeux dans la norme. En effet, vous osez simplement dire non, exprimer votre malaise sous une forme ou une autre, puis renvoyer son image à cette société en lui disant : «Tu vas mal, je souffre, car justement je n'ai pas de véritable place aux yeux de l'élite.» De mon côté, quand je vois les têtes pensantes et ceux qui veulent diriger cette planète, je vous signale que la majorité de ces hommes et de ces femmes sont réellement les délinquants de l'Esprit, car ils amputent, dénigrent, dévalorisent et osent maintenir la majorité de la population dans une misère tant physique qu'intérieure.

J'aimerais, au moyen de ces mots, vous amener à regarder qui vous êtes réellement. Depuis longtemps, vous avez fait vôtre une image qui n'est que la construction d'une poignée d'hommes et de femmes. Comme il y va de leur intérêt de vous garder dans la dépendance, d'annihiler votre personnalité, dites-vous bien qu'en entreprenant une action qui déstabilise leur position, vous êtes des délinquants à leurs yeux. Mais vous avez accepté cette image sans tenter de la remettre en question ! Si, pour une fois, vous osiez vous placer dans votre lumière, accepter enfin qui vous êtes en réalité, vous comprendriez peut-être que vos forces, vos lumières, votre personnalité sont toujours autour de vous, que vous êtes accompagnés en permanence par vos anges et vos guides, qu'une multitude d'êtres sont présents pour vous dans la matière. Si vous êtes venus en ce moment précis sur cette planète, c'est bien dans le but de la transmuter, de renverser la mainmise sur la personnalité.

Par conséquent, je vous le rappelle, vous avez le choix de continuer ou non à épouser cette image gênante qui vous empêche de respirer, d'avancer, d'exprimer, de ressentir, d'être lumière. Oui, vous avez la possibilité de déposer cela, de déclarer que vous n'êtes pas des délinquants.

Lorsque je me penche afin de regarder cette planète, j'y rencontre les énergies de plusieurs millions d'entités qui se sont précipitées en vue de s'incarner dans cette séquence de temps et en ce lieu. Toutes les énergies qui descendent actuellement viendront vous chercher à l'intérieur pour déloger justement ce que vous avez accepté ici et sur bien d'autres planètes. Ne croyez pas avoir voyagé que jusqu'ici ; ce serait là une grande illusion. Vous êtes présentement les résidents de ce système solaire, mais vous venez de tant d'autres systèmes !

Oui, vous avez tous imploré vos anges et vos guides afin de descendre dans ce bain d'énergie et de lumière exceptionnel, car tous vous avez la possibilité d'y régler vos problèmes d'identité ; tout y est réuni, tout est là. Toutefois, si vous êtes ici, acceptant de glisser dans une humanité qui s'éveille et qui, aux yeux de certains êtres, représente un peuple de délinquants, sachez que vous avez peut-être déjà joué ce rôle sur d'autres sphères et que nous avons sélectionné toutes les entités qui, auparavant, avaient induit un mouvement intérieur de rébellion contre les mainmises. Oh, dans les différents systèmes solaires, il y a mille et une façons de visiter le même aspect. Mais je vous le rappelle, au fur et à mesure des demandes, nous avons retenu les entités qui avaient décidé de se secouer et de secouer tous les systèmes en place, de manière à faire progresser l'ensemble de l'Univers. Aussi, si vous êtes présents ici, c'est que vous avez la force nécessaire lovée en vous pour réussir ce contrat.

Votre contrat de Vie se décline selon de multiples facettes. Pour n'en nommer que quelques-unes, il y a d'abord votre contrat intime, et là je ne peux vous instruire, car il me faudrait autant d'informations qu'il existe d'êtres. Ensuite, il y a le contrat familial, qui consiste à définir l'apport d'énergie, de réalisation que vous pouvez offrir au foyer qui vous accueille, cette matrice qui est Amour puisqu'elle vous donne l'espace pour vous incarner. Chacun a donc une responsabilité, un devoir, un contrat de vie envers cette matrice familiale. Quel est-il? Puis intervient un autre aspect, votre contrat de Vie envers l'humanité : Quel rôle devez-vous assumer afin que celle-ci s'éveille? Et enfin, un contrat a trait à votre implication dans le changement de la Terre. On s'arrêtera là pour l'instant.

Dans les facettes que je viens de vous restituer, sachez que la résonance magnétique est à l'œuvre. Ainsi, lorsque vous parvenez à animer l'une d'elles, vous réveillez les autres aspects par synergie. Et si vous arrivez à vous réaliser dans une des facettes de votre contrat de Vie, vous pouvez dès lors induire des réactions par résonance. Peut-être ne réussirez-vous pas toutes les facettes de votre contrat, mais si vous en réalisez déjà une, ce que vous aurez fait portera ses fruits dans les autres.

Il n'est pas question de vous perdre, mais bien de vous rassembler intérieurement, de comprendre et de retrouver qui vous êtes, de faire des choix et de décider si l'heure est venue pour vous de mettre un terme à des réactions intimes qui vous entraînent dans des mécanismes lourds et difficiles à gérer.

Le mot *délinquance* est en fait difficile car, prononcé, il brise un être.

Imaginez un de vos jeunes ayant fait une bêtise et se retrouvant dans un poste de police. Là, devant lui, il y a *la loi*. Mais qui représente la loi, si ce n'est des hommes et des femmes non installés eux-mêmes dans la Loi de Vie! Alors, je vous le dis, quand ces êtres sont assis en face de ceux qui appliquent la loi, ils les sollicitent aussi : «Qui es-tu pour me juger? Qui es-tu pour décider de mon droit de vivre ou de mourir uniquement parce que tu es assis d'un côté du bureau et moi de l'autre? Toi, tu te caches derrière des mots, des numéros, des articles de loi que tu ne feras qu'appliquer et tu te sentiras fort et puissant, me dominant et cherchant même à me briser, puis tu feras de moi un délinquant. Si je viens m'asseoir devant toi, c'est peut-être pour te rappeler que dans le rôle que tu as choisi de jouer, tu étais à la recherche de toi-même et que tu avais besoin de MA facette, de cette personnalité que je porte, pour te rappeler que là où tu es, tu portes la même sans l'avoir réglée ! »

Mes mots ne seront pas faciles à entendre ou à lire, et les lecteurs, se sentant peut-être concernés, entreront en réaction, en rébellion, sous un jour encore bien policé, sous un vernis de personnalité. Pourtant, la réaction sera la même ; l'un l'extériorisera jusqu'à l'extrême, tandis que l'autre l'aura intériorisée. Cela ne signifie pas que dans l'état actuel de l'émergence de l'Esprit et des Lois divines, les lois humaines ne sont pas là pour vous rappeler qu'il y a une bienséance à respecter. Mais si, justement, tous et toutes vous arriviez à maîtriser la personnalité qui vous habite, non pas en l'empêchant d'être, mais en lui disant qu'il y a des moments pour ceci et d'autres pour cela, non pas en l'empêchant de reconnaître ce qui lui plaît ou non, de déterminer son chemin d'épanouissement en sachant voir ce qui vous intéresse davantage, là, tout doucement, vous seriez dans la maîtrise, celle où vous vous respecteriez à chaque instant, où vous reconnaîtriez qui vous êtes dans cet état d'éveil. Puis, si vous avez conscience d'avoir plusieurs contrats de Vie, et qu'il vous faut alors visiter chacun, vous vous apercevrez que votre société retrouvera un équilibre. Ceci ne sous-entend pas la nécessité de vous réaliser dans chaque facette de votre contrat. L'une de celles-ci, peut-être plus avancée que d'autres, vous engagera plus facilement, remplissant son rôle durant un temps et vous permettant d'ouvrir davantage les autres aspects. Vous pourrez alors glisser de l'un à l'autre, et c'est pourquoi bon nombre d'entre vous ont désormais l'impression de vivre plusieurs existences en une. Ils parviennent à glisser sur une des facettes puis à en fermer la porte avant d'en pénétrer une autre. Voilà ce qui se passe, rien de plus.

Dans vos rébellions, tant intérieures qu'extérieures, je vous aime.

Vous qui ne savez plus où vous êtes, si vous devez prendre le chemin de gauche ou de droite, ou faire demi-tour, je vous aime.

Vous qui sortez finalement des rails de cette société, si étroits, qui vous empêchent de respirer et d'être, je vous aime.

Vous qui glissez encore vers l'irréparable, je vous aime.

Vous qui jouez à la loi, au redresseur de tort, je vous aime.

Et j'aime toutes les facettes de l'humanité. Pourtant, je vous le dis en douceur et avec amour : mon travail consiste à clôturer progressivement certains secteurs de cette humanité et à en ouvrir d'autres afin qu'elle puisse s'épanouir dans les Lois universelles.

Quant au délinquant enfermé en prison, lorsqu'il aura franchement accepté de reconnaître ce qui l'a gêné, où il a fait le faux pas—non pas envers la société mais vis-à-vis de lui-même—qui l'a conduit entre quatre murs, c'est-à-dire lorsqu'il aura reconnu son erreur de parcours et décidé de réintégrer la Vie Une, nous lui ferons une place.

Quant à ceux qui s'évertuent à se qualifier de juges, je leur fermerai la porte.

Comprenez que ce sont les qualités de cœur, la vision intérieure qui détermineront le fait que nous fermerons ou ouvrirons intérieurement des secteurs de votre personnalité.

Si nous faisons cela, ce n'est point pour vous contraindre à entrer dans un nouveau moule. C'est plutôt que vous en avez peut-être fini avec certains jouets de votre personnalité, que vous nous les remettez afin de devenir un peu plus responsables.

Je vous le dis, ce secteur de Vie où vous évoluez est l'endroit le plus _délinquant_ du grand sidéral! Et chose extraordinaire, nous sommes tous venus vers lui.

Nous aurions pu le laisser mourir à lui-même mais, en cette délinquance, nous avons découvert des racines de lumière et d'amour d'une beauté et d'une force exceptionnelles. Ainsi, si vous vous trouvez délinquants par rapport à cette société qui pourrit, comprenez qu'une force en vous résonne vous poussant à ne pas agir tels des moutons de Panurge, à voir que l'hyperconsommation est en train de vous perdre, et qu'en définitive tous ces jouets médiatiques ne vous offrent pas plus de communication avec vos amis et votre famille. Vous éprouverez très certainement des malaises de société ; rappelez-vous alors que vous êtes des êtres de lumière aimés et entourés, et que nous sommes venus afin de vous accompagner durant cet accouchement de vous-mêmes.

À l'évidence, ce secteur ne répond en rien aux normes universelles, et nous y avons dépêché tous les êtres déterminés à ancrer le plus grand des rayons d'amour, les plus beaux rayons de lumière. Ils se sont tous offerts pour activer l'émergence de l'identité et des lois cosmiques. Par conséquent, si vous vous sentez délinquants dans votre société, posez-vous la question quant à la nature du regard que nous-mêmes posons sur vous. Cela apaisera peut-être vos colères intérieures et contribuera à votre réveil. En tout cas, nous ne vous attendons ni dans la soumission ni dans la rébellion. Nous essayons de vous glisser sur le seul chemin qui nous intéresse car, au bout de celui-ci, cette planète sera installée dans le plus pur rayonnement de son être. C'est là votre plus grand contrat vis-à-vis de cette terre, mais quels visages va-t-il épouser dans votre quotidien ? S'il n'y en avait qu'un, on recevrait toujours un message identique ou on travaillerait avec la même force ; ceci est déjà vécu sur des planètes aussi déterminées. Ici, c'est la _pluralité_ et tout y est réuni. Vous êtes dans le multiple des possibles. Par conséquent, accordez-vous le possible puis laissez la Vie vous entretenir de ce possible ; ne vous fermez pas, car il n'y a aucune restriction.

L'Amour cosmique est tel, que tous ses enfants sont attendus dans la réalisation de cette planète. Nous ne faisons aucune différence entre vous tous ; seule votre volonté de vous ouvrir ou non à la vision du futur d'Urantia Gaïa fera une différence. Mais là encore, quel que soit votre choix, vous ne serez pas des délinquants à nos yeux ! Alors, j'aimerais aujourd'hui inviter l'humanité entière à bien saisir qu'elle n'est pas délinquante, qu'elle a réussi au-delà de toutes ses épreuves, de ses chutes et rechutes, à ouvrir la conscience et à accueillir une qualité d'amour et de lumière qui n'a jamais coulé sur cette planète. J'ai bien dit « *jamais coulé sur cette planète* ». Aussi, ne venez pas me souligner qu'un tel est déjà venu, qu'un autre a réalisé ceci, que vous avez accompli cela dans le passé. Je vous répète que vous avez œuvré pour ouvrir un chemin, un rayonnement à une profondeur de l'Amour qui n'a jamais touché cette terre !

Si vous ne comprenez pas mes mots, là, en l'instant, relisez-les maintes fois jusqu'à ce que la compréhension pénètre votre esprit.

Et si vous avez réussi cet exploit, c'est bien que vous n'êtes pas des délinquants ! Par conséquent, vous n'avez rien à prouver ni à justifier ; vous devez simplement retrouver qui vous êtes, réinstaller votre être et rayonner en portant l'Amour. Voilà votre fonction initiale. Aussi, imaginez que ce qui descend, cet inédit, doit passer par votre humanité. Entendez-vous ce que je dis ? Le rayonnement, cet Amour unique qui arrive, va passer par votre humanité. Cessez donc de regarder cette dernière comme un être abject qui a causé les plus grands tourments à la planète ! Nous ne reviendrons pas sur le passé, nous sommes dans l'instant présent et nous avons réussi, vous avez réussi. Cela étant, nous joindrons nos mains et laisserons couler ce fleuve d'amour et de lumière afin que chaque particule de cette planète, de cette humanité, chaque famille vivant ici retrouve sa force et la joie d'exprimer qui elle est.

Par mon enseignement, j'essaie de déloger une à une toutes ces énergies qui vous empêchent d'être ; chaque fois que je pose la main sur l'une d'elles qui vous rend tout autre que la réalité, j'y dépose un concept nouveau.

Ici, je vous offre la chance de venir vous immerger à l'intérieur de ce concept. Comme il est nouveau, il représente pour vous la possibilité de déplacer vos énergies d'un concept étroit et malheureux vers un nouveau concept plein d'espérance. Et je créerai autant de concepts que je déracinerai d'énergies mal qualifiées en vous.

Parfois, je le ferai par le biais des livres ou des conférences. En outre, je me plairai dans mes matrices d'enseignement (*les ateliers SORIA*) à créer des brèches à l'intérieur des participants. Et par voie de résonance, les mêmes brèches s'ouvriront dans l'humanité.

Aussi, dans ces cercles, si vous jouez le jeu, je vous l'affirme : « Nous irons loin ! » Si vous acceptez de déposer ce qui vous encombre, de vous en remettre à vos anges et à vos guides, d'appeler la guérison, ce sera chaque fois pour l'humanité, la planète et votre famille biologique. Par conséquent, toute la famille universelle en bénéficiera. Tout se tient, rien n'est dissociable, car vous ne formez qu'une seule et même famille, qu'une unique cellule pensante, aimante et agissante.

Cette planète a besoin d'harmonie, d'amour, de lumière et de reconnaissance pour sa propre identité. Aussi, prenez soin de vous-mêmes et sachez qu'en œuvrant ainsi, vous induirez une réaction dans l'humanité et la Terre pourra dès lors s'alléger d'une charge qui ne lui appartient pas. Chaque fois que vous accomplirez un travail conscient, vous annulerez une réaction physique de la planète. Voilà un des grands secrets que je tenais à vous livrer aujourd'hui : à chaque harmonisation de votre identité, vous évitez à la planète d'avoir à se secouer. Par le biais de la résonance magnétique, vous avez donc la possibilité d'inverser les processus. Certains sont néanmoins enclenchés et ne pourront être annulés ; pourtant, puisque vous allez induire une réaction, vous atténuerez l'impact de l'énergie humaine qui revient visiter l'humanité. Un tremblement de terre qui aurait pu être destructeur ne ressemblera plus qu'à une onde caressante juste assez marquée pour vous signaler que la Terre s'ébroue, sans rien détruire ni s'emparer de vies. Vous détenez ce pouvoir uniquement en travaillant sur vous, et il est temps qu'on vous le dise.

Il est l'heure de reprendre conscience de tout cela. Vous avez ce pouvoir, c'est le VÔTRE.

Vous êtes venus en cette séquence de temps afin d'aider cette planète à accoucher d'elle-même et d'aider cette humanité à reprendre sa place. Aussi, soyez joyeux si vous pensez être des délinquants. Ici, je veux rassurer les hommes de loi : par mes propos, je n'incite personne à commettre un crime ou à s'écarter de la société, mais j'invite chacun à reprendre ses droits intérieurs. Et c'est là que réside la délinquance dont je parle, une bonne délinquance obligeant chaque membre de l'humanité à revisiter ses propres valeurs.

Je ne peux que vous prier de respecter les lois en vigueur dans l'immédiat tout en sachant qu'elles seront modifiées. Si celles qui furent créées dernièrement ont avant tout pour but de vous enlever une part de votre liberté, sachez que dans un futur très proche, on vous restituera celle-ci pas à pas. Pour que cela survienne, devenez cependant des êtres RESPONSABLES d'eux-mêmes.

La planète Urantia Gaïa s'engage dans un processus irréversible, car il est l'heure pour elle de se réapproprier la qualité d'être qu'elle avait déposée afin de vous accompagner. Cela signifie que si elle s'oriente vers une élévation d'elle-même, toute l'humanité suivra forcément ce mouvement. Tous et toutes, vous avez votre place en son sein, *mais vous devez d'abord être autonomes et responsables en respectant l'humanité.*

En réalité, les frontières existantes vous empêchant de communiquer d'un groupe à l'autre vont tomber. On ne peut vous cloisonner dans un quelconque secteur de la planète ; la mainmise se termine, au même titre que « *diviser pour mieux régner* ». Je n'entends pas que vous aurez plus d'abondance dans l'immédiat, mais bien plus de fluidité intérieure. Ainsi, plus vous installerez l'amour fraternel, plus l'abondance viendra par un effet de résonance.

Cette humanité est UNE et elle s'en retourne vers cette connaissance, celle d'être une seule et même cellule pensante, agissante grâce à des milliers et des milliers de visages, de formes et d'expressions.

On ne vous demande pas d'être tous dans le même moule, sinon cela aurait été fait lors de votre création. Certains ont les yeux bleus, d'autres ont des yeux verts, marron ou gris, et il y a de bonnes raisons à cela. Avoir des cheveux blonds ou noirs, être grand ou petit est juste. Posez-vous la bonne question : Pourquoi ces différences existent-elles ? N'est-ce pas pour nous faire accepter LA différence et vous faire travailler celle-ci en acceptant que cette différence n'est pas la référence ? Car on est UN avant toute chose.

Voilà où j'avais envie de vous emmener aujourd'hui, soit à l'intérieur de ces mots qui vous font mal, dans ces étiquettes qui vous cloisonnent et empêchent votre épanouissement.

Je vous rappelle que ces étiquettes et ces désignations ne sont pas bonnes pour vous, qu'elles nuisent à votre pleine harmonie.

À vous de revisiter vos mots et d'en comprendre les limitations, puis de décider s'il est temps ou non de les quitter. Il en sera fait selon votre volonté.

Je vais m'arrêter là car, voyez-vous, durant tout ce temps où je me suis exprimée, vos guides , vos anges et tous les êtres présents ici ont travaillé à faire exploser vos limitations. Que cela se fasse durant ce cercle ou après importe peu, car cela sera de toute façon.

L'heure d'ouvrir les portes des Cieux est arrivée. Pas n'importe quelles portes, mais celles qui laisseront déverser sur cette planète toute la connaissance, l'énergie et la beauté de ce qui EST, a toujours été et sera toujours.

Il fut un temps où l'horloge cosmique s'avança en annonçant un autre temps ; nous allons glisser dans ce passé.

Nous voilà donc dans une période où une magnifique planète bleue est en train de réagir, en réponse à un battement intérieur. L'humanité résidente croule encore sous une charge d'énergie qui n'est pas sienne. Progressivement, quelques-uns de ses membres se réveillent et les Observateurs silencieux enregistrent ces petites lumières qui se mettent à clignoter faiblement, à l'instar d'un cœur qui commence à battre.

Les Observateurs sont alors descendus, jouant leur rôle en parcourant tout le ciel de cette planète bleue. Ils ont observé, sachant le faire à merveille sans se montrer ni faire d'éclat. Ils n'ont qu'enregistré ces petites pulsations, puis sont remontés vers notre Père/Mère, lui rapportant que, là-bas, dans le lointain espace sidéral, la planète Urantia émettait petit à petit des battement de cœur encore irréguliers, mais empreints d'une promesse d'éveil, d'un sursaut de volonté. Ils pensèrent que cela était suffisant pour constituer une base d'action et envoyer un groupe d'entités en vue de stimuler ces premiers battements. Ils crurent qu'il était juste d'essayer.

Le Père/Mère se disait : «J'attends depuis si longtemps! Peut-être ces enfants se souviennent-ils en effet. Puisque l'on m'a fait ce rapport, je vais déclencher le Plan.»

Les Sages de ce Super-Univers ont d'abord appelé tous les esprits cristallins à circuler dans le grand sidéral afin de s'assurer que tout soit bien en place ailleurs, que tout soit possible. Pas question de se tromper! Comme il n'y aura qu'un essai, il faudra réussir du premier coup.

Le retour de ces êtres confirma que **tout était en place** dans les autres Super-Univers également, même si certaines difficultés s'étaient présentées. L'information descendit alors jusqu'aux Sages des Univers, possédant déjà une partie du Plan à l'intérieur d'eux-mêmes.

Il leur suffit de réanimer les lignes du Plan par un rayon intérieur; ils en attendaient l'impulsion. Ils commencèrent ainsi à émettre un premier rayon; la structure intérieure ne s'est pas allumée entièrement, car c'était seulement un pas, une première impulsion.

Toutes les entités attendant de s'incarner reçoivent ainsi cette impulsion. Dans le centre d'orientation qui administre les allées et venues sur cette planète bleue, les responsables accueillent de nombreuses demandes et ont fort à faire, une attention très particulière devant être apportée à chacune. Pas question de repousser quelqu'un s'il peut servir le Plan. Finalement, tout un groupe d'entités est retenu; cette première vague ira déstabiliser les schémas sociaux en cours, les entités concernées le savent. Elles ne verront pas la réalisation du Plan et leur existence ne sera pas facile, pourtant leur rôle est important. Cette première vague agit avec beaucoup de volonté et d'amour afin de remplir sa tâche.

Les petites lumières qui palpitent reçoivent du renfort, ces êtres descendus vont tenter d'émettre la même pulsation. Plus tard, de nombreuses petites lumières pulsent autour de la Terre ! Les Observateurs silencieux reviennent afin de suivre de près cette évolution. Tout va bien puisque le mouvement s'amplifie, et ils repartent afin de rendre compte de cette donnée. Devant la solidité de cette base, le Sans-Nom décide de poursuivre.

Des informations glissent à nouveau, les responsables du centre d'orientation ont maintenant la charge de sélectionner des êtres plus assis dans leur responsabilité, qui apparaîtront comme des semeurs de trouble dans cette mentalité emprisonnante empêchant l'élévation de l'esprit.

Cette deuxième vague glisse à son tour et les petites lumières pulsantes commencent à pouvoir s'épanouir, s'expanser, car autour d'elles ces êtres fissurent les coques de rigidité. Ainsi capables de pulser beaucoup plus loin, l'éclosion d'une nouvelle lumière renforçant le travail de cette deuxième vague est favorisée.

Les Observateurs silencieux, balayant l'aura de la planète en permanence, effectuent des va-et-vient afin de présenter des rapports sur cette évolution. Puis, un jour, ils diront : « Ils ont accepté. Ils ont accepté de redevenir autonomes ! » Le décret du *Soleil Central* tombe aussitôt, le Père des pères, l'Origine de toutes les origines émet alors de son cœur un rayon qui descend directement. C'est là une grande nouvelle !

Les Sages reçoivent cette information avec grande émotion. Les responsables du centre d'orientation se réjouissent de leurs choix, mais ils savent que la plus forte phase ne fait que débuter puisque les autres parties du Plan auront désormais à rayonner.

Les pulsations s'amplifient sur la Terre, les coques de rigidité et de mainmise s'effritent les unes après les autres.

Puis voilà que les sept Super-Univers se connectent par un rayon de lumière qui circule entre eux. Ainsi s'enclenche une autre séquence du Plan, où une première pulsation unie est présente à l'intérieur même de ces sept divisions, permettant dès lors de travailler à la désagrégation de leurs frontières. Un autre travail est ainsi entamé : la réunification des sept Super-Univers. Le premier Cercle atomique de Vie sera UN afin d'être LA référence, car telle est la volonté du Sans-Nom.

Vous qui êtes assis ici, ou chez vous, appartenez à l'une ou l'autre de ces vagues qui ont accepté de venir œuvrer dans le but d'implanter ce rayon d'amour en ligne directe, de secouer tous ces schémas de société qui emprisonnent le meilleur cœur débordant d'amour. Ces êtres qui, par le passé, demeuraient des exceptions vont cette fois devenir la multitude. Des avatars et de grands esprits sont déjà venus visiter l'ombre de cette planète, rappelant qu'un autre chemin existait. Demain, votre propre chemin enregistrera l'ouverture d'une multitude de cœurs prêts à se fondre dans l'Amour divin universel non pas pour perdre leur identité, leur personnalité, mais pour la magnifier. Vous faites partie de ce groupe qui espérait aller très loin dans la réalisation de l'inversion des mainmises et de la négativité. Vous avez accepté de jouer un rôle bien téméraire et d'être limités tout en sachant intérieurement que vous étiez bien autre chose. Mais si les voiles que nous avons déposés sur vous ont joué leur rôle, ils étaient plus minces que ceux qu'empruntaient vos ancêtres, cette lignée d'hommes et de femmes ayant porté et transmis la Vie. Pour ceux que vous nommez grands-parents, parents (et ainsi de suite), les voiles étaient plus épais, quoique leur défi était aussi grand que le vôtre, mais d'une autre nature. Une seule chose leur était demandée : émettre cette pulsation d'amour qui réclamait l'autonomie, la dignité et le retour dans la personnalité universelle divine. Aujourd'hui, vous pouvez dire que vous êtes déjà installés dans votre personnalité, mais pour vos aïeuls, cela représentait un véritable combat, combien puissant. Le vôtre est bien différent à ce jour. Bien sûr, il reste de taille, toutefois il se manifeste davantage sur les plans subtils. Vos ancêtres, eux, eurent vraiment à se battre dans les plans denses. Ainsi, de plan en plan, de bataille en bataille, de groupes d'hommes et de femmes en d'autres groupes, le Plan universel, la Volonté universelle, descend. Ces pulsations d'amour ont bien été enregistrées dans le plan physique. Maintenant, vous êtes en train de faire la même chose sur les plans subtils. Viendra finalement un groupe d'êtres qui auront pour tâche d'aligner tous ces cœurs et de faire glisser le rayon d'amour en chacun, et ce, en ligne directe.

Chacun son défi, chacun sa force, mais que vous apparteniez à un groupe ou à un autre, la somme d'efforts fournis est identique à nos yeux. Aucun groupe n'est plus important qu'un autre ; ce sont des entités qui acceptent par amour pour les autres de venir ancrer des énergies qui n'existent pas encore.

Voilà pourquoi votre bataille ne se situe pas dans le monde physique présentement et que des incompréhensions entre les générations antérieures et la vôtre se manifestent, tout comme il y en aura demain entre vous et les générations suivantes. Pourtant, rien n'est incompatible. Vous vous présentez tel un maillon au sein d'une grande chaîne d'entités qui se sont offertes afin de venir bousculer des rigidités, des impossibilités et de les transformer en fluidité et en possible. Vous êtes installés dans ce possible, et bien des portes encore sont à ouvrir en celui-ci. Ne cherchez pas à faire le travail d'un autre groupe ; accueillez plutôt le vôtre pour ce qu'il est, reconnaissez sa force, sa puissance et tout l'amour que vous engagez pour la réalisation de ce grand plan.

Peut-être aurez-vous revêtu des vêtements de chair qui offraient des limitations ou refusaient même de s'ouvrir avec facilité, mais chacun a porté la charge d'énergie qu'il pouvait accueillir et transmuter pour le bien de l'ensemble. Ne cherchez donc pas à ressembler à l'autre. Nous vous demandons simplement d'être ce que vous êtes chacun dans l'instant présent, installé dans la compréhension de ce que vous voulez faire, et d'ouvrir les chemins de compréhension de cette planète.

Oui, vous êtes ceux qui empêchent de tourner en rond pour cette famille d'êtres souhaitant demeurer dans l'immobilité. Cela ne vous appartient pas. Devenez ces cœurs pulsant d'amour et de lumière, n'attendez rien et vous recevrez tout. Quand vous aurez lâché prise sur votre vie actuelle, vous rencontrerez celui que vous êtes avec tout son potentiel. Vous verrez que chacun d'entre vous aura devant lui un chemin bien éclairé et pourra vivre son expérience avec la même profondeur. Nous vous avons reconnus, nous savons que vous en êtes capables et que vous êtes des entités ayant largement cheminé dans la volonté de se centrer au cœur de leur identité universelle. Hier, je vous disais délinquants. Aujourd'hui, je vous offre une autre vision, une approche différente, car si vous observez l'énergie qui circulait sur cette planète il y a fort peu de temps, vous verrez qu'elle se trouvait verrouillée, cadenassée. Par conséquent, vous êtes les activateurs de la pensée, ceux qui induisent des réflexions faisant bouger des modèles sociaux. Comprenez que pour ceux qui veulent à tout prix maintenir les forces existantes, vous êtes bien des empêcheurs de tourner en rond, des délinquants sociaux, voire des agitateurs sous une forme très éthérée. Votre travail ici n'est pas fait uniquement pour cette planète, ce système solaire, votre univers, ni même pour votre Super-Univers, mais bien pour ce premier Cercle atomique de Vie qui, aujourd'hui, impulse cette lumière parlant déjà de réunification, d'amour et de reconnaissance de la différence. Vous vous inscrivez dans ce grand plan ; vous en êtes une clé essentielle, et je souhaitais vous restituer votre place. Pas n'importe laquelle, mais celle qui vous revient et que vous avez accepté d'épouser pour la Création.

Nous vous aimons pour tous vos efforts, mais nous savons que d'ici peu de temps, au-delà de vos travers et de vos conditionnements corporels, vous découvrirez une grande fluidité. Une formidable guérison descend sur Urantia Gaïa, et à titre de résidents vous allez en être immergés.

Ce rayon de guérison commence en 2004, le 10 juillet précisément, entourant la Terre entière Il est immédiatement actif, afin que toutes les cellules vivantes, minérales, végétales, animales, humaines et autres entrent dans leur phase d'harmonisation. C'est le deuxième rayon du Sans-Nom glissant en ligne directe depuis son cœur ; il est teinté de la volonté bien précise de vous offrir une guérison. Tous ceux et celles qui souhaiteront se guérir et retrouver leur autonomie pourront, à partir de cette date, s'y relier, s'immerger en lui. Sachez que tout est possible et que si rien ne se passe, seules vos propres résistances en seront la cause. Aussi, si vous constatez peu de changements, installez-vous chez vous et interrogez-vous sur les résistances obstruant encore cette porte. Ayez la douceur de l'entrouvrir tout d'abord ; aucun effort magistral n'est requis, il suffit simplement d'accepter de vous glisser à l'intérieur.

Le Sans-Nom a repris cette planète, et un rayon d'amour circule désormais entre les sept Super-Univers. Il n'est plus question de laisser votre sphère de Vie s'enliser dans des méandres. Chacun pourra s'installer dans ce rayon de guérison, puis d'autres faisceaux descendront directement, ayant tous une fonction particulière. Nous vous restituons d'abord celui-ci.

Vous avez rendez-vous avec vous-mêmes. Travaillez votre acceptation, votre ouverture d'esprit, de corps et de cœur. Travaillez vos racines afin de savoir qui vous êtes et installez-vous à l'intérieur de cette identité. Quand le Sans-Nom impulsera les battements de son cœur dans ce premier rayon, vous serez absorbés en eux et bercés par sa réalité. De délinquants dans cette société qui refuse de déposer les armes, vous deviendrez ces êtres d'amour, ces résistants qui ont offert leur vie, leur volonté pour permettre ce miracle. Tout dépendra de votre position au sein de votre regard, c'est cela aussi la polarité. D'un côté, on peut vous traiter de tous les noms ; de l'autre, on vous rappelle que vous êtes de grands êtres. À vous de vous installer au centre de tout cela. En somme, nous vous invitons à découvrir cette porte, cette force, qui garantira la guérison totale de vos corps subtils et de votre corps physique.

Je vous remercie de nous avoir écoutés, le Maître Cristal et moi. Car, voyez-vous, nous sommes tous UN et travaillons main dans la main en vue de grandes réalisations.

Nous vous aimons dans votre réalité dense comme dans votre réalité subtile. Nous vous respectons, car vous avez osé revêtir des vêtements étroits alors que nous savons que vos habits de lumière sont la fluidité même et l'aisance totale.

Nous vous aimons, aussi je ne peux que vous inviter en ces instants à vous aimer davantage, surtout au cœur de ces limitations que vous avez endossées afin de vous réconcilier avec vous-mêmes dans la matière et d'induire un mouvement de service, mais aussi pour impulser ce battement de cœur. Sachez qu'il est celui de votre humanité et qu'il est beau !

Je vais m'arrêter là afin que les énergies commencent à vous pénétrer. J'aimerais tant vous amener à comprendre que vous êtes bien autre chose que toutes les approches de votre mental, de votre connaissance, de vos espoirs, de votre cœur et de votre réalité ! Vous êtes bien plus que cela ! Et à un point tel, que vous ne pouvez même l'imaginer dans l'instant présent. Soyez en paix, car vous avez réussi.

Soyez en paix puisque vous êtes à l'heure.

Soyez en paix, car le grand plan se déroule maintenant.

La Paix revient vous visiter.

Par ces quelques mots, je tiens à vous préciser que cette paix qui vient vers vous ne ressemble en rien à l'image de l'être qui va s'éloigner de la Vie, s'enfoncer dans la montagne pour oublier de vivre son quotidien. En effet, trop d'esprits dans cette humanité pensent encore que pour s'installer dans l'être, dans sa paix et son rayonnement, il est nécessaire de se retirer dans une grotte ou d'intégrer une religion et qu'en dehors de cela rien n'est possible.

Je vous le dis, ce qui vient jusqu'à vous ne ressemble en rien à ces camps d'étude que vous avez tous visités. Car, n'en doutez pas, si vous parvenez aujourd'hui à faire le mélange de toutes ces études, c'est bien qu'il fut un temps où vous avez plongé à l'intérieur de chaque aspect religieux existant sur cette terre. Certains auront noué des affinités avec un pôle plutôt qu'un autre. Dans cette présente vie, ces affinités se manifestent en vous rappelant cette période où vous étiez à l'aise dans cette étude.

Ce qui vient, je le répète, est bien autre chose. Il n'est plus question de s'immerger dans une religion, mais d'être LA religion, soit l'histoire vivante de la Vie, d'être l'exemple, le rayonnement. Je voulais vous signaler qu'au cours de cette descente dans les strates religieuses, vous fûtes nombreux à vous brûler les ailes, à abdiquer votre autorité sur vous-mêmes et sur vos pouvoirs. Vous avez même accepté de perdre votre identité, votre savoir personnel parce que vous avez cru qu'en épousant une ligne directrice, vous alliez à coup sûr *rentrer au paradis* ou dans un quelconque *ciel*. Je vous annonce que cette qualité de paix qui descend sur Urantia Gaïa avec ce rayonnement et cet amour se vivra non pas dans des groupuscules religieux, mais en chacun de vous. Et la population entière incarnera cette nouvelle facette de la Paix. Cela ne signifie pas que vos actes passés n'étaient pas valables. Au contraire, c'est bien du fait de votre passage dans toutes ces facettes du non-être que vous savez maintenant vous asseoir chez vous pour accueillir la plus belle des lumières, la plus grande connaissance et la plus grande source d'amour qui va s'écouler sur cette terre.

J'aime tous ceux qui ont osé déposer leur qualité d'être puis revêtir des vêtements qui n'étaient pas les leurs. Tous ceux qui se sont identifiés à ces habits et tous ceux qui ont accepté des lois dictées par les hommes. Je les aime, car il leur a fallu beaucoup de courage pour s'avancer dans une impasse. Puisque, je vous le certifie, très peu dans ces groupuscules religieux ont trouvé la petite porte menant à l'intérieur du cœur et favorisant l'ascension. Comment peut-on ascensionner, alors qu'il faut demander la permission de boire de l'eau, de manger du pain, de prier ou non ! Oui, tout cela est bien étonnant. Pourtant, cette marche, vous l'avez franchie.

Aujourd'hui, je vous invite à reconnaître en toute paix que ce qui vient ne portera pas de tels vêtements, car tous ces habits religieux n'ont pas su apporter la paix de l'être et tous ont conduit un peuple à entrer en guerre contre un autre. C'est là qu'a fleuri l'idée que certains individus étaient meilleurs que d'autres.

Non, ce qui se présente pour demain est une offrande à la Vie. Aussi, si vous adhérez au schéma de la Vie, à ce fleuve de Vie, ce qui coule vous sera offert. Libre à vous de vous inscrire dans ce mouvement ou de rester en dehors de celui-ci. Ce choix ne me regarde pas ; il est le vôtre, vous avez simplement une équation à résoudre. Nous vous accueillerons quelle que soit la sortie que vous prendrez ; il y aura autant d'amour et de bonté, seul le paysage changera, vous offrant plus de liberté ou vous privant encore un temps de vos droits. Il est bon de faire la différence par rapport à ce qui va venir. L'Amour ne peut changer : il EST et ne sait être autre chose. Aussi, ce qui vous visite, c'est l'Amour, rien que l'Amour. Pourtant, le visage qu'il empruntera sera bien différent de l'un à l'autre, et c'est naturel puisque vous êtes tous différents.

Le cœur de la Terre se met à battre plus fortement parce qu'il sait que son heure est là, qu'il est temps de rayonner sa réalité. Pas question d'entretenir l'amnésie ni de garder pour soi la connaissance. Aussi, le fleuve de Vie qui s'écoulera du cœur de la Terre vous parlera justement de la connaissance, celle de la Vie et, par conséquent, de vous-mêmes.

Le cœur d'Urantia s'apprête à chanter car, enfin, il pourra se dévoiler, et ainsi le fera votre cœur intérieur dans sa réalité terrestre. De plus, le cœur du Soleil se mettant à battre plus fort également puisqu'il entrera dans sa plénitude, votre cœur solaire osera aussi montrer le bout de son nez.

Ce système solaire se met à chanter d'allégresse parce qu'il peut enfin montrer qui il est et indiquer les voies d'accès à toutes ces forces nouvelles, ces réservoirs. Le cœur de l'Univers se met à chanter à son tour, car l'un de ses enfants s'éveille et ose émettre sa tonalité. Et cela ne s'arrête pas là, puisque votre Univers vit au sein d'une autre structure plus importante, le Super-Univers, qui vibre maintenant afin d'émettre des pulsations de la périphérie vers le cœur, le centre de sa vie. Tout cela en réponse à l'audace d'une toute petite planète qui a osé dire : « Moi, je veux rentrer à l'intérieur de qui je suis, reprendre ma vie, déposer les limitations et toutes les souffrances afin de m'installer dans mon Être, car c'est l'heure. » Cette information est remontée par toutes les cellules formant cette grande section universelle.

Un Super-Univers possède une membrane énergétique retenant tout secteur universel et toute particule à l'intérieur de sa forme, qui se met désormais à pulser. Comme elle détermine un lieu au-delà d'elle-même, ce sont d'autres types de vie sous la juridiction d'autres Super-Univers. Ces derniers enregistrent à leur tour cette pulsation et se réveillent : « Comment ? Mon voisin, cet autre moi-même, émet cette fréquence ! Que veut-elle nous dire ? Quel est son langage ? »

Ainsi, par effet de résonance magnétique, ces pulsations dans la membrane de votre Super-Univers propagent-elles le message aux six autres Super-Univers.

Il fut un temps où le contraire se présenta, cette planète étant descendue en vibration. Les pulsations émises par la membrane de votre Super-Univers étaient alors différentes ; c'était un langage. Une pulsation est un langage en soi. Elle peut être rapide ou lente, se contracter ou se dilater, mais chaque pulsation renvoie à l'état présent, donc à la transformation dans un sens ou un autre. Comme êtres vivants, vous émettez également des pulsations — je voulais vous le rappeler —, et votre état intérieur se transmet par le biais des pulsations de votre cœur. Celui-ci parle à tous les cœurs vivants — celui d'une planète, d'un humain, d'un système solaire, d'un univers —, et au cœur du grand sidéral. Chaque pulsation est ainsi transmise à la Source, qui est elle-même pulsation avant tout, un immense cœur. Je souhaite ici induire une réflexion à ce sujet, vous ouvrir une porte importante car, bien souvent, vous ne savez comment aborder votre propre langage et votre communication. Bien sûr, le Verbe, l'écriture, l'art et la poésie sont communication, au même titre que la guerre et le reniement. Mais là, je vous parle de la seule communication divine qui porte le nom d'Amour, et **ce sont les pulsations des cœurs**. Aussi, dans ce qui s'entrouvre devant vous, je vous invite à réécouter ce langage, cette communication, à poser votre main sur tout ce qui vit et à décrypter le message de chaque cœur. Un arbre possède un cœur, à l'instar d'un animal, d'une pierre, d'un soleil, d'une lune, d'une terre. Tout ce qui vit a un cœur ; seule la fréquence du battement de cœur diffère lorsqu'on passe d'un être à l'autre, d'une forme à une autre.

Vous pouvez renier toutes ces expressions qu'ils possèdent, mais vous ne pourrez jamais renier celle du cœur battant en toute chose. En réalité, c'est la seule chose à laquelle les manipulateurs n'ont pas pu toucher, car leur but est d'avoir une emprise sur la vie, non de la retirer. Ils savaient qu'en ayant une mainmise sur les battements de cœur d'un être, ils mettaient son existence en péril. Vos chirurgiens savent bien que s'ils touchent un endroit précis du cœur lors d'une opération, la personne en meurt. D'ailleurs, ils ne savent pas vraiment pourquoi il en est ainsi, et ne vous en parlent pas. C'est là un «secret médical», paraît-il! Mais il n'y en a pas, c'est la Vie! Vous pouvez référer à tout type d'être, le déplacer, croire ce que vous voulez à son sujet, mais toucher à un endroit précis de son cœur cause instantanément sa mort.

En chaque être vivant se trouve une petite cellule sans air. Par exemple, une pierre reçoit elle aussi l'esprit issu de son deva, mais si vous la touchez à cet endroit précis, celle-ci éclatera et cessera d'exister, n'étant plus que le fantôme d'ellemême. Il en est de même pour chaque plante, chaque animal, pour une terre, un soleil et un univers, petit ou grand. Je vous ai donc révélé un secret : vous n'êtes pas les seuls à accueillir en vous une parcelle de l'esprit, à posséder cette petite cellule où elle repose. Vous êtes comme tous : si l'on touche à cette cellule, vous mourez instantanément.

En somme, vous pouvez vous relier à tout être vivant, quelle que soit sa forme, en employant votre cœur comme agent de communication. Et demander aux battements de votre cœur d'envoyer un rayon qui entrera en connexion avec le cœur de l'être que vous voulez joindre. Dès lors, une osmose se créera et vous pourrez échanger directement, d'esprit à esprit. Jusqu'ici, on vous a toujours fait croire durant vos études que le mental ou l'esprit représentait l'apogée du secret. Moi, je vous révèle le plus grand des secrets, resté voilé pendant longtemps : c'est plutôt cet usage des battements de votre cœur qui l'est.

Vous ne les modifierez pas, mais vous pourrez émettre avec chacun d'eux une impulsion de lumière par la volonté, l'intention. Ainsi, celles-ci iront se connecter à chaque battement de cœur, à chaque être vivant. Quand nous vous disons que tout passe par le cœur, nous vous livrons une grande loi universelle. Vous pouvez effectivement vous débattre avec votre mental, et il peut appeler beaucoup d'informations pour se nourrir en vous faisant croire que vous possédez une grande connaissance. Je vous annonce que vous êtes parvenus au point où les portes du cœur peuvent s'ouvrir, où il vous est possible de faire appel aux lois scientifiques du cœur, des lois biologiques et subtiles. C'est bien en raison de votre installation dans les lois subtiles du fonctionnement du cœur que vous allez ouvrir toutes les portes de la Création. Je vous demanderai juste ceci : installez-vous en paix et respectez la Vie, ne cherchez plus à vouloir dominer l'un ou l'autre, et employez cette communication de cœur à cœur en vue d'un échange dépouillé de toute attente et toute demande. Ce que vous recevrez dépassera le moindre de vos désirs, mais un temps d'approche sera certes nécessaire pour vous apprivoiser, pour vous amener à comprendre mes paroles.

Ce que je vous restitue en ces instants dépassera la volonté de toute mainmise sur la Vie. Voyez-vous, celui qui serait tenté d'utiliser cette connaissance afin d'affaiblir l'autre pour le dominer se trouvera lui-même affaibli et dominé. Au contraire, celui qui s'ouvrira pour communiquer, laisser couler un fleuve d'amour et de Vie le recevra en retour, démultiplié.

Si je vous rends cette connaissance en ces instants, c'est que les grandes portes du Cœur de la Vie s'ouvrent et que vous avez des chemins à parcourir. Il vous faut maintenant vous expanser depuis le cœur.

Je vous livre ici une clé, ce n'est ni la moindre ni la plus importante. Je veux simplement induire un mouvement visant à prendre vos esprits éparpillés et à les ramener au centre de vous-mêmes, puis de vous signaler que des portes s'ouvrent lorsque vous y êtes installés.

Je vous offre la possibilité de retourner dans votre demeure ; vous savez que votre cœur est LE temple, celui de l'Esprit, comme votre corps d'ailleurs.

La Vie universelle représente le temple de votre corps. Il est temps également de replacer votre conscience à l'intérieur de ce fait. Il est hors de question aujourd'hui de ne pas accompagner le mouvement d'éveil de cette humanité, ou de vous laisser faire n'importe quoi.

Je désirais aussi vous préciser que vous allez retrouver la joie du chant et du langage, car cela est inscrit, mais en passant par le cœur. De la sorte, vous redécouvrirez toutes les lois scientifiques les unes après les autres, toutes celles qui ont créé la VIE de l'Univers, de votre planète, du Soleil, de tout ce qui bouge ! En réalité, vous êtes tous des scientifiques qui s'ignorent, car vous pensez que la science, *ce n'est pas très bien*. Mais, à un degré ou l'autre, nous sommes tous — vous et nous — des scientifiques puisque nous nous appuyons sur des lois précises. La loi est une science ; lorsqu'on met en œuvre une loi, on fait appel à une science. C'est aussi simple que cela. Ainsi, dans votre simplicité d'être, vous représentez la science en mouvement, en expansion. Et si, à ce jour, votre science — celle qui est extériorisée et tenue par un groupe d'hommes et de femmes — ne vous plaît pas, cherchez en vous ce qui a permis une telle manifestation. Allez de pôle en pôle, et vous constaterez que vous revenez chaque fois au centre de vous-mêmes, à votre cœur.

Je le déclare, ce jour est un grand jour, car nous pouvons parler de la science du cœur, cette science hautement cachée.

Réjouissez-vous, les grands secrets commencent à être révélés les uns après les autres. Nous sommes en train de redistribuer les lois scientifiques divines l'une après l'autre, et chaque fois que nous en déposons une entre vos mains, vous avez la possibilité d'y glisser à l'intérieur et de devenir ainsi LA loi vivante.

La loi vivante passe par le cœur.

Soyez en paix par rapport à ce qui va se dérouler maintenant dans votre existence ; tout s'accélère et se bouscule. Vous pensez souvent que vos vies ont bien du mal à émerger d'une amnésie passée, d'un état dysharmonieux, et que l'immersion dans l'harmonie se fait attendre. Je tiens à vous le préciser, cela est erroné. En l'instant, les structures qui maintiennent votre société sont toutes désarticulées et gardées en place artificiellement. Nous induisons tout doucement des mouvements afin de susciter l'émergence de nouvelles structures de lumière. Ne soyez donc pas étonnés lorsque, dans un futur très proche, toutes les vieilles structures s'effondreront d'un seul coup. N'essayez pas alors de les retenir ; réjouissez-vous plutôt, car ce sera l'indication que la paix, la fluidité, la tendresse et la connaissance s'installent. En d'autres mots, là où vous serez, vous devrez incarner cette nouvelle connaissance. Voilà pourquoi, dans l'ensemble, vous ne visiterez plus les structures religieuses. Mais ceux qui s'y aventureront encore comprendront l'obligation de changer ces structures anciennes afin qu'elles deviennent transparentes et que la Vie puisse s'y écouler.

Trouvez votre place, LA place qui vous revient ; ne cherchez pas à être autre chose que ce que vous êtes présentement. Et en cela, sachez qu'une multitude d'êtres d'en haut vous accompagnent pour votre propre accouchement, pour que vos pas chancelants puissent devenir sûrs et fermes à l'intérieur des nouvelles structures, des énergies qui visitent maintenant cette planète.

Remerciez votre mental pour ses accomplissements, et vos limitations pour ce qu'elles vous ont permis de comprendre. Remerciez aussi la vie dysharmonieuse que vous avez portée. Ce sont tous des éléments, des tremplins qui permettront à votre esprit et à votre âme de s'unir à votre corps puis d'incarner la plus grande force d'amour qui coule désormais à l'intérieur même de cette planète et de chaque corps humain, comme à l'extérieur.

Les frères de lumière s'installent ici, sur l'un ou l'autre des plans subtils d'Urantia Gaïa où se produisent des transformations.

Nous passons actuellement à la transformation du plan physique d'Urantia Gaïa. Dès lors, tout comme des êtres de lumière se sont installés sur chacun de ses plans subtils, d'autres viennent également s'installer sur la dernière réalité, le corps densifié de cet esprit.

Vos gouvernements le savent, on vous cache la réalité. Je vous invite à être attentifs, centrés, et à écouter, ressentir ce qui se dégagera des apparences.

Ayez recours à l'aide consciente de vos anges et de vos guides ; appelez-les, n'hésitez pas. Je ne désire pas vous alarmer, mais vous rappeler les possibilités que vous avez entre les mains et le fait que tout dépendra de l'usage que vous ferez de ces atouts qui vous furent donnés à votre première impulsion. Il en sera selon vos choix ; cette phrase cache une réalité essentielle, une grande vérité.

L'Amour qui vient soulignera d'abord tout ce qui est dysharmonieux en chacun et qui n'a pas été travaillé. Vous avez la possibilité d'accepter ces remontées avec amour et douceur, ou de partir de nouveau en guerre contre je ne sais quel ennemi. Vos réactions ouvriront ou fermeront des portes, et c'est vous qui nous apprendrez ce qu'elles sont. Pas question

pour nous de choisir à votre place ; nous sommes trop respectueux de qui vous êtes pour vous ôter la moindre parcelle de
décision.

Une fois de plus, vous pourrez prétendre que c'est la
faute d'un tel, que vous ne saviez pas ou que vous n'aviez
pas compris. Mais lorsque vous serez appelés les uns après les
autres, vous saurez, uniquement par le regard de l'Être qui
vous recevra, que ces arguments ne tiennent pas. Vous porterez
alors votre propre regard sur la tournure de votre vie, de vos
choix, et comprendrez que vous étiez bien à ce moment-là
les seuls créateurs, les artistes des portes qui se seront ouvertes
ou non.

Je vous invite à la plus grande douceur envers vous-mêmes,
à vous octroyer un peu d'amour, puis à faire vos choix et à
vous y tenir. De la sorte, vous vous serez munis du plus grand
des passeports universels vous donnant la possibilité de vous
couler dans les énergies qui viennent vers cette planète. Ainsi,
tout ce que vous aurez fait jusqu'ici aura sa pleine signification. Mais, j'insiste, tout cela ne peut passer que par la porte
du cœur.

Vous allez rentrer chez vous ou fermer ce livre dans lequel
mes mots sont consignés. Prenez donc du temps pour visiter
votre cœur et déterminer ce que vous ferez avec ce partenaire
exceptionnel qui attend votre visite.

Accordez-vous du temps, soyez à votre écoute, aimez-vous !
En une image, comprenez que la Vie commence à couler de
l'intérieur de vous vers l'extérieur et que le mouvement ne
va pas dans le sens inverse.

Nous sommes nombreux et le demeurerons. Peut-être
même le serons-nous plus demain. Chacun de vous est celui
ou celle qui doit unir toutes les forces se dirigeant à l'intérieur de lui. Voilà le plus grand des secrets que je désirais

transmettre cet après-midi… mais vous avez l'autorisation de le répandre !

Je te salue, toi mon frère ou ma sœur des étoiles qui a revêtu ce vêtement de la densité afin de nous accueillir et de recevoir tous ces rayons qui coulent depuis notre cœur.

Je te reconnais, toi mon frère, toi ma sœur des étoiles, car, vois-tu, nous avons longtemps cheminé côte à côte. Et, en ces instants, je salue d'abord et avant tout un frère ou une sœur des étoiles.

Le mot de la fin

Il est de bon ton de conclure un livre par quelques mots. Je me plie donc avec joie au protocole établi. Prendre la parole demeure un instant privilégié quand le voile entre les mondes devient plus mince et laisse passer les énergies.

Le collectif SORIA est heureux de vous avoir transmis les informations contenues dans cet ouvrage, qui représente un véritable accouchement de l'esprit préhumain dans un cercle supérieur de son expression. Par ces mots, nous avons accompagné la transformation de l'année 2004, bien laborieuse pour votre humanité.

Cette fin d'un mode de pensée entraîne de grandes perturbations en vous, et cela est normal. En réalité, vous quittez un mode afin d'en pénétrer un nouveau qui offre une aisance. Toutefois, comme celui-ci n'est pas encore installé dans le moteur de l'amour céleste, n'en attendez pas plus que ce qu'il peut vous apporter en l'instant.

Vous vivez en ce moment une déstructuration avant la venue d'une suivante. Vous n'aurez pas le temps de vous installer dans un ronronnement, puisqu'il vous faut parvenir au seuil de la porte de la cinquième dimension dans des temps record !

Notre accompagnement restera donc actif et très présent. Nous serons certainement encore dérangeants dans le choix de nos mots en vue de guérir vos maux. Alors, nous déverserons de l'amour, de l'information, des tests et de l'humour quelquefois, pour vous rappeler qu'il est possible de grandir dans la vision de soi avec légèreté, fantaisie, joie et amour.

Ce livre étant déjà bien rempli d'informations visant à induire une transformation, je vous quitte ici en vous donnant un autre rendez-vous. Avec ma partenaire, nous commençons tout de suite la prochaine page à partager de cœur à cœur.

Mes pensées vous suivront tout au long de la transmutation cellulaire entamée et je veillerai à faciliter la nouvelle articulation de votre grille magnétique.

La responsable du collectif SORIA

Message du Maître des énergies du Nord

La spiritualité vue par les Terriens est terrible ! Ces êtres sont si infatués qu'ils pensent, en pénétrant ce terrain de réflexion, devenir un puits de science et de référence.

L'ego encore non contrôlé se débride démesurément. La grâce de l'Esprit n'étant pas encore descendue sur eux, leur cerveau envoie des étincelles neurologiques non dirigées. Aussi, il n'est pas rare de rencontrer dans un groupe en état d'éveil à la réalité de la Vie divine, des gens en mal d'être, en souffrance. Oui, en souffrance, car, n'en doutez point, quand la pensée aborde le sujet de réflexion dit *spirituel,* le fait de vouloir quitter une existence dite *matérielle* engendre bien de la souffrance.

Le jour où la lassitude vient de cette volonté de tout séparer, l'élève devient seulement prêt à intégrer la Loi de Vie et ses multiples visages.

En réalité, le matérialisme à outrance appelle forcément l'état dit spirituel dans sa forme outrancière. Aujourd'hui, votre humanité souffre et étouffe des pensées issues de la dualité matérielle/spirituelle.

Si votre coeur souhaite voir éclore la fleur de Vie, la sienne et celle de cette humanité, il vous faut quitter ce marécage mental du : *tu es matérialiste, tu es spirituel.*

Pour l'instant, vous naviguez encore au sein des eaux troubles et nauséabondes de l'ego qui s'en donne à coeur joie dans ce jeu de la personnalité.

Vous êtes des êtres de lumière en voyage sur une pensée. Votre rayonnement ne dépend nullement de vos études planétaires, sociales et personnelles. En vérité, son champ d'action s'étend ou se rétracte sous l'influence de l'acceptation simple de qui vous êtes. Imaginez que vous ne valez rien, et votre rayonnement sera tellement infime qu'il en deviendra ridicule. Au contraire, si vous portez vos habits de lumière avec certitude, votre rayonnement s'amplifiera afin de s'aligner sur son schéma originel.

Continuez donc à vous perdre dans le jeu de celui qui a raison ou qui a tort. Ce faisant, vous faites la joie de votre gouvernement mondial ! Il est si simple et efficace de respecter l'autre dans sa différence ; pourtant, cela ne fait pas votre affaire. Ainsi, de jeu d'être en jeu d'être, vous ne vous rappelez plus comment *être* et évoluer avec ce retour divin de vous-mêmes.

Je vous le dis aujourd'hui, une seule émanation de pensée vous est demandée : vous asseoir tous ensemble et envisager le meilleur pour les autres.

Si vous appliquiez cette recommandation, en un clin d'œil Urantia Gaïa, fille bien-aimée et en phase de couronnement, n'aurait nul besoin de secouer son échine. Même si ce nettoyage a lieu, sachez qu'en partie le but ultime n'est pas encore atteint, car un changement de visage d'une planète signale une lourdeur attachée à la pensée du groupe résident.

Appliquons-nous à poser notre main dans la main de l'autre. Envisageons le bonheur de notre voisin non pas selon notre point de vue, mais selon le sien. Là réside la différence.

Avez-vous un but élevé en commun, mis à part celui de vous entretuer sous la forme la plus dense, qui consiste à retirer la vie purement et simplement, ou sous une forme plus subtile qui empêche l'expansion de l'autre, le salit, détruit sa vie, sa parole, ses rêves et le rend prisonnier du regard des autres ? Quand la souffrance est rattachée au regard de l'autre, vous désirez à tout prix lui plaire en vous oubliant afin, justement, d'éviter cette souffrance. Ne cherchez pas loin : dans l'entourage, vous trouverez une personne ayant souhaité sa mort ; ne voulant pas se retrouver en prison, cette personne a eu recours à la tentative de mort subtile.

Enfant de la Terre, observe de quel mal tu es rongé et tu trouveras un « assassin » spirituel ou matérialiste. Certes, ces mots ne vous plaisent pas ; vous les trouvez difficiles, exagérés peut-être ? J'use de mots justes afin de vous décrire une vision plus appropriée de la réalité que vous vivez.

Lecteur, es-tu dérangé par ces quelques mots ? Dans l'affirmative, ne cherche pas trop loin : tu es concerné d'une manière ou d'une autre par ceux-ci.

Je me suis déplacé pour t'offrir un élargissement du regard et, par voie de conséquence, une guérison. On ne souffre que de ce qu'on ignore. Une fois le mal nommé et reconnu, il peut partir.

Étant nombreux à souffrir de ce mal, il vous reste une solution : le reconnaître, puis passer à l'état de grâce intime. Doucement, la Vie pansera alors vos blessures. L'Esprit suprême descendra et vous deviendrez *saints*. Étrange, les *saints* parlent tous de l'état de souffrance avant d'avoir trouvé l'état de grâce !

Si on devait juger toutes les tentatives de meurtres physiques et subtils, ce monde deviendrait une prison géante. Donc, ou vous vous perdez encore dans ce jeu, ou vous entrez dans la phase de compréhension de la dualité matérielle/spirituelle pour pénétrer le moteur de la réalisation d'êtres divins au service de la Vie.

Réfléchissez à ces mots, cela vous évitera bien des maux.

Je vous salue, enfants bien-aimés en provenance des étoiles et des soleils.

Note de la coauteure

Le temps est venu de vous transmettre l'enseignement reçu. À vous maintenant d'accueillir ou non ces mots, de les reconnaître, de leur faire une place en vous. Vous avez toujours le dernier mot, le choix, la possibilité d'agir ou de réagir.

De mon côté, je me suis faite coupe de manière à recueillir ce flot de lumière. Cette coupe se déverse sur vous à présent. Ainsi se dessinera le visage de votre rencontre.

Au cours des pages précédentes (mes notes de coauteure), je me suis livrée afin de partager avec vous la trajectoire de ma propre transformation intérieure, car je suis concernée au même titre que toute cette humanité. Les énergies diffusées dans ces livres font leur œuvre sur moi avec la même puissance que sur vous. Nous en sommes rendus au même point : à nous transformer.

En réalité, j'ai cherché simplement à vous faire comprendre que je ne suis pas différente de vous.

Au sein des *Cercles de paroles SORIA*, nous avons recueilli des mots prononcés par des *enfants de conscience indigo* ayant dépassé la majorité légale. Je considère ces propos comme de véritables perles de sagesse et vous les offre (avec leur accord) :

> — *Je ne veux pas utiliser le mot* indigo, *car je crains de construire ainsi une nouvelle forme de racisme.*
>
> — *Je ne suis pas un* enfant indigo *mais un enfant de cette humanité, assis au milieu de tous.*

Ces mots m'ont touchée, car en ces temps de troubles, il est possible en effet de rencontrer une nouvelle forme de racisme. Nous appartenons tous à cette humanité à la recherche de son identité divine, et il demeure envisageable de voir éclore des réactions éloignées de notre centre d'amour. Il nous faut devenir plus vigilants, plus tolérants, et fermes à tout moment. À chaque palier de compréhension franchi, la tâche nous apparaît parfois difficile. Attachons-nous, en simplicité, au présent pas à effectuer. Ainsi, nous nous donnerons les meilleures forces de progression.

Devant les épreuves, évitons de glisser dans nos vieux travers de personnalité. Gardons notre nouvelle trajectoire et essayons d'identifier la lumière en visite au sein de notre réalité. Sachons aussi que nous aurons des rendez-vous particuliers en vue d'affirmer notre volonté d'entrer de plain-pied dans cette connaissance offerte. Dans ces moments-là, fiez-vous surtout à la présence de vos guides, de vos anges et de votre moi supérieur. Ne vous laissez pas détourner de cette direction, où votre être va à la rencontre de lui-même, pour faire plaisir à votre entourage par exemple.

En ces temps où de grandes possibilités nous sont proposées, notre maîtrise de l'instant consiste peut-être dans le simple acte de maintenir notre vision de nous-mêmes, de notre but et de dire ainsi aux *étoiles* :

Ma volonté est bien de m'aligner sur mon Être suprême pour faire sa volonté et non la mienne.

Bon voyage à la rencontre de vous-mêmes, de votre lumière, et si, au cours de cette lecture, vous découvrez un alignement de vos attitudes non satisfaisant, souriez, aimez-vous dans la découverte de ce visage qui, n'en doutez pas, se révèle pour vous dire au revoir.

Avec mon amour envers vous,

Régine Françoise Fauze

Cercle des lecteurs

Michelle

Question : Les planètes de notre système solaire sont reliées énergétiquement entre elles, et à nous. Partant de ce principe, l'astrologie peut-elle être un outil, une aide ?

Réponse de Soria : L'astrologie restera une science divine à part entière au service des humanités. Pourtant, à l'heure de tous les changements, cette science entre aussi en mutation. Elle ne répond plus tout à fait aux anciennes données, et pas encore totalement aux nouvelles qui viennent. Par conséquent, dans ce passage délicat, interrogez les astres en reconnaissant les incertitudes possibles.

Bientôt, cette science donnera des informations bien différentes ; les initiés s'y préparent.

Charline et Alexandre

Q. : Est-il possible de nous éclairer sur les liens directs ou indirects entre Soria, Isis, Maitreya, le commandant Ashtar et Sananda ?

R. : Tous travaillent *lumière dans la lumière* (en référence à votre adage *main dans la main* !), au service de la Lumière de Vie. Rien à séparer, tout à unir, car ils sont liés par la même vision, celle de **la planète Urantia en paix au sein de ses énergies.**

Soria (dans le tome V)

Q. : *Ami humain, pourquoi retournes-tu à tes comportements une fois tes malaises déterminés?*
(Note de la coauteure : Vous avez été plusieurs à répondre à cela ; j'ai sélectionné cette réponse, car elle englobe toutes les autres.)

R. de Yves P. : L'incarnation dans cette troisième dimension et le voile de l'oubli posé sur la conscience constituent des épreuves si difficiles qu'elles génèrent, il est vrai, de nombreux malaises. Même lorsqu'ils semblent décidés à changer cette expérience, nombreux sont ceux parmi nous qui reviennent souvent à des comportements insatisfaisants.

Je pense que l'une des raisons de cette attitude réside dans le manque de vision que nous avons de l'immensité de la Création et des Lois qui la régissent. Si nous avions conscience de qui nous sommes et, surtout, de ce que nous pouvons redevenir, comme de la puissance créatrice de la vibration d'Amour et de notre responsabilité envers la Vie, nous nous orienterions certainement vers des comportements plus stables et plus satisfaisants.

Vous nous aidez par votre enseignement à acquérir cette conscience et à nous ancrer dans des attitudes permettant à beaucoup de retrouver leur réalité. Soyez-en infiniment remerciés.

Paroles de Soria à la suite de ce courrier

Merci d'avoir considéré ma question et d'y apporter votre réponse bien honorable.

Laissez-moi cependant vous emmener plus loin. Dans le passé de cette planète, de nombreux guides ont parcouru ces chemins de manière à transmettre la parole et la vision offertes par les frères des étoiles ou du monde intraterrestre. Pourtant, l'activation de la cellule mémoire retombe régulièrement à zéro, induisant un retour aux anciennes attitudes. Pourquoi donc ne changez-vous pas après avoir entendu et ressenti ces paroles ? Quels sont les mécanismes à déjouer pour conserver le nouveau cap ? Quelles lassitudes cachez-vous ? La facilité est-elle devenue votre moteur principal ? En êtes-vous à ce point où la croyance devient trop lourde de conséquences dans votre quotidien ?

Si vous vous sentez concernés ici par plusieurs de ces questions, il est grand temps de secouer votre torpeur, de vous réveiller à la réalité de la Vie multiple, de laisser jaillir votre joie et de retrouver l'allant de l'enfant intérieur.

Q. (Soria) : *Avez-vous le courage de regarder la vérité en face ?*

R. (Yves P.) : La vérité n'est pas toujours bonne à dire. C'est du moins ce qu'on entend. Et pourtant, il me semble nécessaire de la regarder bien en face si nous voulons apprendre les différentes facettes de l'Ombre et de la Lumière de Vie sur notre plan. Alors oui, Soria, nous vous réclamons la vérité, aussi difficile soit-elle… y compris la vérité sur les événements du 11 septembre 2001 en Amérique. Mais nous réclamons cette vérité en tant qu'élément de la connaissance, non pour juger et faire durer le Jeu.

Nous œuvrons du mieux qu'il nous est possible afin que le temps des échanges respectueux et fraternels devienne la seule réalité du plan où nous nous exprimons et sur lequel aucun acte ne pourra être caché, comme c'est encore le cas aujourd'hui.

Nous nous sentions si seuls et si impuissants que la révélation de votre existence et votre enseignement sont devenus d'immenses baumes posés sur notre solitude. Ils renforcent notre désir et notre volonté d'œuvrer dans le but de devenir des modèles de sérénité et d'harmonie ainsi que des étudiants soucieux d'apprendre ce qu'est la véritable Vie et la nature des Lois de l'Univers.

Merci Soria de nous montrer le chemin vers d'autres réalités où la vérité n'a pas lieu de se cacher. Merci de mettre vos énergies au service de notre belle planète.

Merci d'avoir accepté un défi aussi difficile et de nous faire confiance.

Acceptez que nous joignions nos modestes efforts aux vôtres. Acceptez notre immense amour pour vous.

Remarques de Soria

Je me souviendrai de ces mots et je m'engage à faire sortir la vérité. Seul le chemin sera choisi par la Confrérie de la Lumière de Vie et par la semence des étoiles.

Que la paix descende en vos cœurs afin que vous traversiez les événements à venir en toute sérénité et que vous vous engagiez sur le sentier de la Lumière de Vie.

Yves

Q. : *Soria, pouvez-vous nous parler des quatrième et cinquième dimensions ? Recouvrent-elles l'ensemble de la planète, ou seulement quelques zones ? Et qu'en est-il du lieu appelé Avalon ?*

R. : Il fut un temps où seules de petites zones passaient de la troisième dimension à la quatrième. Aujourd'hui, toute la planète glisse dans la quatrième dimension, d'où l'actuel enjeu planétaire et les difficultés rencontrées.

Avalon reste un lieu non révélé pour un temps encore.

Bernard

Q. : Soria, vous nous avez parlé du moi supérieur, de l'esprit directeur, des parcelles de Vie, de l'âme. Quel est le lien entre tout ça ?

R. *:* Je vous ai demandé de prendre un cahier et un stylo, puis de noter les informations relatives à chaque notion développée. L'avez-vous fait ?

Tout étudiant sérieux se doit de travailler un minimum sur les données transmises par tel ou tel Maître.

Je vous invite à employer désormais d'autres mots en ce qui touche des notions déjà visitées, et ce, en vue de vous connecter à des réservoirs d'énergies nouvelles. Encore une fois, avancez d'un pas et nous en ferons mille. Je ne pourrai transformer votre corps communautaire à votre place.

Q. : Comment expliquer la venue d'extraterrestres sur et dans notre croûte terrestre, s'ils ne disposent pas du libre arbitre ?

R. *:* Leur planète ayant été détruite, un groupe a pu s'enfuir et venir jusqu'ici.

Premièrement, ils n'ont pas la possibilité de pénétrer une atmosphère sans y être invités. Donc, vous aviez déjà entrouvert les voies d'accès de votre planète. Le libre arbitre n'entre pas en jeu ici. Ils étaient simplement à la recherche d'une planète pouvant les recevoir et accepter leur présence.

Deuxièmement, leur venue fut retenue comme test pour votre humanité. En réalité, les forces d'Amour ont accepté cette présence afin de recueillir vos réactions.

La triste réalité se situe dans l'utilisation volontaire de ces êtres par un petit groupe de dirigeants désireux d'asseoir leur propre besoin de pouvoir.

Le libre arbitre fut bien placé du côté des habitants d'Urantia Gaïa.

Joël

Q. : *Soria, peux-tu nous livrer des informations sur le grand Univers (l'omnivers)? Serait-il correct de considérer chaque galaxie comme un atome cosmique formant un immense corps de manifestation? Si l'on avait une vision gigantesque de cet ensemble, quelle forme émergerait alors?*

R. : Ami lecteur, voici des questions engendrant de grandes et formidables ouvertures. En premier lieu, tout mon enseignement cherche à ouvrir votre vision intérieure à la réalité que tout acte, toute pensée, créent un bien ou une interférence sur le grand corps de la manifestation.

Je rappelle ici que mon enseignement n'a rien de spécial puisqu'il fut donné sous une autre forme, aux civilisations dites disparues de votre planète et appartenant à l'histoire révolue d'Urantia Gaïa.

Cet enseignement demeura consigné oralement et fut transmis de génération en génération afin de reparaître au bon moment de l'évolution de l'humanité.

Oui, le Maître Univers vit comme une seule cellule. La mémoire de chaque acte ou pensée, rétraction ou ouverture de l'esprit, s'inscrit sur sa matrice mémorielle. Nous employons la désignation de *Maître Univers* en référence à la totalité des cellules universelles différenciées. Vous retrouvez cette connaissance dans mon enseignement, sous l'appellation *premier Cercle atomique de Vie*. Par conséquent, une galaxie, un univers (quelle qu'en soit la taille administrative), une étoile, une planète représentent soit un atome soit une cellule du grand Tout.

Voilà la raison majeure de votre responsabilité au sein de ce Tout manifesté.

Il devient nécessaire de réintégrer cette responsabilité au cœur de chaque décision du quotidien. Il n'y a pas de séparation, d'espace, entre les inter-réactions de votre situation aux confins du Maître Univers et celles enregistrées près du cœur de la demeure du Sans-Nom.

La forme du Maître Univers varie selon ses rythmes respiratoires ; actuellement, elle ressemble fidèlement à celle d'un œuf.

Joël

Q. : *Soria peut-elle nous donner des précisions sur la fameuse douzième planète de notre système solaire qui a une révolution de 3 600 ans ? Quand doit-elle revenir dans le voisinage de notre Soleil ?*

R. : Cette sphère majeure suit une trajectoire ovoïdale. Dans sa progression excentrée, elle contourne les planètes d'Orion, de Sirius, passe près des Pléiades puis vient dans ce système en contournant le Soleil, votre planète et remonte à proximité de Vénus. Cette planète entrera bientôt dans votre champ visuel.

Son attraction programmée favorise l'expansion de l'esprit ou procède à la destruction de l'humanité si celle-ci est ancrée dans l'annihilation des lois de Vie de la planète et du système solaire.

À ce propos, la sagesse vous suggère d'écouter entre autres les peuples autochtones des Amériques, de l'Afrique, de l'Australie, de la Sibérie.

Q. : *Quels livres sur la respiration pouvez-vous nous conseiller ?*

R. : Tous et aucun ! Car tout est désormais à recréer ! Le passé doit servir de marche vers votre envol. L'enseignement transmis a pour but de vous emmener vers des régions de l'âme et de l'esprit. Vos pas hésitants seront les meilleurs repères pour créer votre retour à l'unité. De grands livres sur la respiration seront publiés ; attendez-les sans impatience.

J'ouvre des portes, et le reste vient selon la demande des êtres et leurs réactions. La grosse explosion de conscience aura lieu à partir de la fin de 2004.

Q. : Quand le langage galactique descendra-t-il dans notre plan de conscience?

R. : Plus la demande sera importante, rapide, plus vite des êtres transmettront ce langage. Là encore, la patience est au rendez-vous des deux côtés du voile de la conscience.

Q. : Comment employer l'énergie solaire porteuse de Vie?

R. : Toute personne l'ayant demandé recevra d'abord cet enseignement la nuit; il sera déposé dans son aura. Puis, cela émergera doucement dans la conscience. Il faut accepter que le temps accomplisse son œuvre en attendant que les frères des étoiles arrivent. Demeurez purs en votre cœur.

Fred

Q. : J'ai reçu deux photos de l'ouverture du pôle nord. Le diamètre n'étant pas le même, j'aimerais connaître votre avis sur ce sujet.

R. : Ami de la Terre, l'ouverture des pôles révèle la respiration. De ce fait, son diamètre évolue au rythme des mouvements. L'ouverture se dilate et se contracte en permanence. Ainsi, vos deux mesures ne sont pas fausses. La Terre, dans son ensemble, use du moteur dilatation/rétraction. En réalité, la planète s'expanse. Au fil du temps, son diamètre change : elle grandit!

Thierry

Q. : Si nous sommes des créateurs par nos pensées, le père Noël doit exister. Qu'en est-il sérieusement?

R. : Le père Noël existe sur les plans mentaux de l'humanité ; il a été créé par elle. Son existence est donc régulièrement alimentée par l'égrégore dégagé à chaque Noël. Entre nous, il est bien moins beau et généreux que l'image établie sur votre plan terrestre ! C'est un gouffre d'énergies, un vrai vampire !

Q. : *Pouvez-vous nous expliquer le fonctionnement des stigmates : leurs apparitions, leur raison d'être et leur signification ?*

R. : Il s'agit là d'une relation au Maître qui ne souffre aucun commentaire. Seul le respect doit impérativement s'installer sur ce sujet.

Calendrier 2005

**Matrice de trois jours d'enseignements
et d'échanges de paroles**

Thème I : *L'être humain au cœur de la fraternité*
Thème II : *Reliance entre la Terre et les étoiles*

France
7-8-9 octobre, Ajaccio

Québec
12-13-14 août, Saint-Damien
19-20-21 août, Saint-Damien (*thème II*)
Tél. : (450) 835-5730
26-27-28 août, Papineauville—Tél. : (819) 427 1104
2-3-4 septembre, Montréal—Tél. : (514) 739 7653
9-10-11 septembre, L'Ermitage—Centre de retraite
(Sainte-Agathe-des-Monts) — Tél. : (450) 473 7848

**Matrice d'une journée approfondissant
notre relation et notre place avec l'Air :**

Le mouvement de la Vie

Québec
11 août, Saint-Damien—Tél. : (450) 835 5730
Août et septembre, à Montréal—Tél. : (514) 739 7653

Conférences du collectif SORIA

Québec
2 septembre, Montréal—Tél. : (514) 739 7653

Séminaire en pleine nature :

Le Souffle sacré des quatre éléments (pour aller à la rencontre de soi)

22-23-24-25 et 26 septembre, en Ariège, France
(Intervenants successifs : R. F. Fauze, D. Wagner et S. Cavé)

Cet atelier sera proposé au Québec, à Saint-Damien, en août 2006. Inscriptions : (450) 835 5730)

★★★★★★★

Modalités d'inscription et tarifs des rencontres en France : écrire à Mme Fauze, B. P. 11, 46270 Bagnac. Joindre une enveloppe-réponse dûment affranchie.

Livres

publiées aux Éditions Ariane

Science et champ akashique
Les confessions d'un assassin financier
Sagesse africaine
Au-delà du portail
Accéder à son énergie sacrée
L'Envolée humaine
Le cercle de grâce
L'Intelligence intuitive du cœur
L'univers informé
Guérir de la détresse émotionnelle
L'Âme de l'argent
Cercles de Paroles
Entrer dans le Jardin Sacré
Jeu de cartes — L'Oracle de la Nouvelle Conscience
Un nouveau don de Lumière
Le Dieu de demain
Le pouvoir de créer
Vivre dans le cœur
Le code de dieu
Votre Quête Sacrée
La délivrance par le soleil
Révélations d'Arcturus
Le pouvoir du moment présent